木材保护标准汇编

木材节约发展中心
中国木材保护工业协会　编

中国质检出版社
中国标准出版社
北　京

图书在版编目（CIP）数据

木材保护标准汇编/木材节约发展中心，中国木材保护
工业协会编. —北京：中国标准出版社，2019.1
ISBN 978-7-5066-8902-1

Ⅰ.①木… Ⅱ.①木…②中… Ⅲ.①木材保存—标
准—汇编—中国 Ⅳ.①S782.3-65

中国版本图书馆 CIP 数据核字（2018）第 031429 号

中国质检出版社
　　　　　　　　　　　　　　出版发行
中国标准出版社

北京市朝阳区和平里西街甲 2 号（100029）
北京市西城区三里河北街 16 号（100045）
网址 www.spc.net.cn
总编室：(010)68533533　发行中心：(010)51780238
读者服务部：(010)68523946
中国标准出版社秦皇岛印刷厂印刷
各地新华书店经销

*

开本 880×1230　1/16　印张 29.5　字数 848　千字
2019 年 1 月第一版　2019 年 1 月第一次印刷

*

定价 140.00 元

前　　言

我国木材保护工业发展已经有100多年的历史,但真正实现产业化、专业化、规模化还是在近20年。在各级政府部门的支持下,经过我国木材保护从业者和支持者的共同奋斗,我国木材保护工业得到了快速发展,木材保护标准体系也初步建立。

为了贯彻落实党的十九大提出的推进绿色发展的新要求,以及《中国制造2025》《国务院办公厅关于促进建材工业稳增长调结构增效益的指导意见》《促进绿色建材生产和应用行动方案》《国务院办公厅转发发展改革委等部门关于加快推进木材节约和代用工作意见的通知》等文件精神,方便木材保护行业人员检索、查阅、学习和执行相关标准,强化行业自律,提升行业发展质量,促进木材保护行业绿色和可持续发展,木材节约发展中心与中国木材保护工业协会从木材保护部分基础通用类标准,木材防腐、防霉、防虫类标准,木材阻燃类标准,木材热处理与改性类标准,木材干燥类标准和木质废弃物回收利用类标准中,选取了截至2018年11月底现行有效的49项国家标准和行业标准汇编成册,并在附录中列出了我国木材保护行业现行标准目录,供读者参考。

本汇编收集的标准属性已在目录上标明(GB或GB/T、SB/T、LY/T、JG/T),年号用4位数字表示。鉴于部分国家标准和行业标准是在标准清理整顿前出版的,现尚未修订,故正文部分仍保留原样,读者在使用这些标准时,其属性以目录上标明的为准(标准正文"引用标准"中标准的属性,请读者注意查对)。如有不妥之处,恳请读者指正。

编　　者

2018 年 12 月

目　录

一、基础通用类

GB/T 14019—2009　木材防腐术语 ……………………………………………………………………… 3
GB/T 29563—2013　木材保护管理规范 …………………………………………………………………… 45
SB/T 10606—2011　木材保护实验室操作规范 …………………………………………………………… 51

二、木材防腐、防霉、防虫类

GB/T 13942.1—2009　木材耐久性能　第1部分:天然耐腐性实验室试验方法 ………………………… 63
GB/T 13942.2—2009　木材耐久性能　第2部分:天然耐久性野外试验方法 …………………………… 71
GB/T 22102—2008　防腐木材 …………………………………………………………………………… 77
GB 22280—2008　防腐木材生产规范 …………………………………………………………………… 87
GB/T 27651—2011　防腐木材的使用分类和要求 ……………………………………………………… 93
GB/T 27654—2011　木材防腐剂 ………………………………………………………………………… 101
GB/T 27655—2011　木材防腐剂性能评估的野外埋地试验方法 ……………………………………… 109
GB/T 27656—2011　农作物支护用防腐小径木 ………………………………………………………… 115
GB/T 29399—2012　木材防虫(蚁)技术规范 …………………………………………………………… 119
GB/T 29406.1—2012　木材防腐工厂安全规范　第1部分:工厂设计 ………………………………… 131
GB/T 29406.2—2012　木材防腐工厂安全规范　第2部分:操作 ……………………………………… 137
GB/T 29900—2013　木材防腐剂性能评估的野外近地面试验方法 …………………………………… 143
GB/T 31757—2015　户外用防腐实木地板 ……………………………………………………………… 151
GB/T 31760—2015　铜铬砷(CCA)防腐剂加压处理木材 ……………………………………………… 161
GB/T 31761—2015　铜氨(胺)季铵盐(ACQ)防腐剂加压处理木材 …………………………………… 171
GB/T 31763—2015　铜铬砷(CCA)防腐木材的处理及使用规范 ……………………………………… 181
GB/T 33041—2016　中国陆地木材腐朽与白蚁危害等级区域划分 …………………………………… 187
JG/T 434—2014　木结构防护木蜡油 …………………………………………………………………… 199
LY/T 1925—2010　防腐木材产品标识 ………………………………………………………………… 209
LY/T 2230—2013　人造板防霉性能评价 ……………………………………………………………… 215
SB/T 10432—2007　木材防腐剂　铜氨(胺)季铵盐(ACQ) ……………………………………………… 221
SB/T 10433—2007　木材防腐剂　铜铬砷(CCA) ……………………………………………………… 227
SB/T 10434—2007　木材防腐剂　铜硼唑-A型(CBA-A) ……………………………………………… 233
SB/T 10435—2007　木材防腐剂　铜唑-B型(CA-B) …………………………………………………… 241
SB/T 10440—2007　真空和(或)压力浸注(处理)用木材防腐设备机组 ………………………………… 247
SB/T 10502—2008　铜铬砷(CCA)防腐剂加压处理木材 ……………………………………………… 253
SB/T 10503—2008　铜氨(胺)季铵盐(ACQ)防腐剂加压处理木材 …………………………………… 261
SB/T 10558—2009　防腐木材及木材防腐剂取样方法 ………………………………………………… 269
SB/T 10605—2011　木材防腐企业分类与评价指标 …………………………………………………… 279
SB/T 10628—2011　建筑用加压处理防腐木材 ………………………………………………………… 285

三、木材阻燃类

GB/T 18101—2013　难燃胶合板 ··· 293
GB/T 18958—2013　难燃中密度纤维板 ·· 301
GB/T 24509—2009　阻燃木质复合地板 ·· 309
GB/T 29407—2012　阻燃木材及阻燃人造板生产技术规范 ··············· 315
SB/T 10896—2012　结构木材　加压法阻燃处理 ···························· 323

四、木材热处理与改性类

GB/T 31747—2015　炭化木 ·· 331
GB/T 31754—2015　改性木材生产技术规范 ··································· 339
GB/T 33022—2016　改性木材分类与标识 ····································· 355
GB/T 33040—2016　热处理木材鉴别方法 ····································· 361

五、木材干燥类

GB/T 6491—2012　锯材干燥质量 ·· 371
LY/T 1068—2012　锯材窑干工艺规程 ·· 389
LY/T 1069—2012　锯材气干工艺规程 ·· 407
LY/T 1798—2008　锯材干燥设备通用技术条件 ······························ 427

六、木质废弃物回收利用类

GB/T 22529—2008　废弃木质材料回收利用管理规范 ······················· 437
GB/T 29408—2012　废弃木质材料分类 ··· 447
GB/T 33039—2016　人造板生产用回收木材质量要求 ······················· 453

附录　我国木材保护行业现行标准 ·· 459

一、基础通用类

ICS 79.020
B 60

中华人民共和国国家标准

GB/T 14019—2009
代替 GB/T 14019—1992

木 材 防 腐 术 语

Technical terms used in wood preservation

2009-02-23 发布

2009-08-01 实施

中华人民共和国国家质量监督检验检疫总局
中国国家标准化管理委员会 发布

3

前　言

本标准参照美国木材防腐业人员协会标准 AWPA(American Wood-Preservers' Association)标准 M5-01《Glossary of Terms Used in Wood Preservation》(木材防腐用术语)编制,与 AWPA M5-01 的一致性程度为非等效。

本标准代替 GB/T 14019—1992《木材防腐术语》。

本标准与 GB/T 14019—1992 相比,主要变化如下:

——调整了标准格式体系,增加了分类,将原来的每个单独分类降为小类并统一合并到"术语和定义"部分;

——改进了术语分类方法,分类中新增了木材阻燃;

——调整了词汇量;

——删除了过时术语;

——增补了新术语;

——修改完善了部分原有术语的定义。

本标准由全国木材标准化技术委员会提出并归口。

本标准负责起草单位:中国林业科学研究院木材工业研究所。

本标准参加起草单位:西北农林科技大学。

本标准主要起草人:段新芳、蒋明亮、周冠武、周宇、李家宁、李晓文。

本标准所代替标准的历次版本发布情况为:

——GB/T 14019—1992。

木 材 防 腐 术 语

1 范围

本标准规定了木材防腐的常用术语。

本标准适用于针、阔叶树圆材（包括原木、电杆、坑木、柱材等）、锯材（包括板材、方材、枕木、木结构用材等）、木基复合材料以及其他木制品在使用前和使用中的木材防腐、木材阻燃相关领域。竹材、藤材等可参照使用。

2 分类

本标准术语分为 6 类：

a) 基本术语；

b) 木材劣化；

c) 木材防腐剂；

d) 木材防腐处理工艺；

e) 防腐木材及其质量检测；

f) 木材阻燃。

3 术语和定义

3.1 基本术语

3.1.1

针叶树材 softwood；coniferous wood

无孔材

由裸子植物如松、杉、柏木、落叶松等生产的木材。

3.1.2

阔叶树材 hardwood；broadleaved wood

有孔材

由被子植物如杨树、白蜡树、榆树、桉树等生产的木材。

3.1.3

竹材 bamboo

竹类植物木质化茎干部分。有时泛指竹的茎、枝和地下茎的木质化部分。

3.1.4

藤材 rattan

藤类植物（一般指棕榈藤植物）木质化的茎干。

3.1.5

胶合板 plywood

由三层或三层以上的单板按照对称原则、相邻层单板纤维方向互为直角组坯胶合而成的板材。

3.1.6

纤维板 fiberboard

以木质纤维或其他植物纤维为原料，经分离成纤维，施加或不施加各类胶粘剂，成型热压成的板材。

3.1.7

低密度纤维板 low density fiberboard；LDF

密度在 450 kg/m³ 以下的纤维板。

3.1.8

中密度纤维板 medium density fiberboard；MDF

密度为 450 kg/m³～880 kg/m³ 的纤维板。

3.1.9

高密度纤维板 high density fiberboard；HDF

密度在 880 kg/m³ 以上的纤维板。

3.1.10

刨花板 particleboard

碎料板

以木材或其他非木材植物加工成刨花或碎料，施加胶粘剂和其他添加剂热压而成的板材。

3.1.11

定向刨花板 oriented strandboard；OSB

应用扁平窄长刨花，施加胶粘剂和其他添加剂，铺装时刨花在同一层按同一方向排列成型再热压而成的板材。

3.1.12

结构复合材 structural composite lumber

木材基本单元（纤维、纤维束、窄长木条、单板或纤维、纤维束、窄长木条、单板的综合）施加室外级胶粘剂生产的结构用复合材料。

3.1.13

预制木材工字梁 prefabricated wood I-joist

采用锯制或结构用复合材翼缘和结构用板材腹板生产的工字形截面的结构件，应用室外级胶粘剂胶合翼缘和腹板。主要用于支承地板、楼板或顶棚。

3.1.14

胶合木 glued laminated timber；Glulam

集成材

木材经锯材加工干燥后，根据不同规格需求，由小块板方材通过指接、胶拼、层积，通常在常温条件下加压胶合而成的木质材料。

3.1.15

单板层积材 laminated veneer lumber；LVL

多层整幅（或拼接）的单板按顺纹为主组坯胶合而成板材。

3.1.16

单板条定向层积材 parallel strand lumber；PSL

由无缺陷的窄单板条，通过涂胶、顺纤维方向平行组坯热压而成可代替实木作梁、柱等构件的结构用板材。

3.1.17

大片刨花定向层积材 laminated strand lumber；LSL

用长约 220 mm，宽约 10 mm 以上，厚约 1 mm 的大片刨花，经拌胶、定向铺装、热压而成可替代实木用于门、窗、梁、柱等的结构用板材。

3.1.18

木塑复合材 wood plastic composites；WPC

以削片、碎料、颗粒、大刨花等木材组元和塑料碎片、颗粒等为原料，经过适当的处理使两种原料通过不同的复合方法生成的新型复合材料。其材料性能与木材树种、塑料组分含量、浓度、尺寸大小、形状和木材组分含量等密切相关。

3.1.19

木纤维塑料复合材 wood fiber-thermoplastic composite；WFPC

以单一的针叶材和阔叶材纤维或针、阔叶材混合纤维和聚乙烯、聚丙烯等热塑性高分子为原料加工而成的一类复合材料，其中木材纤维含量为30%～70%。

3.1.20

生材 green wood；unseasoned timber；freshly harvested wood

新伐材

刚伐倒未经干燥的木材。

3.1.21

湿材 wet timber

长期贮存于水中或在陆地喷水湿存的木材。

3.1.22

气干材 air-dried timber；air seasoned timber

未干燥材在大气中放置一定时间，通过自然干燥，其含水率与其所在环境的大气条件（温度、湿度）达到或接近平衡的木材。

3.1.23

健康材 sound wood

没有受到菌、虫等生物侵害的完好木材。

3.1.24

腐朽材 decayed wood

受木材腐朽菌的侵害发生腐朽的木材。

3.1.25

变色材 stained wood；discolored wood

受到霉菌、变色菌等生物因子，光热等物理因子，酶等化学因子侵害导致木材正常颜色发生改变的木材，如蓝变材、褐变材等。

3.1.26

素材 untreated wood

未经任何物理、化学与生物处理的木材。

3.1.27

生长轮 growth ring

树木形成层在每个生长周期所形成并在树干横切面上显现的围绕髓心的同心圆环。有些热带树木终年生长不停，因而没有明晰的年轮，但可能还有生长轮可见。在温带地区，树木的生长轮就是年轮（annual ring）。

3.1.28

早材 early wood

在一个树木生长轮内，生长季节早期所形成的靠近髓心方向的木材。

3.1.29

晚材 late wood

在一个树木生长轮内，生长季节晚期所形成的靠近树皮方向的木材。

3.1.30

边材 sapwood

树干外侧靠近树皮部分的木材，含有生活细胞和储藏物质（如淀粉等）。边材树种是指心边材颜色无明显差别的树种。

3.1.31

心材　heart wood

靠近树干髓心部分,材色较深,由非生活细胞构成的木材。心材树种是心材和边材区别明显的树种。

3.1.32

熟材　ripe wood

树干靠近髓心部分木材的材色与边材无明显区别,但含水率、渗透性较边材低。如针叶材中的云杉、冷杉和阔叶材中的水青冈、椴木等。

3.1.33

木材密度　density of wood

单位体积木材的质量。通常分为基本密度、生材密度、气干密度和绝干密度4种,而以基本密度、气干密度最常用。

3.1.34

木材渗透性　permeability of wood

流体在压力差(内力和外力)的作用下,进出和通过木材的性质。

3.1.35

含水率　moisture content;MC

木材中的水分质量占木材质量的百分数。木材含水率分为相对含水率和绝对含水率。相对含水率(relative moisture content)是木材所含水分的质量占木材和所含水分总质量的百分率;木材绝对含水率(absolute moisture content)是木材所含水分质量占木材绝干质量的百分率。

3.1.36

纤维饱和点　fiber saturation point;FSP;f. s. p.

木材细胞腔中自由水蒸发完毕而细胞壁中吸着水达到最大状态时的含水率,一般是各种木材物理力学性质的转折点。

3.1.37

平衡含水率　equilibrium moisture content;EMC

在一定的湿度和温度条件下,木材中的水分与空气中的水分不再进行交换而达到稳定状态时的含水率。

3.1.38

木材保管　wood storage

木材保存

采用物理和化学方法,防止木材发生菌腐、虫蛀和开裂等变质降等的木材贮存技术。

3.2　木材劣化

3.2.1

木材劣化　wood deterioration

木材遭受生物的侵害和物理、化学等的损害所造成的变质和损坏。

3.2.2

木材生物劣化　biodeterioration of wood

木材受真菌、细菌、昆虫、海生钻孔动物等的生物侵害而产生的变质和降解。

3.2.3

木材生物劣化因子　wood biodeterioration agents

导致木材劣化的生物,包括微生物(主要为木腐菌、变色菌和霉菌)、昆虫和海生钻孔动物。

3.2.4

木材生物降解　wood biodegradation

木材被微生物分解为结构较单一组分的现象。

3.2.5

木材耐久性　wood durability

木材在使用过程中耐受生物劣化和其他劣化的能力。

3.2.6

木材天然耐久性　natural durability of wood

未经任何处理木材的耐久性。

3.2.7

耐腐性　decay resistance

木材对木材腐朽菌生物劣化的抵抗能力。

3.2.8

木材天然耐腐性　natural decay resistance of wood

未经任何处理木材的耐腐性。

3.2.9

抗白蚁性　termite resistance

木材对白蚁生物劣化的抵抗能力。

3.2.10

抗海生钻孔动物性　marine borers resistance

木材对海生钻孔动物生物劣化的抵抗能力。

3.2.11

木材腐朽　wood decay;wood rot

木材细胞壁被腐朽菌或其他微生物分解引起的木材腐烂和解体的现象,包括白腐、褐腐和软腐。

3.2.12

边材腐朽　sap rot

外部腐朽

树木伐倒后,木材腐朽菌自边材外表侵入所形成的腐朽。

3.2.13

心材腐朽　heart rot

内部腐朽

活立木受木材腐朽菌侵害所形成的心材或熟材部分的腐朽。

3.2.14

干基腐朽　butt rot

活立木状态时,发生在树木基部或树干下部的腐朽。

3.2.15

白腐　white rot

由白腐菌分解木质素并破坏部分纤维素所形成的腐朽,腐朽材多呈白色或浅黄白色或浅红褐色,露出纤维状结构。

3.2.16

褐腐　brown rot

由褐腐菌分解破坏纤维素所形成的腐朽,腐朽材外观呈红褐色或棕褐色,质脆,中间有纵交错的块状裂隙。

3.2.17

软腐　soft rot

由软腐菌(多为子囊菌)侵害使木材在高湿状态下引起的腐朽,腐朽材表面变软发黑,而干燥后呈细龟裂状。

3.2.18

干腐　dry rot

某些担子菌能输导水分使干木材变潮所引起的褐色块腐。干腐常见于木建筑结构上。干腐为干腐菌(*Serpula lacrymans*)和某些卧孔菌(*Poria* spp.)所引起。

3.2.19

湿腐　wet rot

具有高含水量的木材腐朽。腐朽部分很湿,在中等压力下即可挤出水来。粉孢革菌是导致湿腐的重要菌源。

3.2.20

带线　zone line

木材受木腐菌的侵害,在腐朽部分形成的真菌产物或分解产物的暗褐色和黑色细线带,常成为不规则腐朽范围的边界。

3.2.21

木材变色　wood stain;discoloration of wood

由各种生物的、物理的或化学的因素导致木材与木制品固有颜色发生改变的现象。可分为微生物变色、物理变色、化学变色和木材加工过程引起的变色等。

3.2.22

木材微生物变色　wood discoloration induced by microorganism

由微生物滋生繁殖引起的木材变色。如马尾松和橡胶木蓝变色等。

3.2.23

木材化学变色　wood discoloration induced by chemicals

木材受金属离子、酸、碱、酶等化学因子作用引起的变色。如铁污迹、柿树科的红变色等。

3.2.24

木材物理变色　wood discoloration induced by physical factors

木材受热、光照等物理因子作用而发生的变色。如干燥木材的垫条污迹等。

3.2.25

木材生理变色　wood discoloration induced by physiological factors

树木受到冻害、病害等灾害发生生理反应而导致的木材变色。

3.2.26

蓝变　blue stain;blueing;log blueing

青变

由长啄壳属(*Ceratocystis*)等蓝变菌所滋生繁殖导致木材边材表面变成蓝色的现象,多见于松木、橡胶木等木材。

3.2.27

边材变色　sapstain

由于真菌生长繁殖或其他原因(木材细胞内含物的氧化或其他化学反应)引起生材的边材颜色改变的现象。

3.2.28

真菌变色　stain by fungi

某些真菌在木材组织中寄生,菌丝体及其所分泌的色素污染木材,导致青斑、红斑、黄斑等局部变色。

3.2.29

菌害　fungal（bacterial）attack

真菌、细菌等微生物对木材的侵害。

3.2.30

木材腐朽菌　wood-destroying fungi

木腐菌

危害树木和木材导致木材腐朽的真菌,主要是担子菌亚门层菌纲的真菌,其中又以多孔菌类最为重要。

3.2.31

真菌　fungus（sing.）;fungi（pl.）

具有真核和细胞壁的异养生物。

3.2.32

细菌　bacterium（sing.）;bacteria（pl.）

没有细胞核膜和细胞器膜的单细胞微生物。

3.2.33

担子菌亚门　subdivision basidiomycotina;Basidiomycotina

属真菌门,该亚门真菌都产生担子和担孢子,均为有隔菌丝形成的发达的菌丝体,是木材腐朽菌重要菌源。

3.2.34

子囊菌亚门　subdivision ascomycota;Ascomycotina

属真菌门,该亚门真菌营养体除极少数低等类型为单细胞(如酵母菌)外,均为有隔菌丝构成的菌丝体,是木材边材变色和软腐的重要菌源。

3.2.35

半知菌亚门　imperfect fungi;subdivision deuteromycota;Deuteromycotina

不完全菌类

一群只有无性阶段或有性阶段未发现的真菌,为木材变色和软腐的重要菌源,大多属于子囊菌,部分属于担子菌。

3.2.36

接合菌亚门　subdivision zygomycota;Zygomycotina

属真菌门,该亚门真菌营养体是菌丝体,有性繁殖形成接合孢子。没有游动孢子。腐生或寄生。木材发霉的菌源之一,如黑根霉、毛霉等。

3.2.37

多孔菌　family polyporaceae;polyporaceae

属担子菌亚门多孔菌科菌类的统称。子实体为肉质、木质或栓质,有柄或无柄,下面密布许多细孔;孔内为菌管,管壁布有子实层,产生担子和担孢子。多生于树干或木材上,引起严重腐朽。有的种类可供药用,如茯苓、灵芝、猪苓。

3.2.38

层孔菌属　genus Fomes;*Fomes*

属担子菌亚门多孔菌科。寄生于多种树木的树干上。菌丝体穿入树干木质部蔓延滋生,使木材朽烂,造成树枝或整体枯死。以后在受害部分生出子实体。重要的木材腐朽菌。有些种类危害立木,如木蹄层孔菌(*Fomes fomentarius*);有的可药用,如药用层孔菌(*Fomes officinalis*)。

3.2.39

变色菌 stain fungi

主要属于子囊菌亚门和半知菌亚门。以木材细胞内含物为食料,不分解木材,能改变木材的天然颜色。

3.2.40

担子菌 basidiomycetous fungi;*Basidiomycete*

有性孢子外生在担子上的菌类,是木材腐朽的主要菌源。

3.2.41

霉菌 mould;mold

形成分枝菌丝的真菌的统称,在潮湿环境下能导致木材表面发生霉变。

3.2.42

菌丝 hypha(sing.);hyphae(pl.)

真菌结构单位的丝状体,粗细约为 1 μm,顶端生长加长,通过侧生分枝生出新分枝。

3.2.43

菌丝体 mycelium

由许多分枝菌丝交织形成的真菌营养体,具有吸收营养的能力。

3.2.44

子实体 fruit body

高等真菌有性阶段产生的孢子的结构。子囊菌的子实体称子囊果,担子菌的称担子果,其形状、大小与结构因种类而异。

3.2.45

孢子 spore

某些生物的脱离母体后不通过细胞融合而能直接或间接发育成新个体的单细胞或少数细胞的繁殖体。

3.2.46

酶 enzyme

具有生物催化功能的生物大分子(蛋白质或 RNA),分为蛋白类酶和核酸类酶。

3.2.47

昆虫 insect

昆虫纲(Insecta)动物的统称,属节肢动物门(Arthropoda)昆虫纲。成虫体躯分为头、胸、腹三部分;头部具 1 对触角,常具复眼和单眼;胸部有足三对,翅 1 对或两对;腹部无足。危害木材的昆虫有扁蠹、小蠹、天牛、吉丁虫、白蚁和树蜂等。

3.2.48

木材虫害 insect damage of wood

各种昆虫如扁蠹、小蠹、天牛、吉丁虫、白蚁和树蜂等蛀蚀木材而造成的木材缺陷。

3.2.49

木材钻孔虫 wood boring insects;wood destroying insects

木蛀虫

能钻蛀木材,形成孔洞、坑道的昆虫。

3.2.50

虫眼 insect hole

虫孔

各种昆虫蛀蚀木材所形成的孔洞。

3.2.51

小虫眼 shothole;small insect hole

小虫孔

孔径在 1.5 mm～3 mm 的虫孔,多由小蠹科、长小蠹科的某些小蠹虫或天牛科的某些天牛所蛀成。

3.2.52

大虫眼 grub hole

大虫孔

孔径在 3 mm 以上,虫眼圆形或扁圆形,主要由天牛、象鼻虫、树蜂等害虫蛀成。

3.2.53

针孔虫眼 pin hole

孔径小于 2 mm 的针孔状虫孔,主要由小蠹科、长小蠹科的食菌小蠹所蛀成。

3.2.54

表面虫眼和虫沟 surface insect holes and galleries

蛀蚀木材的深度不足 10 mm 的虫眼和虫沟,多由某些小蠹虫或某些天牛所蛀成。未剥皮新伐倒木常见此害。

3.2.55

蛀孔 bore hole

木材蛀虫和海生钻孔动物取食或穿蛀木材而成的孔洞。

3.2.56

蛀屑 frass;bore dust

木材钻孔虫钻蛀木材取食后的排泄物及木质组织碎屑的混合物,呈木丝状、粉末状或颗粒状,粗细大小随虫类而异。

3.2.57

鞘翅目 beetles;order coleoptera;Coleoptera

属昆虫纲,总称为甲虫(beetles),一般体躯坚硬,有光泽。前翅鞘翅,角质,质坚而厚,无明显翅脉。其中有些种是蛀蚀木材的重要昆虫。

3.2.58

天牛科 long-horned beetles;family cerambycidae;Cerambycidae

属鞘翅目,触角线状,能向后伸,超过体长的 2/3,着生在额突上,其中第 2 节特别短,仅为第 1 节长度的 1/5。均为植食性,大多数幼虫钻蛀取食木质部。一般分为两类:一类蛀蚀新伐倒的原木或林区中的病腐木,另一类蛀蚀干木材。

3.2.59

小蠹科 bark beetles;Scolytidae

属鞘翅目,体小型,椭圆或长椭圆形,色暗。头半露于体外,窄于前胸;触角略呈膝状,端部三、四节呈锤状;上唇退化,上颚强大,很多种类是林木的重要害虫,多危害树皮及边材。

3.2.60

长小蠹科 pinhole borer beetle;family Platypodidae;Platypodidae

属鞘翅目,是一种重要的针孔钻孔虫类,能将新伐原木蛀成许多圆孔,常严重危害阔叶材。

3.2.61

窃蠹科 deathwatch beetles;family of Anobiidae;Anobiidae

属鞘翅目,多危害阔叶材和针叶材的边材及一些淡色的阔叶材心材,常见于干燥的木建筑物。

3.2.62

长蠹科　false powder;post beetle;Bostrychidae

属鞘翅目长蠹总科,危害伐倒木干干材及竹材,在木材中蛀成圆柱形孔道,有时也危害衰弱的活立木。

3.2.63

粉蠹甲　powder-post beetles

长蠹科和粉蠹科破坏木材的甲虫的通称。

3.2.64

食菌小蠹　ambrosia beetles;pinhole borers

针孔蛀虫。主要蛀食原木、新伐材、枯立木、病损木的害虫,主要包括长小蠹科和小蠹科某些属的昆虫。蛀孔为圆形,最大直径约 3mm。一般沿木材纹理方向蛀孔,颜色较深,无蛀屑。

3.2.65

象甲科　Curculionidae

属鞘翅目象甲总科,额和颊向前延伸形成明显的喙,口器位于喙的顶端;触角膝状,其末端 3 节膨大呈棒状;前足基节窝闭式。幼虫身体柔软,肥胖而弯曲,无足。成、幼虫均植食性。蛀屑多呈颗粒状。所蛀虫道,常随虫体增大而加宽,能形成大量孔洞,严重破坏木材的完整性。

3.2.66

吉丁甲科　jewel beetles;flat-headed beetles;Buprestidae

吉丁虫科

属鞘翅目。体较长,体壁常具金属光泽。头下口式,嵌入前胸;触角 11 节,多为锯齿状。幼虫体长,背腹扁平;前胸膨大,背板和腹板骨化,身体后部较细,虫体呈棒状。幼虫大多蛀食树木,亦有潜食于树叶中的,为森林、果木的重要害虫。

3.2.67

家具窃蠹　common furniture beetle;*Anobium punctatum*

窃蠹科甲虫,幼虫在家具木材和建筑木材中钻孔。蛀食圆形孔道的最大直径约 1.5 mm。蛀孔无变色,包含蛀屑,通常呈颗粒状纹理。幼虫多危害边材,较少危害无腐朽心材。

3.2.68

报死窃蠹　death watch beetle;*Xestobium rufovillosum*

窃蠹科甲虫,常见于发生真菌腐朽的温带阔叶材。蛀食圆孔的最大直径约 3 mm。蛀孔无变色。蛀屑松散地填塞于蛀孔中,包含扁平的球状颗粒。

3.2.69

家天牛　house longhorn beetle;*Hylotrupes bajulus*

天牛科甲虫,幼虫蛀食建筑用针叶材的边材,危害很大。蛀食圆孔为椭圆形,最大宽度约 10 mm。蛀孔无变色,包含柱状蛀屑。

3.2.70

黑尾拟天牛　wharf-borer;*Nacerdes melanura* L

码头蛀虫

拟天牛科(Oedemeridae)甲虫,幼虫蛀食潮湿、腐朽木材,尤其是码头、码头边的建筑物和木质驳船。

3.2.71

白蚁　termite

昆虫纲等翅目(Isoptera)昆虫的统称。营群体生活,多型性社会昆虫,分为生殖白蚁(蚁后和雄蚁)、非生殖个体(工蚁和兵蚁)等不同等级。营巢穴居昆虫,体壁柔弱,活动和取食在蚁穴、泥被掩护下进行。土栖性白蚁筑巢于土中或地面,蚁塔可高达 8 m,又称"白蚁冢"。分布在热带和温带,北方寒冷地区很少发现。

3.2.72

土栖性白蚁 subterranean termite；Rhinotermitidae

鼻白蚁科白蚁，在土壤中群栖筑巢，通过地面或自建的蚁道进入木材内部，以木材中的纤维素为食。蚁道保护白蚁免受外界环境中光照、干燥空气等因素影响。从内部蛀食木材，木材外部看不到任何破坏的迹象。

3.2.73

干木白蚁 drywood termites；Kalotermitidae

木白蚁科白蚁，可直接飞入不与地面接触的木材，危害比鼻白蚁科白蚁大。主要危害干燥木材（木材含水率为 5%～10%）。木材既是木白蚁科白蚁的巢穴又是食物来源。

3.2.74

湿木白蚁 dampwood termites；Termopsidae

原白蚁科白蚁，主要危害树木、伐倒木和埋于土壤中的木材。

3.2.75

家白蚁 Formosan subterranean termite；*Coptotermes formosanus* Shiraki

属鼻白蚁科，土木两栖性白蚁，在室内和室外筑巢，群体较大，喜蛀蚀早材。主要危害房屋建筑、桥梁、枕木、电杆等用材。

3.2.76

散白蚁 genus Reticulitermes；*Reticulitermes* spp.

属木白蚁科，巢群较家白蚁为小，一般分散为害。在木材或土壤中筑巢，适应性强，活动隐蔽，主要危害房屋建筑和林木。

3.2.77

堆砂白蚁 genus Cryptotermes；*Cryptotermes* spp.

属木白蚁科，干木白蚁，在干燥木材内蛀食蚁路；群体小，活动隐蔽，主要危害房屋建筑、木质家具等用材。

3.2.78

膜翅目 order Hymenoptera；Hymenoptera

属昆虫纲，大多数为捕食性或寄生性，少数为植食性。翅膜质、透明，两对翅质地相似，后翅前缘有翅钩列与前翅连锁，翅脉较特化；口器一般为咀嚼式或嚼吸式。危害木材的只有三个科，即蚁科（Formicidae）、木蜂科（Xylocopidae）和树蜂科（Siricidae）。

3.2.79

木工蚁 carpenter ants；*Camponotus*

属膜翅目蚁科弓背蚁属，体大而黑。常危害木材已发生腐朽且开始软化的部分（如树墩、活树的心材、柱桩、木结构房屋中的结构用木材），在其中挖木筑巢。

3.2.80

木蜂 carpenter bee

属膜翅目木蜂科，常危害木材或小枝，特别是干材，在其中蛀蚀坑道，喂养幼蜂。

3.2.81

树蜂 wood wasps

属膜翅目树蜂科，常危害衰弱的立木或新伐倒木，或未干燥的原木。幼虫能在木质部钻蛀坑道，成虫羽化孔为圆形，雌蜂具有长产卵管，能刺入坚实木材中产卵。

3.2.82

海生钻孔动物 marine borers

钻蛀海水中或略含盐分水中的木材的动物，主要包括软体动物（molluscans）和甲壳纲动物（crustaceans），对海洋中的建筑物、桩和船只危害极大。软体动物的蛀孔具钙质内壁。

3.2.83

海生钻孔动物侵害　attack by marine borers

海生钻孔动物对木材的侵害、蛀蚀所造成的破坏。

3.2.84

软体钻孔动物　molluscan borers

主要有船蛆属($Teredo$)、节铠船蛆属($Bankia$)、马特海笋属($Martesia$)和食木海笋属($Xylophaga$)等。船蛆属和节铠船蛆属为船蛆科(Teredinidae),马特海笋属和食木海笋属为海笋科(Pholadidae)。

3.2.85

甲壳钻孔动物　Crustacean borers

主要有蛀木水虱属($Limnoria$)、团水虱属($Sphaeroma$)和蛀木跳虫属($Chelura$)等。蛀木水虱属和团水虱属为甲壳纲(Crustacea)等足目(Isopoda),蛀木跳虫属为甲壳纲端足目(Amphipoda)。

3.2.86

船蛆　shipworm;$Teredo\ navalis$

属海生软体动物门(Mollusca)双壳纲(Bivalvia)船蛆科(Teredinidae)。外形很像蠕虫,长达25 cm,穴居于木材中。同属有很多种,对海洋建筑和木船损害都很大。

3.2.87

物理和化学损害　physical and chemical damage

木材因火灾、风化、机械或化学等损伤因素的作用而造成的损毁和破坏。

3.2.88

木材老化　weathering of wood

木材长期暴露于室外环境中,受光辐射、风、雨、霜、雪、雹、沙尘、真菌等侵蚀而引起的变色、开裂和损毁现象。

3.2.89

化学降解　chemical degradation

木材在化学物质作用下引起的分解。

3.3　木材防腐剂

3.3.1

木材防腐剂　wood preservative

应用于木材、木材制品或非木质的水泥砖石、建筑物地基等(目的是保护邻近的木材和木材制品),抑制或阻止危害木材的生物(如真菌、昆虫和海生钻孔动物)在木材中生长与繁殖的一类化学药剂。

3.3.2

活性成分　active ingredient(s)

木材防腐剂中能抑制木材腐朽菌、霉菌、变色菌、昆虫和海生钻孔动物在木材中生长和繁殖的一种或多种化合物。

3.3.3

副成分　co-formulant

按配方制造的木材防腐剂中,除活性成分以外的成分。

3.3.4

油类防腐剂　oil type preservative

杂酚油、煤焦油-杂酚油混合物、杂酚油-石油混合液、油载类防腐剂和其他不溶于水的油质防腐剂。

3.3.5

有机溶剂型防腐剂　organic solvent preservative;OS

油溶型防腐剂

使用时溶于有机溶剂中,同有机溶剂一起以有机溶液的形式渗入木材中的防腐剂。

3.3.6

水载型防腐剂　waterborne preservative;WB

有效成分能溶于水的木材防腐剂。

3.3.7

焦油类防腐剂　tar-oil preservative;TO

杂酚油与其他石油化工产品(化合物)混合后得到的防腐剂。

3.3.8

焦油　tar;tar oil

油页岩、褐煤、石油和木材等干馏而得的油状产物。主要有高温煤焦油、低温煤焦油、页岩油和木焦油。此外,还有煤气化所得的气化焦油、石油馏分经热解所得的热解焦油等。

3.3.9

木焦油　wood tar

木材干馏得到的液体产物在澄清时,沉在下部的黑色油状液体。含有酚类、酸类、烃类等有机化合物。加工后可得到杂酚油、抗聚剂、浮选起泡剂、木沥青等产品,用于医药、合成橡胶和冶金等工业部门,也可直接用作木材防腐剂和防腐涂料。

3.3.10

煤焦油　coal tar

煤干馏成焦炭所得的黑色黏稠油状液体,是含有多种芳烃化合物的复杂混合物。

3.3.11

煤焦油-杂酚油混合物　coal tar creosote

杂酚油

多种煤焦油馏分的混合物。主要由上百种芳烃化合物组成,并含有一定量的焦油酸类和焦油碱类。馏程为200 ℃～400 ℃。暗红褐色的黏稠液体,未脱晶产品常析出结晶体。

3.3.12

轻质杂酚油　pigment emulsified creosote;PEC;clean creosote

颜料乳化杂酚油

传统杂酚油的改进,以除去结晶物和残渣(340 ℃以后为残渣)的高温煤焦油为基料,添加颜料、乳化剂和适量水制成浅色乳化防腐油,可浸注电杆、枕木等。

3.3.13

水煤气焦油杂酚油　water-gas tar creosote

水煤气焦油的高沸点馏分。与煤焦油-杂酚油混合物的主要差别,在于焦油酸或焦油碱含量少,防腐效力较低。

3.3.14

杂酚油石油混合液　creosote-petroleum solution

按一定比例配制的杂酚油和石油的混合溶液,通常石油占30%～70%,可用于枕木、电杆和各种室外用材。

3.3.15

石油馏分　petroleum distillates

用于木材防腐的一种石油化工产品,由原油的某些蒸馏产物组成。

3.3.16

蒽油　anthracene oil

杂蒽油

高温煤焦油分馏时，在 270 ℃～400 ℃蒸出的馏分。主要含有蒽、菲、咔唑，可用作木材防腐剂。

3.3.17

轻有机溶剂防腐剂 light organic solvent preservative；LOSP

活性成分溶于白节油(油漆溶剂油)等挥发性有机溶剂中制成的防腐剂。

3.3.18

环烷酸铜 copper naphthenate

黄绿色黏稠液，具有良好的防腐作用，与煤杂酚油或船底漆混用可以预防海生钻孔动物对木材的侵害。

3.3.19

8-羟基喹啉酮 copper 8-hydroxyquinolate；Cu-8

有机铜盐螯合物，溶解于脂肪族和芳香族的石油溶剂中，加助溶剂可制成乳剂。

3.3.20

辛硫磷 phoxim

肟硫磷

化学名 O,O-二乙基-O-[(α-氰基亚苄氨基)氧]硫代磷酸酯。有机磷杀虫剂。由苯甲醛、羟胺、氰化钾和二乙基硫代磷酰氯等原料合成。纯品为黄色油状液体，工业品为黄棕色液体。不溶于水，易溶于有机溶剂。在中性和酸性介质中稳定，易被碱水解。有乳油和颗粒剂等。有触杀作用。

3.3.21

百菌清 chlorothalonil；CTL

四氯间苯二甲腈，相对分子质量 265.9，分子式 $C_8C_{14}N_2$。

3.3.22

铜唑 copper azole

铜与三唑的复配物。

3.3.23

硼化合物 boron compounds

硼酸和硼酸盐化合物(如八硼酸钠、四硼酸钠、五硼酸钠、硼酸锌)及其混合物。

3.3.24

酸性铬酸铜 acid copper chromate；ACC

一种水溶性防腐剂，主要成分为铜和铬化物。

3.3.25

氨溶柠檬酸铜 ammoniacal copper citrate

铜(以氧化铜计)与柠檬酸的复配物，溶于氨水溶液中。

3.3.26

氨溶砷酸铜 ammoniacal copper arsenate；ACA

主要成分为五氧化砷或砷酸与铜盐，溶于氨液中注入木材后，氨挥发形成具有杀菌虫效力的不溶性盐类固着在木材内。

3.3.27

季铵铜 ammoniacal copper quats；ACQ

铜盐(以氧化铜计)与季铵盐化合物(以二癸基二甲基氯化铵计)的混合物。

3.3.28

氨溶砷锌铜 ammoniacal copper zinc arsenate；ACZA

以铜、锌、砷等的氧化物与氨水混合而成的防腐剂。

3.3.29

双二甲基二硫代氨基甲酸铜 copper bis-dimethyldithiocarbamate；CDDC

二甲基二硫代氨基甲酸钠与乙醇胺铜的混合物。

3.3.30

铜铬砷 chromated copper arsenate；CCA

主要成分为铜、铬和砷盐或其氧化物的混合物。

3.3.31

防水剂 water-repellent agent

可与木材防腐剂混合使用或单独使用的疏水性化学物质。

3.3.32

乳状防腐剂 emulsion preservative

防腐剂的活性成分分布于水中，所组成的分散系统。加入乳化剂，可得稳定的乳状液。

3.3.33

木材防腐浆膏 wood preservative paste

能涂敷或涂抹于木材表面的浆膏状木材防腐剂。

3.3.34

阻燃防腐剂 fire-retardant preservative

具有阻燃剂和防腐剂双重性能的单一化合物或多种化合物的混合物。

3.3.35

防霉剂 antimold chemicals

能杀死或抑制霉菌的生长和繁殖，预防木材及其产品发霉变质的化学药剂。

3.3.36

防边材变色药剂 sapstain control chemicals

通过浸渍或喷涂应用于新锯解木材或木制品的化学药剂，防止干燥过程中微生物引起的变色和早期腐朽。

3.3.37

烷基铵化合物 alkyl ammonium compounds；AAC

季铵盐的烷基二甲基苯基氯化物。

3.4 木材防腐处理工艺

3.4.1

木材防腐 wood preservation

采用各种化学的、物理的或生物的方法处理木材，防止菌、虫、海生钻孔动物等对木材的侵害和破坏，延长木材使用寿命的技术。

3.4.2

处理前准备 preparation for treatment

木材防腐处理前进行的各种前期处理，如干燥、刻痕等。

3.4.3

剥皮 debarking

除去原木的树皮。

3.4.4

预加工 prefabrication

防腐处理前，为达到成品形状和要求尺寸而对木材进行的锯切、刨、钻等机械加工。

3.4.5

刻痕　incising

在木材表面凿刻出有规则的裂隙,有助于提高防腐药剂的透入深度和均匀性。

3.4.6

刻痕机　incising machine

用于刻痕的电动设备。

3.4.7

预加热　preheating

在加压浸注前,木材浸于热防腐剂中或热蒸气中进行调湿处理。

3.4.8

博尔顿除湿法　Boulton process

真空油煮法

加压浸渍处理前,在真空状态下将生材或部分干燥的木材置于煤焦油防腐剂中加热,促使木材内水分蒸发的调湿过程。

3.4.9

调湿　conditioning

1)防腐处理前去除生材或部分干燥木材中的水分,可改善木材的渗透性和可处理性。2)木材和木基复合材料的含水率达到与使用环境的大气含水率平衡的过程。目的是提高木材和木基复合材料在使用中的尺寸稳定性。可采用自然方法或通过干燥窑和调湿室进行调湿处理。

3.4.10

处理批次　charge

一次单独防腐处理作业中处理的所有木材。

3.4.11

常压处理　non-pressure treatments

在大气压下进行的涂刷、扩散、浸渍、热冷槽法、喷淋以及冷浸等处理。

3.4.12

表面处理　surface treatment

采用涂刷、喷淋等方法对木材表面进行的防腐处理。

3.4.13

浸渍处理　immersion treatment

在常压条件下,木材全部浸入防腐药液中的处理。

3.4.14

冷浸处理　cold-soak treatment

常温下将木材浸入未加热的、低黏度油类防腐剂中,浸渍时间随树种、尺寸、含水率和所用防腐剂而定。与浸渍处理的区别是,主要使用油类防腐剂。

3.4.15

长时浸渍　steeping

木材放入常温或加热的防腐药液中浸浴,浸渍时间通常在 1 h 以上。

3.4.16

瞬时浸渍　dipping;dip treatment

蘸浸处理

木材浸入防腐剂溶液中约 10 s～10 min。多用于锯材防霉、防变色等处理。

3.4.17

涂刷处理　brush treatment

用刷子将防腐剂涂刷于木材表面的处理方法。

3.4.18

端部处理　butt treatment

对柱材或杆材的下端部进行防腐处理,一般采用热冷槽浸注处理。

3.4.19

喷涂处理　spray treatment

将防腐剂、防霉剂或其他化学药剂,用喷雾器或喷枪等工具喷到木材表面。

3.4.20

管道喷淋处理　deluging

木材由传送装置送进管道中,接受上下左右的药液喷淋处理,药液不致到处飞溅,下部有容器回收多余药液。该法适用于各类锯材的防腐处理。

3.4.21

树液置换处理　sap displacement

以木材防腐剂的水溶液替换树液的防腐处理方法,适用于新伐材。

3.4.22

端部压力处理　end pressure treatment;Boucherie process
布舍里法

一种树液置换处理方法,在新伐、未剥皮圆木(主要为柱、杆材)的粗端,应用水载型防腐剂,借助重力、流体静压力及其他压力置换树液。

3.4.23

扩散处理　diffusion treatment

水溶型防腐剂以浆膏或浓缩液的形式涂敷于生材表面,防腐剂在浓度梯度力(浓度差)作用下向木材内部扩散。

3.4.24

双扩散处理　double diffusion treatment

湿材浸渍在两种能相互作用的水载性防腐剂药液中,先浸的一种药剂,能与后浸的在扩散过程中相互作用,生成不溶性沉淀物,从而起到防腐的作用。

3.4.25

绷带处理　bandage treatment

一种扩散法防腐处理。将含有水载性防腐剂制成浆膏或糊状涂于湿木材上,用绷带(布或塑料带)包缠,外面再涂以防水涂料。

3.4.26

钻孔扩散处理　bolt-hole treatment

先在活树或木材上钻出一定数量的孔洞,然后将防腐剂注入孔洞中,防腐剂借与水分接触药剂扩散到木材内部。

3.4.27

钻孔处理器　bolt-hole treater

能施以压力将防腐剂借螺旋钻孔注入到木材深处的器械。

3.4.28

地际线处理　ground-line treatment

现场用防腐剂处理杆、桩材的接地部分,通常用于对防腐不完善的杆、桩材的补救处理。

3.4.29

枪注法 gun injection

一种扩散防腐法,在一空心齿形器内装满糊状防腐剂,经压力注入湿材中,借扩散而传布。此法多用于使用中电杆的补救防腐处理。

3.4.30

热冷槽法 hot-and-cold bath process

木材先在热防腐药液中蒸煮一段时间,然后迅速移入冷(或温度较低)防腐药液中浸渍;或在原槽中使热药液冷却,或由冷药液替代热药液,使木材内部胞腔形成负压,液体从而渗入木材。

3.4.31

喷蒸和淬冷处理 steam-and-quench treatment

木材先用蒸汽加热后,随即浸入冷防腐剂溶液中浸渍。

3.4.32

补救处理 remedial treatment;curative treatment

为阻止真菌和害虫的进一步危害而对使用中已腐朽或虫蛀的木材进行防腐、防虫、防裂处理。

3.4.33

现场处理 in-situ treatment

在施工现场对木材应用防腐剂进行防腐处理。

3.4.34

土壤处理 soil treatment

将杀虫剂施于建筑用地的土壤中,防止地下栖息类白蚁等的侵害。

3.4.35

熏蒸处理 fumigation

有控制地应用有毒气体(熏蒸剂)对木材中的害虫及其虫卵的毒杀处理。

3.4.36

木材机械保护法 mechanical protection of wood

用机械方法保护在原位置上的木材免受各种生物损害的技术措施。如围桩法(camp process)围绕木桩受害部位浇灌钢筋混凝土外壳以防止海生钻孔动物的侵害;喷浆法(gunite method)在杆材接地区域围以钢丝网,并喷水泥沙浆。

3.4.37

加压处理 pressure treatment;pressure process

应用压力将防腐剂注入木材中的处理工艺。

3.4.38

真空加压法 vacuum/pressure process

防腐药液注入处理罐前,先对木材进行抽真空处理,防腐药液注入处理罐后的浸渍处理段,再施以一定压力。

3.4.39

空细胞法 empty cell process

目的是排出防腐处理木材内部(如细胞腔)多余的防腐药液。包括劳里法和吕宾法两种。

3.4.40

限注法 Rueping process

吕宾法

空细胞法的一种,防腐剂吸收量较劳里法少。马克斯·吕宾(Max Rueping)于1902年发明的木材防腐处理方法。包含以下工序:1)压缩空气(加压);2)处理罐充满防腐剂(保持原压力);3)继续加压;

4)维持压力一段时间直到达到保持量要求(压力处理段);5)除压;6)放液;7)后真空。

3.4.41

半限注法　Lowry process

劳里法

空细胞法的一种,防腐剂吸收量较吕宾法多。C. B 劳里(C. B. Lowry)于1906年发明的木材防腐处理方法。包含以下工序:1)注入防腐剂(处理罐充满防腐剂);2)加压;3)维持压力一段时间直到达到保持量要求(压力处理段);4)除压;5)放液;6)后真空。

3.4.42

满细胞法　full cell process;Bethell process

贝瑟尔法

全注法

约翰·贝瑟尔(John Bethell)于1838年发明的防腐处理方法。包括以下工序:1)前真空;2)保持此真空条件,注入防腐剂;3)加压;4)压力处理段;5)除压;6)放液;7)后真空(选用)。

3.4.43

改良满细胞法　modified full cell process

初真空段真空度低于后真空段真空度的满细胞法,目的是使防腐剂的回出量达到最大。处理罐充满防腐剂前将初真空段的真空度调整至大气压力与最大真空度之间。

3.4.44

循环浸注法　cycle vacuum/pressure process

按照限注或半限注法的工艺程序,重复地或相结合地进行两次或多次的循环作业。

3.4.45

双重处理　dual treatment

采用两种不同的处理方法、两种不同的协同防腐剂处理木材。通常先用水载防腐剂处理,然后用杂酚油或煤焦油-杂酚油混合物处理。经此法处理的木材,一般用于较恶劣的环境,如海生钻孔动物危害严重的区域。

3.4.46

频压法　alternating-pressure process

在加压浸注作业中,短促时间频频加压。

3.4.47

振荡加压法　oscillating pressure method

加压真空交替法

处理罐中注入防腐药液后,反复交替应用短周期压力处理和真空处理。

3.4.48

膨胀浴　expansion bath

在浸注后期,提高油类防腐剂或其他高沸点液体温度的处理,使浸注终了时能多回收一些防腐剂或防止以后的溢油现象。

3.4.49

真空处理法　vacuum process;vacuum treatment

木材装入密闭容器中,先抽真空(即前真空段),在未解除真空时注入防腐药液进行常压浸注。这种处理常用于低黏度防腐药液处理易透入木材。

3.4.50

双真空处理法　double vacuum process

浸渍处理段后应用后真空处理的一种真空处理法。

3.4.51

溶剂回收法　solvent recovery process

从轻有机溶剂防腐剂处理的木材中回收一部分被木材吸收的溶剂。

3.4.52

干真空法　dry-vacuum process

作业与双真空法相似,加压只有 200 kPa(即 2 bar),终了时木材在真空状态下用干热空气加热,使溶剂从木材中挥发出来,通过多层冷凝器和凝结液桶等,回收低沸点溶液。

3.4.53

压力处理段　pressure period

加压浸渍作业中,对压力罐中的木材和防腐药液进行加压处理的阶段,压力超过大气压力或初始气压。

3.4.54

前真空段　initial vacuum

为除去木材细胞中的空气,在防腐药液注入处理罐前(木材与防腐药液接触前)先对木材进行抽真空处理。

3.4.55

后真空段　final vacuum

在防腐处理作业的最后阶段进行抽真空处理,排出木材中多余的防腐药液。

3.4.56

后期喷蒸处理　final steaming

使用油类防腐剂或油载类防腐剂的木材防腐处理作业完成后,低压条件下对防腐处理木材进行蒸汽喷蒸(处理温度和处理时间一定)。目的是清洁防腐处理木材表面,降低溢油的可能性。

3.4.57

防腐槽　vat

盛防腐药液的无盖容器。可贮存防腐药液,或当采用不需要密闭容器的防腐处理方法处理木材时,用作盛药液的容器。

3.4.58

凝结液桶　sap drum

位于处理罐下方并与处理罐相连的槽或桶。用于收集蒸汽处理段和真空处理段产生的凝结液。

3.4.59

流动木材防腐装置　mobile timber treating plant

将加压浸注设备装置于拖车上,由机动车拖动,流动于现场进行防腐处理。

3.4.60

处理罐　treating cylinder;retort

压力罐

一端或两端可开闭的耐压钢罐,通常水平放置。罐内装有加热用蒸汽管或喷蒸装置,也有装材台车能自由进出的轻型轨道和防浮装置等。木材和防腐药剂、滞火剂等可置于罐内进行加压处理。

3.4.61

机动罐　Rueping cylinder

吕宾罐

一般置于处理罐上方,圆柱形,为密封罐体。主要用于在实施限注法作业时,进行预热和便于加压条件下向处理罐注入或回出防腐剂。

3.4.62

混合罐　mixing tank

用来混合防腐剂或配制防腐剂溶液的装有搅拌装置的容器。

3.4.63

计量罐　measuring tank

标有刻度的密闭耐压容器,用来计量注入木材中的防腐剂的量。

3.4.64

集液槽　drain tank;sump

余液罐

通常为水平放置的圆筒。防腐处理作业完成时,剩余防腐剂在重力作用下流入余液罐。

3.4.65

跑锅　surging

加压浸注中,当加热或密闭真空时,含水油剂涌起的泡沫或沸腾的液状防腐剂从容器中冲向冷凝系统的现象。

3.4.66

回冲　kickback

加压处理后期,处理罐内压力解除时,从处理木材中回弹出的防腐剂的现象。

3.4.67

拒受点　refusal point

防腐处理过程中,木材几乎不再吸收防腐剂的临界点。

3.4.68

总吸液量　gross absorption

加压浸注作业中,压力处理段结束时(后真空前)木材中防腐剂的总渗入量。包括初吸药量和压力作用下防腐剂的注入量。

3.4.69

初吸液量　initial absorption

浸注作业中,压力处理段之前,处理罐充满防腐药液时木材吸收防腐剂的量。即真空处理段预加热或蒸煮时木材吸收防腐剂的量与压力处理段前处理罐充注防腐药液过程中木材吸收防腐剂的量之和。

3.4.70

净吸液量　net absorption

防腐处理作业完成时木材中防腐剂的量,以升每立方米(L/m^3)表示。

3.4.71

载药量　retention

防腐木材检验样品的分析区域中要求保留的防腐剂最低数量,通常指防腐剂的活性成分,以千克每立方米(kg/m^3)表示。

3.4.72

处理压力　treating pressure

在处理罐内将防腐剂注入木材所使用的压力。

3.4.73

一体化处理　integrated treatment

在人造板材生产过程中,在拌胶机中加入防腐剂或胶粘剂中加入防腐添加剂进行防腐处理的方法。

3.4.74

后期处理　post treatment

对人造板成品进行的防腐处理方法,包括加压浸渍、常压浸泡、喷涂等处理工艺。

3.5 防腐木材及其质量检测

3.5.1

防腐木 preservative-treated wood

经过防腐剂处理具有防腐性能的改性木材。

3.5.2

炭化木 heat-treated wood;thermowood

热处理木材

在保护介质(如水蒸气、植物油)作用下,采用高温(一般温度为160 ℃~240 ℃)处理并具有防霉防腐功能、高尺寸稳定性能的热改性木材。

3.5.3

生长锥 increment borer

中空的木工螺旋钻头,可从树干或木材中钻取出圆柱状木芯,用以检测木材年轮、心边材和防腐剂透入深度等。

3.5.4

木芯 core

用生长锥钻取的圆柱状木材样品。通过长度测量,可确定边材厚度和防腐剂的透入深度,也可进行定量分析,检测防腐剂的保持量和分布。

3.5.5

试验方法 test methods

检测防腐木材与防腐剂各种性能的相关试验用方法。

3.5.6

分馏试验 fractional distillation test

测定一种焦油或其他油类在规定温度范围内馏出量的比例。

3.5.7

琼脂木块法 agar-block test

测定防腐剂毒性效力的一种实验室生物试验方法。以麦芽汁和琼脂作培养基,用试块质量损失测定药剂的毒效。

3.5.8

土壤木块法 soil-block test

促使木腐菌在试验木块上生长的一种生物试验方法,以土壤作为培养基,用试块质量损失测定药剂的毒性效力。

3.5.9

呼吸法 fungal respiration method

一种快速测定防腐剂毒效的方法。利用呼吸仪测定防腐剂对木腐菌呼吸的抑制作用,用耗氧量表示,从而判断出防腐剂的毒力。

3.5.10

毒性极限 toxic limits;toxic values

木材防腐剂效力实验中,木材防腐剂有效抑制木材发生昆虫危害或真菌腐朽的最低保持量。

3.5.11

流失试验 leaching test

检测防腐木材中防腐剂的有效成分在水的作用下渗出量的试验方法。

3.5.12

残余毒性 residual toxicity

防腐处理木材试块经人工风化条件处理(如流失和烘干反复多次)后所测得的毒性极限。

3.5.13

菌窖试验　fungus cellar test

试验室评价防腐剂毒效的生物扩大试验。在可控制温、湿度的室内,分隔成若干个窖槽装以土壤。将试条用防腐剂处理后,插入土壤中,以后即定期检查其腐朽程度,作为评价防腐剂的依据。

3.5.14

野外试验　field test

在野处选择试验场地,将各类型试材插入土中或不与土壤接触,直接在自然状态下进行的耐久性的暴露试验。

3.5.15

半致死量　median lethal dose

致死中量

简写 LD_{50}。在毒性试验的生物群体中,能引起半数生物死亡的剂量。

3.5.16

生物参考值　biological reference value

能有效阻止某种生物危害的木材防腐剂用量,单位为克每平方米(g/m^2)或千克每立方米(kg/m^3)。

3.5.17

分析区域　analytical zone;assay zone

防腐木材中用于检测分析要求的防腐剂应渗透的区域。

3.5.18

可处理性　treatability

木材防腐剂渗入木材的难易程度。

3.5.19

浸注性　impregnability

防腐剂或其他液体在压力下透入木材的性能。

3.5.20

难浸注性　refractory

木材抵抗防腐剂渗入的性质。

3.5.21

透入度　penetration

渗透程度

防腐剂(有效成分)透入木材的程度,包括防腐剂透入木材的深度和防腐剂在边材的透入率。

3.5.22

固着　fixation

防腐剂在处理木材中与木材组分发生物理或化学反应,从而具备抗流失性的过程。

3.5.23

流失　leaching

在水的作用下,防腐剂中的活性成分从处理木材中渗入周围环境的现象。

3.5.24

溢油　bleeding

防腐处理作业完成后,液体防腐剂从处理材中渗出的现象。渗出防腐液可能会保持液态、挥发或硬化为固体。

3.5.25

起霜　blooming

防腐剂或阻燃剂从处理木材中外移到木材表面,由于溶剂或水分挥发,在木材表面形成固体沉积物。

3.5.26

表面硬化 **case hardened；surface hardened**

由于木材干燥不当所致的木材表面抗防腐剂渗透的现象。

3.5.27

保持量分析 **retention by assay**

通过抽提或分析特定试样(如生长锥木芯),测定防腐处理木材特定部位防腐剂的保持量。

3.5.28

使用分类 **use category**

根据木材及其制品的最终使用环境和暴露条件以及不同环境条件下生物败坏因子对木材及其制品的危害程度。我国标准将使用分类分为5类。

3.6 **木材阻燃**

3.6.1

木材可燃性 **combustibility of wood**

木材进行有焰燃烧的能力。

3.6.2

木材耐火性 **fire resistance of wood**

木材燃烧难易的程度。

3.6.3

阻燃剂 **fire retardant**

滞火剂

借助于化学和物理作用降低材料燃烧性能或改善材料抗燃性能的化学药剂。木材的阻燃剂有含磷、氮、锑、硼和卤素等的有机或无机化合物。

3.6.4

阻燃处理 **fire-retarding treatment**

滞火处理

用阻燃剂处理木材或木基材料,以提高其阻燃性和降低其燃烧性能的方法与技术。

3.6.5

平叠三角堆垛燃烧试验 **crib test**

垛式支架试验

检测处理木材阻燃性能的一种方法。每层三块长条状板材试样端部交叉搭接,形成平面三角,层层堆积构成空心平叠三角垛。试样垛置于受控火焰上规定时间后,记录处理材的质量损失、无焰燃烧持续时间、火焰的传播范围和余辉持续时间。

3.6.6

火管试验 **fire-tube test**

检测处理木材阻燃性能的一种方法。处理材试样置于专门设计的竖直金属质火管中,装有试材的火管置于受控火焰上,记录试材质量损失等指标。

3.6.7

极限氧指数 **limiting oxygen index**

氧指数

在规定的试验条件下,材料在氧、氮混合气流中刚好能保持燃烧状态所需要的最低氧浓度,以氧的百分数表示。

中 文 索 引

A

氨溶柠檬酸铜 ……………………… 3.3.25
氨溶砷酸铜 ………………………… 3.3.26
氨溶砷锌铜 ………………………… 3.3.28

B

白腐 ………………………………… 3.2.15
白蚁 ………………………………… 3.2.71
百菌清 ……………………………… 3.3.21
半限注法 …………………………… 3.4.41
半知菌亚门 ………………………… 3.2.35
半致死量 …………………………… 3.5.15
孢子 ………………………………… 3.2.45
保持量分析 ………………………… 3.5.27
报死窃蠹 …………………………… 3.2.68
贝瑟尔法 …………………………… 3.4.42
绷带处理 …………………………… 3.4.25
边材 ………………………………… 3.1.30
边材变色 …………………………… 3.2.27
边材腐朽 …………………………… 3.2.12
变色材 ……………………………… 3.1.25
变色菌 ……………………………… 3.2.39
表面虫眼和虫沟 …………………… 3.2.54
表面处理 …………………………… 3.4.12
表面硬化 …………………………… 3.5.26
剥皮 ………………………………… 3.4.3
博尔顿除湿法 ……………………… 3.4.8
补救处理 …………………………… 3.4.32
布舍里法 …………………………… 3.4.22
不完全菌类 ………………………… 3.2.35

C

残余毒性 …………………………… 3.5.12
层孔菌属 …………………………… 3.2.38
长蠹科 ……………………………… 3.2.62
长时浸渍 …………………………… 3.4.15
长小蠹科 …………………………… 3.2.60
常压处理 …………………………… 3.4.11
虫孔 ………………………………… 3.2.50

虫眼 ………………………………… 3.2.50
初吸液量 …………………………… 3.4.69
处理罐 ……………………………… 3.4.60
处理批次 …………………………… 3.4.10
处理前准备 ………………………… 3.4.2
处理压力 …………………………… 3.4.72
船蛆 ………………………………… 3.2.86

D

大虫孔 ……………………………… 3.2.52
大虫眼 ……………………………… 3.2.52
大片刨花定向层积材 ……………… 3.1.17
带线 ………………………………… 3.2.20
单板层积材 ………………………… 3.1.15
单板条定向层积材 ………………… 3.1.16
担子菌 ……………………………… 3.2.40
担子菌亚门 ………………………… 3.2.33
低密度纤维板 ……………………… 3.1.7
地际线处理 ………………………… 3.4.28
定向刨花板 ………………………… 3.1.11
毒性极限 …………………………… 3.5.10
端部处理 …………………………… 3.4.18
端部压力处理 ……………………… 3.4.22
堆砂白蚁 …………………………… 3.2.77
多孔菌 ……………………………… 3.2.37
垛式支架试验 ……………………… 3.6.5

E

蒽油 ………………………………… 3.3.16

F

防边材变色药剂 …………………… 3.3.36
防腐槽 ……………………………… 3.4.57
防腐木 ……………………………… 3.5.1
防霉剂 ……………………………… 3.3.35
防水剂 ……………………………… 3.3.31
分馏试验 …………………………… 3.5.6
分析区域 …………………………… 3.5.17
粉蠹甲 ……………………………… 3.2.63
腐朽材 ……………………………… 3.1.24

副成分 …………………………………… 3.3.3

G

改良满细胞法 …………………………… 3.4.43
干腐 ……………………………………… 3.2.18
干基腐朽 ………………………………… 3.2.14
干木白蚁 ………………………………… 3.2.73
干真空法 ………………………………… 3.4.52
高密度纤维板 …………………………… 3.1.9
固着 ……………………………………… 3.5.22
管道喷淋处理 …………………………… 3.4.20

H

海生钻孔动物 …………………………… 3.2.82
海生钻孔动物侵害 ……………………… 3.2.83
含水率 …………………………………… 3.1.35
褐腐 ……………………………………… 3.2.16
黑尾拟天牛 ……………………………… 3.2.70
后期处理 ………………………………… 3.4.74
后期喷蒸处理 …………………………… 3.4.56
后真空段 ………………………………… 3.4.55
呼吸法 …………………………………… 3.5.9
化学降解 ………………………………… 3.2.89
环烷酸铜 ………………………………… 3.3.18
回冲 ……………………………………… 3.4.66
混合罐 …………………………………… 3.4.62
活性成分 ………………………………… 3.3.2
火管试验 ………………………………… 3.6.6

J

机动罐 …………………………………… 3.4.61
集成材 …………………………………… 3.1.14
吉丁虫科 ………………………………… 3.2.66
吉丁甲科 ………………………………… 3.2.66
极限氧指数 ……………………………… 3.6.7
集液槽 …………………………………… 3.4.64
季铵铜 …………………………………… 3.3.27
计量罐 …………………………………… 3.4.63
家白蚁 …………………………………… 3.2.75
家具窃蠹 ………………………………… 3.2.67
家天牛 …………………………………… 3.2.69
加压处理 ………………………………… 3.4.37
加压真空交替法 ………………………… 3.4.47

甲壳钻孔动物 …………………………… 3.2.85
健康材 …………………………………… 3.1.23
胶合板 …………………………………… 3.1.5
胶合木 …………………………………… 3.1.14
焦油 ……………………………………… 3.3.8
焦油类防腐剂 …………………………… 3.3.7
接合菌亚门 ……………………………… 3.2.36
结构复合材 ……………………………… 3.1.12
浸注性 …………………………………… 3.5.19
浸渍处理 ………………………………… 3.4.13
净吸液量 ………………………………… 3.4.70
拒受点 …………………………………… 3.4.67
菌害 ……………………………………… 3.2.29
菌窖试验 ………………………………… 3.5.13
菌丝 ……………………………………… 3.2.42
菌丝体 …………………………………… 3.2.43

K

抗白蚁性 ………………………………… 3.2.9
抗海生钻孔动物性 ……………………… 3.2.10
可处理性 ………………………………… 3.5.18
刻痕 ……………………………………… 3.4.5
刻痕机 …………………………………… 3.4.6
空细胞法 ………………………………… 3.4.39
昆虫 ……………………………………… 3.2.47
扩散处理 ………………………………… 3.4.23
阔叶树材 ………………………………… 3.1.2

L

蓝变 ……………………………………… 3.2.26
劳里法 …………………………………… 3.4.41
冷浸处理 ………………………………… 3.4.14
流动木材防腐装置 ……………………… 3.4.59
流失 ……………………………………… 3.5.23
流失试验 ………………………………… 3.5.11
吕宾法 …………………………………… 3.4.40
吕宾罐 …………………………………… 3.4.61

M

码头蛀虫 ………………………………… 3.2.70
满细胞法 ………………………………… 3.4.42
酶 ………………………………………… 3.2.46
煤焦油 …………………………………… 3.3.10

煤焦油-杂酚油混合物 ·············· 3.3.11
霉菌 ···································· 3.2.41
膜翅目 ································ 3.2.78
木材保存 ····························· 3.1.38
木材保管 ····························· 3.1.38
木材变色 ····························· 3.2.21
木材虫害 ····························· 3.2.48
木材防腐 ······························ 3.4.1
木材防腐剂 ···························· 3.3.1
木材防腐浆膏 ························· 3.3.33
木材腐朽 ····························· 3.2.11
木材腐朽菌 ··························· 3.2.30
木材化学变色 ························· 3.2.23
木材机械保护法 ······················ 3.4.36
木材可燃性 ···························· 3.6.1
木材老化 ····························· 3.2.88
木材劣化 ······························ 3.2.1
木材密度 ····························· 3.1.33
木材耐火性 ···························· 3.6.2
木材耐久性 ···························· 3.2.5
木材渗透性 ··························· 3.1.34
木材生理变色 ························· 3.2.25
木材生物降解 ·························· 3.2.4
木材生物劣化 ·························· 3.2.2
木材生物劣化因子 ····················· 3.2.3
木材天然耐腐性 ······················· 3.2.8
木材天然耐久性 ······················· 3.2.6
木材微生物变色 ······················ 3.2.22
木材物理变色 ························· 3.2.24
木材钻孔虫 ··························· 3.2.49
木蜂 ································· 3.2.80
木腐菌 ······························· 3.2.30
木工蚁 ······························· 3.2.79
木焦油 ·································· 3.3.9
木塑复合材 ··························· 3.1.18
木纤维塑料复合材料 ··················· 3.1.19
木芯 ·································· 3.5.4
木蠹虫 ······························· 3.2.49

N

耐腐性 ································· 3.2.7
难浸注性 ····························· 3.5.20
内部腐朽 ····························· 3.2.13

凝结液桶 ····························· 3.4.58

P

刨花板 ································ 3.1.10
跑锅 ································· 3.4.65
喷涂处理 ····························· 3.4.19
喷蒸和淬冷处理 ······················ 3.4.31
硼化合物 ····························· 3.3.23
膨胀浴 ······························· 3.4.48
频压法 ······························· 3.4.46
平叠三角堆垛燃烧试验 ·················· 3.6.5
平衡含水率 ··························· 3.1.37

Q

起霜 ································· 3.5.25
气干材 ······························· 3.1.22
前真空段 ····························· 3.4.54
8-羟基喹啉酮 ························· 3.3.19
枪注法 ······························· 3.4.29
鞘翅目 ······························· 3.2.57
窃蠹科 ······························· 3.2.61
青变 ································· 3.2.26
轻有机溶剂防腐剂 ····················· 3.3.17
轻质杂酚油 ··························· 3.3.12
琼脂木块法 ···························· 3.5.7
全注法 ······························· 3.4.42

R

热处理木材 ···························· 3.5.2
热冷槽法 ····························· 3.4.30
溶剂回收法 ··························· 3.4.51
乳状防腐剂 ··························· 3.3.32
软腐 ································· 3.2.17
软体钻孔动物 ························· 3.2.84

S

散白蚁 ······························· 3.2.76
渗透程度 ····························· 3.5.21
生材 ································· 3.1.20
生物参考值 ··························· 3.5.16
生长轮 ······························· 3.1.27
生长锥 ······························· 3.5.3
湿材 ································· 3.1.21

湿腐 …………………………… 3.2.19
湿木白蚁 ………………………… 3.2.74
食菌小蠹 ………………………… 3.2.64
石油馏分 ………………………… 3.3.15
使用分类 ………………………… 3.5.28
试验方法 ………………………… 3.5.5
熟材 ……………………………… 3.1.32
树蜂 ……………………………… 3.2.81
树液置换处理 …………………… 3.4.21
双重处理 ………………………… 3.4.45
双二甲基二硫代氨基甲酸铜 …… 3.3.29
双扩散处理 ……………………… 3.4.24
双真空处理法 …………………… 3.4.50
水煤气焦油杂酚油 ……………… 3.3.13
水载型防腐剂 …………………… 3.3.6
瞬时浸渍 ………………………… 3.4.16
素材 ……………………………… 3.1.26
酸性铬酸铜 ……………………… 3.3.24
碎料板 …………………………… 3.1.10

T

炭化木 …………………………… 3.5.2
藤材 ……………………………… 3.1.4
天牛科 …………………………… 3.2.58
调湿 ……………………………… 3.4.9
铜铬砷 …………………………… 3.3.30
铜唑 ……………………………… 3.3.22
透入度 …………………………… 3.5.21
涂刷处理 ………………………… 3.4.17
土栖性白蚁 ……………………… 3.2.72
土壤处理 ………………………… 3.4.34
土壤木块法 ……………………… 3.5.8

W

烷基铵化合物 …………………… 3.3.37
晚材 ……………………………… 3.1.29
外部腐朽 ………………………… 3.2.12
肟硫磷 …………………………… 3.3.20
无孔材 …………………………… 3.1.1
物理和化学损害 ………………… 3.2.87

X

细菌 ……………………………… 3.2.32

纤维板 …………………………… 3.1.6
纤维饱和点 ……………………… 3.1.36
现场处理 ………………………… 3.4.33
限注法 …………………………… 3.4.40
象甲科 …………………………… 3.2.65
小虫孔 …………………………… 3.2.51
小虫眼 …………………………… 3.2.51
小蠹科 …………………………… 3.2.59
心材 ……………………………… 3.1.31
心材腐朽 ………………………… 3.2.13
新伐材 …………………………… 3.1.20
辛硫磷 …………………………… 3.3.20
熏蒸处理 ………………………… 3.4.35
循环浸注法 ……………………… 3.4.44

Y

压力处理段 ……………………… 3.4.53
压力罐 …………………………… 3.4.60
颜料乳化杂酚油 ………………… 3.3.12
氧指数 …………………………… 3.6.7
野外试验 ………………………… 3.5.14
一体化处理 ……………………… 3.4.73
溢油 ……………………………… 3.5.24
有机溶剂型防腐剂 ……………… 3.3.5
有孔材 …………………………… 3.1.2
油类防腐剂 ……………………… 3.3.4
油溶型防腐剂 …………………… 3.3.5
余液罐 …………………………… 3.4.64
预加工 …………………………… 3.4.4
预加热 …………………………… 3.4.7
预制木材工字梁 ………………… 3.1.13

Z

杂蒽油 …………………………… 3.3.16
杂酚油 …………………………… 3.3.11
杂酚油石油混合液 ……………… 3.3.14
载药量 …………………………… 3.4.71
早材 ……………………………… 3.1.28
蘸浸处理 ………………………… 3.4.16
针孔虫眼 ………………………… 3.2.53
针叶树材 ………………………… 3.1.1
真菌 ……………………………… 3.2.31
真菌变色 ………………………… 3.2.28

真空处理法 ……………………… 3.4.49

真空加压法 ……………………… 3.4.38

真空油煮法 ……………………… 3.4.8

振荡加压法 ……………………… 3.4.47

滞火剂 …………………………… 3.6.3

滞火处理 ………………………… 3.6.4

致死中量 ………………………… 3.5.15

中密度纤维板 …………………… 3.1.8

竹材…………………………………… 3.1.3

蛀孔 ……………………………… 3.2.55

蛀屑 ……………………………… 3.2.56

子囊菌亚门 ……………………… 3.2.34

子实体 …………………………… 3.2.44

总吸液量 ………………………… 3.4.68

阻燃处理 ………………………… 3.6.4

阻燃防腐剂 ……………………… 3.3.34

阻燃剂 …………………………… 3.6.3

钻孔处理器 ……………………… 3.4.27

钻孔扩散处理 …………………… 3.4.26

英 文 索 引

A

AAC 3.3.37

ACA 3.3.26

ACC 3.3.24

acid copper chromate 3.3.24

ACQ 3.3.27

active ingredient(s) 3.3.2

ACZA 3.3.28

agar-block test 3.5.7

air seasoned timber 3.1.22

air-dried timber 3.1.22

alkyl ammonium compounds 3.3.37

alternating-pressure process 3.4.46

ambrosia beetles 3.2.64

ammoniacal copper arsenate 3.3.26

ammoniacal copper citrate 3.3.25

ammoniacal copper quats 3.3.27

ammoniacal copper zinc arsenate 3.3.28

analytical zone 3.5.17

Anobiidae 3.2.61

Anobium punctatum 3.2.67

anthracene oil 3.3.16

antimold chemicals 3.3.35

Ascomycotina 3.2.34

assay zone 3.5.17

attack by marine borers 3.2.83

B

bacteria (pl.) 3.2.32

bacterium (sing.) 3.2.32

bamboo 3.1.3

bandage treatment 3.4.25

bark beetles 3.2.59

Basidiomycete 3.2.40

basidiomycetous fungi 3.2.40

Basidiomycotina 3.2.33

beetles 3.2.57

Bethell process 3.4.42

biodeterioration of wood 3.2.2

biological reference value ··· 3.5.16
bleeding ·· 3.5.24
blooming ·· 3.5.25
blue stain ·· 3.2.26
blueing ··· 3.2.26
bolt-hole treater ·· 3.4.27
bolt-hole treatment ··· 3.4.26
bore dust ··· 3.2.56
bore hole ·· 3.2.55
boron compounds ·· 3.3.23
Bostrychidae ·· 3.2.62
Boucherie process ·· 3.4.22
Boulton process ·· 3.4.8
broadleaved wood ·· 3.1.2
brown rot ·· 3.2.16
brush treatment ·· 3.4.17
Buprestidae ·· 3.2.66
butt rot ·· 3.2.14
butt treatment ·· 3.4.18

C

Camponotus ··· 3.2.79
carpenter ants ·· 3.2.79
carpenter bee ·· 3.2.80
case hardened ·· 3.5.26
CCA ··· 3.3.30
CDDC ·· 3.3.29
Cerambycidae ·· 3.2.58
charge ·· 3.4.10
chemical degradation ·· 3.2.89
chlorothalonil ··· 3.3.21
chromated copper arsenate ·· 3.3.30
clean creosote ·· 3.3.12
coal tar ·· 3.3.10
coal tar creosote ·· 3.3.11
co-formulant ··· 3.3.3
cold-soak treatment ··· 3.4.14
Coleoptera ··· 3.2.57
combustibility of wood ·· 3.6.1
common furniture beetle ·· 3.2.67
conditioning ·· 3.4.9
coniferous wood ··· 3.1.1
copper azole ·· 3.3.22

copper naphthenate ·· 3.3.18

copper 8-hydroxyquinolate ·· 3.3.19

copper bis-dimethyldithiocarbamate ································ 3.3.29

Coptotermes formosanus Shiraki ·································· 3.2.75

core ··· 3.5.4

creosote-petroleum solution ·· 3.3.14

crib test ··· 3.6.5

Crustacean borers ·· 3.2.85

Cryptotermes spp. ·· 3.2.77

CTL ··· 3.3.21

Cu-8 ·· 3.3.19

curative treatment ··· 3.4.32

Curculionidae ··· 3.2.65

cycle vacuum/pressure process ····································· 3.4.44

D

dampwood termites ··· 3.2.74

death watch beetle ··· 3.2.68

deathwatch beetles ··· 3.2.61

debarking ·· 3.4.3

decay resistance ·· 3.2.7

decayed wood ··· 3.1.24

deluging ·· 3.4.20

density of wood ·· 3.1.33

Deuteromycotina ·· 3.2.35

diffusion treatment ··· 3.4.23

dip treatment ··· 3.4.16

dipping ··· 3.4.16

discoloration of wood ·· 3.2.21

discolored wood ·· 3.1.25

double diffusion treatment ·· 3.4.24

double vacuum process ··· 3.4.50

drain tank ··· 3.4.64

dry rot ··· 3.2.18

dry-vacuum process ·· 3.4.52

drywood termites ··· 3.2.73

dual treatment ·· 3.4.45

E

early wood ··· 3.1.28

EMC ·· 3.1.37

empty cell process ·· 3.4.39

emulsion preservative ·· 3.3.32

end pressure treatment ·· 3. 4. 22

enzyme ··· 3. 2. 46

equilibrium moisture content ·· 3. 1. 37

expansion bath ··· 3. 4. 48

F

false powder ·· 3. 2. 62

family Platypodidae ·· 3. 2. 60

family of Anobiidae ·· 3. 2. 61

family polyporaceae ·· 3. 2. 37

family cerambycidae ·· 3. 2. 58

fiber saturation point ·· 3. 1. 36

fiberboard ·· 3. 1. 6

field test ·· 3. 5. 14

final steaming ·· 3. 4. 56

final vacuum ·· 3. 4. 55

fire resistance of wood ·· 3. 6. 2

fire retardant ·· 3. 6. 3

fire-retardant preservative ·· 3. 3. 34

fire-retarding treatment ·· 3. 6. 4

fire-tube test ·· 3. 6. 6

fixation ·· 3. 5. 22

flat-headed beetles ·· 3. 2. 66

Fomes ·· 3. 2. 38

Formosan subterranean termite ·· 3. 2. 75

fractional distillation test ·· 3. 5. 6

frass ·· 3. 2. 56

freshly harvested wood ·· 3. 1. 20

fruit body ·· 3. 2. 44

FSP ·· 3. 1. 36

f. s. p. ·· 3. 1. 36

full cell process ·· 3. 4. 42

fumigation ·· 3. 4. 35

fungal（bacterial）attack ·· 3. 2. 29

fungal respiration method ·· 3. 5. 9

fungi（pl.） ·· 3. 2. 31

fungus（sing.） ·· 3. 2. 31

fungus cellar test ·· 3. 5. 13

G

genus Cryptotermes ·· 3. 2. 77

genus Fomes ·· 3. 2. 38

genus Reticulitermes ·· 3. 2. 76

glued laminated timber ⋯⋯⋯⋯⋯⋯⋯⋯⋯⋯⋯⋯⋯⋯⋯⋯⋯⋯⋯⋯⋯⋯⋯⋯⋯⋯⋯⋯⋯⋯ 3. 1. 14

Glulam ⋯⋯⋯⋯⋯⋯⋯⋯⋯⋯⋯⋯⋯⋯⋯⋯⋯⋯⋯⋯⋯⋯⋯⋯⋯⋯⋯⋯⋯⋯⋯⋯⋯⋯⋯⋯⋯⋯ 3. 1. 14

green wood ⋯⋯⋯⋯⋯⋯⋯⋯⋯⋯⋯⋯⋯⋯⋯⋯⋯⋯⋯⋯⋯⋯⋯⋯⋯⋯⋯⋯⋯⋯⋯⋯⋯⋯⋯ 3. 1. 20

gross absorption ⋯⋯⋯⋯⋯⋯⋯⋯⋯⋯⋯⋯⋯⋯⋯⋯⋯⋯⋯⋯⋯⋯⋯⋯⋯⋯⋯⋯⋯⋯⋯⋯⋯ 3. 4. 68

ground-line treatment ⋯⋯⋯⋯⋯⋯⋯⋯⋯⋯⋯⋯⋯⋯⋯⋯⋯⋯⋯⋯⋯⋯⋯⋯⋯⋯⋯⋯⋯⋯ 3. 4. 28

growth ring ⋯⋯⋯⋯⋯⋯⋯⋯⋯⋯⋯⋯⋯⋯⋯⋯⋯⋯⋯⋯⋯⋯⋯⋯⋯⋯⋯⋯⋯⋯⋯⋯⋯⋯⋯ 3. 1. 27

grub hole ⋯⋯⋯⋯⋯⋯⋯⋯⋯⋯⋯⋯⋯⋯⋯⋯⋯⋯⋯⋯⋯⋯⋯⋯⋯⋯⋯⋯⋯⋯⋯⋯⋯⋯⋯⋯ 3. 2. 52

gun injection ⋯⋯⋯⋯⋯⋯⋯⋯⋯⋯⋯⋯⋯⋯⋯⋯⋯⋯⋯⋯⋯⋯⋯⋯⋯⋯⋯⋯⋯⋯⋯⋯⋯⋯ 3. 4. 29

H

hardwood ⋯⋯⋯⋯⋯⋯⋯⋯⋯⋯⋯⋯⋯⋯⋯⋯⋯⋯⋯⋯⋯⋯⋯⋯⋯⋯⋯⋯⋯⋯⋯⋯⋯⋯⋯⋯ 3. 1. 2

HDF ⋯⋯⋯⋯⋯⋯⋯⋯⋯⋯⋯⋯⋯⋯⋯⋯⋯⋯⋯⋯⋯⋯⋯⋯⋯⋯⋯⋯⋯⋯⋯⋯⋯⋯⋯⋯⋯⋯ 3. 1. 9

heart rot ⋯⋯⋯⋯⋯⋯⋯⋯⋯⋯⋯⋯⋯⋯⋯⋯⋯⋯⋯⋯⋯⋯⋯⋯⋯⋯⋯⋯⋯⋯⋯⋯⋯⋯⋯ 3. 2. 13

heart wood ⋯⋯⋯⋯⋯⋯⋯⋯⋯⋯⋯⋯⋯⋯⋯⋯⋯⋯⋯⋯⋯⋯⋯⋯⋯⋯⋯⋯⋯⋯⋯⋯⋯⋯ 3. 1. 31

heat-treated wood ⋯⋯⋯⋯⋯⋯⋯⋯⋯⋯⋯⋯⋯⋯⋯⋯⋯⋯⋯⋯⋯⋯⋯⋯⋯⋯⋯⋯⋯⋯⋯ 3. 5. 2

high density fiberboard ⋯⋯⋯⋯⋯⋯⋯⋯⋯⋯⋯⋯⋯⋯⋯⋯⋯⋯⋯⋯⋯⋯⋯⋯⋯⋯⋯⋯ 3. 1. 9

hot-and-cold bath process ⋯⋯⋯⋯⋯⋯⋯⋯⋯⋯⋯⋯⋯⋯⋯⋯⋯⋯⋯⋯⋯⋯⋯⋯⋯⋯ 3. 4. 30

house longhorn beetle ⋯⋯⋯⋯⋯⋯⋯⋯⋯⋯⋯⋯⋯⋯⋯⋯⋯⋯⋯⋯⋯⋯⋯⋯⋯⋯⋯⋯ 3. 2. 69

Hylotrupes bajulu ⋯⋯⋯⋯⋯⋯⋯⋯⋯⋯⋯⋯⋯⋯⋯⋯⋯⋯⋯⋯⋯⋯⋯⋯⋯⋯⋯⋯⋯ 3. 2. 69

Hymenoptera ⋯⋯⋯⋯⋯⋯⋯⋯⋯⋯⋯⋯⋯⋯⋯⋯⋯⋯⋯⋯⋯⋯⋯⋯⋯⋯⋯⋯⋯⋯⋯⋯⋯ 3. 2. 78

hypha(sing.) ⋯⋯⋯⋯⋯⋯⋯⋯⋯⋯⋯⋯⋯⋯⋯⋯⋯⋯⋯⋯⋯⋯⋯⋯⋯⋯⋯⋯⋯⋯⋯⋯⋯ 3. 2. 42

hyphae(pl.) ⋯⋯⋯⋯⋯⋯⋯⋯⋯⋯⋯⋯⋯⋯⋯⋯⋯⋯⋯⋯⋯⋯⋯⋯⋯⋯⋯⋯⋯⋯⋯⋯⋯ 3. 2. 42

I

immersion treatment ⋯⋯⋯⋯⋯⋯⋯⋯⋯⋯⋯⋯⋯⋯⋯⋯⋯⋯⋯⋯⋯⋯⋯⋯⋯⋯⋯⋯⋯ 3. 4. 13

imperfect fungi ⋯⋯⋯⋯⋯⋯⋯⋯⋯⋯⋯⋯⋯⋯⋯⋯⋯⋯⋯⋯⋯⋯⋯⋯⋯⋯⋯⋯⋯⋯⋯⋯ 3. 2. 35

impregnability ⋯⋯⋯⋯⋯⋯⋯⋯⋯⋯⋯⋯⋯⋯⋯⋯⋯⋯⋯⋯⋯⋯⋯⋯⋯⋯⋯⋯⋯⋯⋯⋯ 3. 5. 19

incising ⋯⋯⋯⋯⋯⋯⋯⋯⋯⋯⋯⋯⋯⋯⋯⋯⋯⋯⋯⋯⋯⋯⋯⋯⋯⋯⋯⋯⋯⋯⋯⋯⋯⋯⋯⋯ 3. 4. 5

incising machine ⋯⋯⋯⋯⋯⋯⋯⋯⋯⋯⋯⋯⋯⋯⋯⋯⋯⋯⋯⋯⋯⋯⋯⋯⋯⋯⋯⋯⋯⋯⋯ 3. 4. 6

increment borer ⋯⋯⋯⋯⋯⋯⋯⋯⋯⋯⋯⋯⋯⋯⋯⋯⋯⋯⋯⋯⋯⋯⋯⋯⋯⋯⋯⋯⋯⋯⋯ 3. 5. 3

initial absorption ⋯⋯⋯⋯⋯⋯⋯⋯⋯⋯⋯⋯⋯⋯⋯⋯⋯⋯⋯⋯⋯⋯⋯⋯⋯⋯⋯⋯⋯⋯ 3. 4. 69

initial vacuum ⋯⋯⋯⋯⋯⋯⋯⋯⋯⋯⋯⋯⋯⋯⋯⋯⋯⋯⋯⋯⋯⋯⋯⋯⋯⋯⋯⋯⋯⋯⋯⋯ 3. 4. 54

insect ⋯⋯⋯⋯⋯⋯⋯⋯⋯⋯⋯⋯⋯⋯⋯⋯⋯⋯⋯⋯⋯⋯⋯⋯⋯⋯⋯⋯⋯⋯⋯⋯⋯⋯⋯⋯ 3. 2. 47

insect damage of wood ⋯⋯⋯⋯⋯⋯⋯⋯⋯⋯⋯⋯⋯⋯⋯⋯⋯⋯⋯⋯⋯⋯⋯⋯⋯⋯⋯ 3. 2. 48

insect hole ⋯⋯⋯⋯⋯⋯⋯⋯⋯⋯⋯⋯⋯⋯⋯⋯⋯⋯⋯⋯⋯⋯⋯⋯⋯⋯⋯⋯⋯⋯⋯⋯⋯ 3. 2. 50

in-situ treatment ⋯⋯⋯⋯⋯⋯⋯⋯⋯⋯⋯⋯⋯⋯⋯⋯⋯⋯⋯⋯⋯⋯⋯⋯⋯⋯⋯⋯⋯⋯ 3. 4. 33

integrated treatment ⋯⋯⋯⋯⋯⋯⋯⋯⋯⋯⋯⋯⋯⋯⋯⋯⋯⋯⋯⋯⋯⋯⋯⋯⋯⋯⋯⋯ 3. 4. 73

J

jewel beetles ⋯⋯⋯⋯⋯⋯⋯⋯⋯⋯⋯⋯⋯⋯⋯⋯⋯⋯⋯⋯⋯⋯⋯⋯⋯⋯⋯⋯⋯⋯⋯⋯⋯ 3. 2. 66

K

Kalotermitidae ⋯⋯⋯⋯⋯⋯⋯⋯⋯⋯⋯⋯⋯⋯⋯⋯⋯⋯⋯⋯⋯⋯⋯⋯⋯⋯⋯⋯⋯⋯⋯⋯ 3. 2. 73

kickback ·· 3.4.66

L

laminated strand lumber ··· 3.1.17

laminated veneer lumber ·· 3.1.15

late wood ·· 3.1.29

LDF ··· 3.1.7

leaching ··· 3.5.23

leaching test ·· 3.5.11

light organic solvent preservative ······································ 3.3.17

limiting oxygen index ··· 3.6.7

log blueing ··· 3.2.26

long-horned beetles ··· 3.2.58

LOSP ··· 3.3.17

low density fiberboard ·· 3.1.7

Lowry process ·· 3.4.41

LSL ··· 3.1.17

LVL ··· 3.1.15

M

marine borers ··· 3.2.82

marine borers resistance ·· 3.2.10

MC ··· 3.1.35

MDF ··· 3.1.8

measuring tank ··· 3.4.63

mechanical protection of wood ··· 3.4.36

median lethal dose ··· 3.5.15

medium density fiberboard ·· 3.1.8

mixing tank ·· 3.4.62

mobile timber treating plant ··· 3.4.59

modified full cell process ·· 3.4.43

moisture content ··· 3.1.35

mold ··· 3.2.41

molluscan borers ·· 3.2.84

mould ··· 3.2.41

mycelium ··· 3.2.43

N

Nacerdes melanura L ·· 3.2.70

natural decay resistance of wood ······································· 3.2.8

natural durability of wood ·· 3.2.6

net absorption ··· 3.4.70

non-pressure treatments ··· 3.4.11

O

oil type preservative ·· 3. 3. 4

order Hymenoptera ·· 3. 2. 78

order coleoptera ·· 3. 2. 57

organic solvent preservative ·· 3. 3. 5

oriented strandboard ·· 3. 1. 11

OS ·· 3. 3. 5

OSB ·· 3. 1. 11

oscillating pressure method ·· 3. 4. 47

P

parallel strand lumber ·· 3. 1. 16

particleboard ·· 3. 1. 10

PEC ·· 3. 3. 12

penetration ·· 3. 5. 21

permeability of wood ·· 3. 1. 34

petroleum distillates ·· 3. 3. 15

phoxim ·· 3. 3. 20

physical and chemical damage ·· 3. 2. 87

pigment emulsified creosote ·· 3. 3. 12

pin hole ·· 3. 2. 53

pinhole borer beetle ·· 3. 2. 60

pinhole borers ·· 3. 2. 64

Platypodidae ·· 3. 2. 60

plywood ·· 3. 1. 5

polyporaceae ·· 3. 2. 37

post beetle ·· 3. 2. 62

post treatment ·· 3. 4. 74

powder-post beetles ·· 3. 2. 63

prefabricated wood I-joist ·· 3. 1. 13

prefabrication ·· 3. 4. 4

preheating ·· 3. 4. 7

preparation for treatment ·· 3. 4. 2

preservative-treated wood ·· 3. 5. 1

pressure period ·· 3. 4. 53

pressure process ·· 3. 4. 37

pressure treatment ·· 3. 4. 37

PSL ·· 3. 1. 16

R

rattan ·· 3. 1. 4

refractory ·· 3. 5. 20

refusal point 3.4.67

remedial treatment 3.4.32

residual toxicity 3.5.12

retention 3.4.71

retention by assay 3.5.27

Reticulitermes spp. 3.2.76

retort 3.4.60

Rhinotermitidae 3.2.72

ripe wood 3.1.32

Rueping cylinder 3.4.61

Rueping process 3.4.40

S

sap displacement 3.4.21

sap drum 3.4.58

sap rot 3.2.12

sapstain 3.2.27

sapstain control chemicals 3.3.36

sapwood 3.1.30

Scolytidae 3.2.59

shipworm 3.2.86

shothole 3.2.51

small insect hole 3.2.51

soft rot 3.2.17

softwood 3.1.1

soil treatment 3.4.34

soil-block test 3.5.8

solvent recovery process 3.4.51

sound wood 3.1.23

spore 3.2.45

spray treatment 3.4.19

stain by fungi 3.2.28

stain fungi 3.2.39

stained wood 3.1.25

steam-and-quench treatment 3.4.31

steeping 3.4.15

structural composite lumber 3.1.12

subdivision ascomycota 3.2.34

subdivision basidiomycotina 3.2.33

subdivision deuteromycota 3.2.35

subdivision zygomycota 3.2.36

subterranean termite 3.2.72

sump 3.4.64

surface hardened ··· 3.5.26

surface insect holes and galleries ··· 3.2.54

surface treatment ·· 3.4.12

surging ··· 3.4.65

T

tar ·· 3.3.8

tar oil ··· 3.3.8

tar-oil preservative ·· 3.3.7

Teredo navalis ·· 3.2.86

termite ·· 3.2.71

termite resistance ··· 3.2.9

Termopsidae ·· 3.2.74

test methods ·· 3.5.5

thermowood ·· 3.5.2

TO ··· 3.3.7

toxic limits ·· 3.5.10

toxic values ·· 3.5.10

treatability ··· 3.5.18

treating cylinder ·· 3.4.60

treating pressure ··· 3.4.72

U

unseasoned timber ·· 3.1.20

untreated wood ·· 3.1.26

use category ·· 3.5.28

V

vacuum process ··· 3.4.49

vacuum/pressure process ·· 3.4.38

vacuum treatment ·· 3.4.49

vat ·· 3.4.57

W

waterborne preservative ·· 3.3.6

water-gas tar creosote ·· 3.3.13

water-repellent agent ·· 3.3.31

WB ··· 3.3.6

weathering of wood ·· 3.2.88

wet rot ·· 3.2.19

wet timber ·· 3.1.21

WFPC ··· 3.1.19

wharf-borer ·· 3.2.70

white rot ·· 3.2.15

wood boring insects ·· 3.2.49

wood discoloration induced by physical factors ·· 3.2.24

wood biodegradation ··· 3.2.4

wood biodeterioration agents ·· 3.2.3

wood decay ·· 3.2.11

wood-destroying fungi ·· 3.2.30

wood destroying insects ·· 3.2.49

wood deterioration ··· 3.2.1

wood discoloration induced by chemicals ··· 3.2.23

wood discoloration induced by physiological factors ··· 3.2.25

wood discoloration induced by microorganism ·· 3.2.22

wood durability ··· 3.2.5

Wood fiber-thermoplastic composite ··· 3.1.19

wood plastic composites ·· 3.1.18

wood preservation ·· 3.4.1

wood preservative ·· 3.3.1

wood preservative paste ·· 3.3.33

wood rot ··· 3.2.11

wood stain ··· 3.2.21

wood storage ·· 3.1.38

wood tar ··· 3.3.9

wood wasps ·· 3.2.81

WPC ·· 3.1.18

X

Xestobium rufovillosum ·· 3.2.68

Z

zone line ··· 3.2.20

Zygomycotina ·· 3.2.36

ICS 79
B 71

中华人民共和国国家标准

GB/T 29563—2013

木材保护管理规范

Management specifications for wood protection

2013-07-19 发布

2013-09-01 实施

中华人民共和国国家质量监督检验检疫总局
中国国家标准化管理委员会 发布

前　言

本标准按照 GB/T 1.1—2009 给出的规则起草。

本标准由中华人民共和国商务部提出并归口。

本标准起草单位:木材节约发展中心、永港伟方(北京)科技股份有限公司。

本标准主要起草人:陶以明、喻迺秋、马守华、雷得定、张少芳。

木材保护管理规范

1 范围

本标准确立了木材保护管理的相关术语和定义,规定了木材保护的总则、工厂的规划与设计要求以及对工作人员、木材保护设备、保护剂的生产和使用、保护产品的生产经营、检验、使用、储存和废弃物处理的要求。

本标准适用于木材保护产品的生产、销售、使用及管理。

2 规范性引用文件

下列文件对于本文件的应用是必不可少的。凡是注日期的引用文件,仅注日期的版本适用于本文件。凡是不注日期的引用文件,其最新版本(包括所有的修改单)适用于本文件。

GB/T 14019 木材防腐术语

GB/T 17661 锯材干燥设备性能检测方法

GB 22280—2008 防腐木材生产规范

GB/T 22529 废弃木质材料回收利用管理规范

GB/T 29399 木材防虫(蚁)技术规范

GB/T 29406.1 木材防腐工厂安全规范 第1部分:工厂设计

GB/T 29406.2 木材防腐工厂安全规范 第2部分:操作

GB/T 29407 阻燃木材及阻燃人造板生产技术规范

GB 50005 木结构设计规范

GB 50016—2006 建筑设计防火规范

GB 50206—2003 木结构工程施工质量验收规范

GB 50354—2005 建筑内部装修防火施工及验收规范

LY/T 1636 防腐木材的使用分类和要求

SB/T 10383 商用木材及其制品标志

SB/T 10440 真空和(或)压力浸注(处理)用木材防腐设备机组

SB/T 10432 木材防腐剂 铜氨(胺)季铵盐(ACQ)

SB/T 10433 木材防腐剂 铜铬砷(CCA)

SB/T 10434 木材防腐剂 铜硼唑-A 型(CBA-A)

SB/T 10435 木材防腐剂 铜唑-B 型(CA-B)

3 术语和定义

GB/T 14019 界定的以及下列术语和定义适用于本文件。

3.1

木材保护 wood protection

用物理、化学、生物等技术手段对木材及其制品进行保养、维护或功能性改良,减少或避免因气候因子、生物因子、化学因子、物理因子等侵害,延长使用期,提高使用价值的过程。其内容主要包括木材防腐、防变色、防霉、防虫(蚁)、阻燃、干燥、热处理、尺寸稳定化、增强、染色等。

3.2

木材保护剂　wood protection agents

能够直接用于木材及其制品的表面或深层处理,具有一种或多种木材保护功能的化学或生物制剂。
包括木材防腐剂、木材防霉剂、木材防变色剂、木材防虫(蚁)剂、木材阻燃剂、木材尺寸稳定剂、木材增强
剂、木材染色剂、涂饰材料等。

3.3

木材保护设备　equipment for wood protection process

用于对木材及其制品保护处理的机械与装置。

3.4

木材保护处理　treatment and process for wood protection

根据木材及其制品的性能和使用环境的要求,采用物理、化学或生物等技术手段,对木材及其木制
品进行相应处理(加工)的过程。

3.5

木材保护(处理)工厂　plant for wood protection treatment

用于木材及其制品保护处理的固定场所。包括独立厂区或其他木材生产加工工厂的附属车间等。

3.6

木材保护产品　treated/modified wood products

经过木材保护处理的木材及其制品。

4　总则

4.1　对易受气候因子、物理因子、化学因子、生物因子等侵害而丧失使用性能的木材及其制品,应进行
保护处理。

4.2　木材保护应尽量保持木材固有的优良材料性能和环境学特性,最大限度地提高木材附加值,提高
木材等级,延长木材使用期限。

4.3　应根据木材及其制品使用环境与要求,进行有效保护。

4.4　木材保护可根据木材的不同性能或用途,选择不同的处理方法。木材保护的基本方法主要有木材
防腐、防变色、防霉、防虫(蚁)、阻燃、干燥、热处理、尺寸稳定化、增强、染色和功能性改良处理等,或者兼
有其中两项或多项。

4.5　木材保护应符合国家或地方法规和相关标准中对人身安全和环境保护方面的要求。

5　木材保护(处理)工厂的规划与设计

5.1　应根据工厂的生产性质、规模、工艺流程和产品种类进行规划与设计,保证生产的先进性、合理性
和经济性。

5.2　应了解厂区地形、地貌、地质、水文和气象资料等,保证最大限度利用天然资源。

5.3　应考虑交通运输条件,做到运距合理、交通便利。

5.4　应考虑本地区城乡总体规划,保证与居民区保持一定距离。

5.5　应考虑环境保护要求,保证污染排放符合国家或地方法规及相关标准规定。

5.6　木材防腐工厂安全设计应符合 GB/T 29406.1 的有关规定。

5.7　阻燃木材及阻燃人造板工厂安全设计可参照 GB/T 29406.1 的有关规定执行。

5.8　工厂的防火防爆设计应符合 GB 50016—2006 的有关规定。

6 木材保护设备

6.1 木材保护设备的设计、生产和使用应符合相应的国家标准或行业标准。

6.2 木材防腐设备机组应符合 SB/T 10440 的有关规定。

6.3 木材干燥设备应符合 GB/T 17661 的有关规定。

7 木材保护工作人员基本条件

7.1 从事木材保护的工作人员,岗前应经相应的专业技术培训。

7.2 从事木材保护产品的质量检验人员,应经专业技术培训。

7.3 直接参加生产的人员,应熟悉和遵守国家有关安全生产、劳动保护、环境保护等方面的法规及行业、企业规章制度、操作规程。

8 木材保护剂的生产和使用

8.1 从事木材保护剂生产经营企业应具备以下基本条件:
——有固定的生产经营场所;
——持有工商行政管理部门核发的营业执照;
——有经过专业培训的专业技术人员;
——生产企业应有符合国家或行业标准的专用设备;
——生产企业应有产品质量检测的设备和人员;
——有符合国家或行业标准或者国家有关规定的仓储设施。

8.2 木材保护剂的生产和使用应符合相应国家标准、行业标准或企业标准要求。

8.3 铜氨(胺)季铵盐(ACQ)木材防腐剂,应符合 SB/T 10432 的要求;铜铬砷(CCA)木材防腐剂应符合 SB/T 10433 的要求;铜硼唑-A 型(CBA-A)木材防腐剂应符合 SB/T 10434 的要求;铜唑-B 型(CA-B)木材防腐剂应符合 SB/T 10435 的要求。

8.4 木材防腐剂、木材阻燃剂、木材改性剂、木材染色剂的使用应考虑处理后的木材及其制品使用环境,对含有害物质的木材防腐剂、木材阻燃剂、木材改性剂的使用应预先做好安全防护,避免对人身和环境造成安全隐患。选用农药作为木材杀虫(蚁)剂时,应执行农药安全使用规定。

9 木材保护产品生产经营

9.1 从事木材保护产品生产经营企业应具备以下基本条件:
——有固定的生产经营场所;
——持有工商行政管理部门核发的营业执照;
——有经过专业培训的专业技术人员;
——生产企业应有符合国家或行业标准的专用设备;
——生产企业应有产品质量检测的设备和人员;
——有符合国家或行业标准或者国家有关规定的仓储设施。

9.2 木材保护产品质量应符合国家、行业或企业标准,并应有符合 SB/T 10383 规定的标志。

9.3 木材防腐产品生产应符合 GB 22280—2008 和 GB/T 29406.2 的有关规定。

9.4 木材防虫(蚁)产品生产应符合 GB/T 29399 的有关规定。

9.5 木材阻燃产品的生产应符合 GB/T 29407 的有关规定。

9.6 其他木材保护产品的生产应符合国家标准、行业标准或企业标准。

9.7 进入市场销售的木材保护产品,应附有检测报告和出厂合格证。

10 木材保护产品的质量检验

10.1 生产企业应有产品质量检验部门或指定专人,对产品进行质量检验。

10.2 生产企业应在生产现场随机抽样按批进行质量验收。

10.3 生产企业应选择有国家资质的木材保护产品质量检测机构对产品质量进行不定期抽检,每年至少一次。

10.4 对在木结构工程中使用的木材保护产品质量验收,应按 GB 50206—2003 中第 7 章的有关规定执行。

11 木材保护产品的使用

11.1 木材保护产品使用者应根据不同使用环境选择使用符合标准的产品。

11.2 使用防腐木材及其制品建设木结构房屋、园林景观、道桥、娱乐设施等与人群直接接触的工程项目,设计和施工应符合 GB 50005 中有关木材防护的有关规定,项目竣工验收后应在使用者最容易看到的部位,设立明显的永久性标志。标志内容应包括设计、施工、验收单位名称;建设年份;木材防腐剂种类;防腐木材供应商;使用注意事项等。

11.3 使用防腐木材应符合 LY/T 1636 的有关规定。

11.4 使用阻燃木材及其制品应符合 GB 50016—2006 中 5.5 和 GB 50354—2005 中第 7 章的规定。

12 木材保护产品储存和废弃物处置

12.1 防腐木材的储存应按 GB 22280—2008 中第 9 章的规定执行。

12.2 阻燃木材及阻燃人造板的储存应符合 GB/T 29407 的有关规定。

12.3 其他木材保护产品的储存应按有关标准执行。

12.4 废弃的防腐木材及其制品应按 GB/T 22529 的有关规定处置。

ICS 79.010
B 60
备案号：33183—2011

中华人民共和国国内贸易行业标准

SB/T 10606—2011

木材保护实验室操作规范

Operating procedures for wood preservation laboratories

2011-07-07 发布
2011-11-01 实施

中华人民共和国商务部   发 布

前　言

本标准按照 GB/T 1.1—2009 给出的规则起草。

本标准由中华人民共和国商务部提出并归口。

本标准起草单位:木材节约发展中心、中国物流与采购联合会木材保护质量监督检验测试中心。

本标准主要起草人:唐镇忠、喻迺秋、沈长生、韩玉杰、马守华、陶以明、张少芳、王倩、党文杰。

木材保护实验室操作规范

1 范围

本标准规定了木材保护实验室操作规范的相关术语和定义、总则、质量控制基本原则、控制程序的要求。

本标准适用于木材保护类实验室。

2 规范性引用文件

下列文件对于本文件的应用是必不可少的。凡是注日期的引用文件，仅注日期的版本适用于本文件。凡是不注日期的引用文件，其最新版本（包括所有的修改单）适用于本文件。

SB/T 10558 防腐木材及木材防腐剂取样方法

3 术语和定义

下列术语和定义适用于本文件。

3.1

对来样负责 accountability for received sample

实验室提交的测试数据是对来样的测试结果，且测试结果准确可靠。

3.2

实验室间比对 inter-laboratory comparison

按照预先规定的条件，由两个或多个实验室对相同或类似被测物品进行检测的组织、实施和评价。

3.3

能力验证 proficiency testing

利用实验室间比对，评价实验室的检测能力，以及对其进行持续监控的技术活动。

3.4

受控文件 controlled documents

按照发放范围登记、分发，并能保证收回的文件。

3.5

期间核查 intermediate checks

在两次检定之间进行的等精度核查，用以保证校准状态的可信度。包括设备的期间核查和参考标准器具的期间核查。

3.6

修正因子 correction factor

真值与未修正测量结果之间的换算系数。一般用于补偿系统误差。

3.7

有证标准物质 certified reference material

附有证书的标准物质，其一种或多种特性值是采用建立了溯源性的程序确定的，使之可溯源到准确复现的表示该特性值的测量单位，每一种特性值都附有给定置信水平的不确定度。

3.8

测量不确定度 uncertainty of measurement

表征合理地赋予被测量之值的分散性、与测量结果相联系的参数。

3.9

危险废弃物 hazardous waste

列入《国家危险废物名录》或根据国家规定的危险废物鉴别标准和鉴别方法认定的具有危险特性的废弃物。

3.10

不符合检测工作 deviation of testing

在质量管理体系运行过程或检测活动的各个环节中，出现的与质量管理体系、程序文件和作业指导书相背离的工作项。

3.11

非标准方法 non-standard method

国际标准、国家标准、行业标准及地方法规规定之外的检验方法。包括实验室自行制定的、知名技术组织或有关科技文献、杂志上公布的方法。

4 总则

4.1 实验室的检验和测试工作应以技术标准为依据，不应受行政干预、经济利益和其他因素的影响。保证检测数据的客观性和检测行为的公正性，不从事任何有损实验室公正性的活动。

4.2 检测人员应认真研究和实施技术标准，客观正确地记录检测情况，保证检测方法的科学性和检测结果的准确性。

5 质量控制基本原则

5.1 全过程控制原则

应对样品验收、制备、分析测试、结果的审查和报出全过程中的各个影响质量的因素进行系统、全面的控制。

5.2 全员参与原则

分析测试人员、技术管理人员、后勤供应人员及各层次的负责人，都应提高质量意识，从不同角度积极参与质量控制。

5.3 规范化、制度化原则

实验室应制定出质量管理办法和质量责任制，明确职责，规范方法，并坚持实施，经常检查，不断改进和完善。

6 控制程序

6.1 保护机密程序

6.1.1 实验室人员对机密信息负有保密责任，不得向任何单位和个人泄露技术秘密和商业秘密。当非内部人员进入实验室时，应采取适当的措施，确保信息不致泄露。

6.1.2 当项目进入司法和仲裁程序,实验室只与司法和仲裁部门联系。

6.2 文件控制程序

6.2.1 实验室相关部门应及时收集、编制、修订和更新相关文件,确保各类文件的有效性,并负责对文件进行分类、编目、发放、统一收回和销毁。

6.2.2 实验室所有受控文件应加盖"受控"印章,并有唯一性标识。

6.2.3 检测中如果涉及客户提供的技术资料,应在检测工作结束后,将客户提供的技术资料随同检测报告一起归档。

6.3 合同评审程序

6.3.1 对于常规项目,应详细了解客户的检测目的、样品情况及对检测方法的要求,协助客户选择适当的、能满足客户检测目的的检测方法。

6.3.2 当检测需要分包时,应明确告诉客户需分包的检测项目及分包单位,征得客户同意后再行分包。

6.3.3 实验室应对长期委托项目、仲裁项目、新开展项目和分包项目进行充分评估。

6.4 设备计量及维修程序

6.4.1 实验室的在用关键设备应定期经由有校准/计量检定资质的部门进行校准/计量检定。相关规定和要求参见《中华人民共和国计量法实施细则》。

6.4.2 设备出现故障时,应申报停用,并及时维修;需校准/计量的设备应经过校准/计量合格后才可使用。

6.5 设备采购程序

6.5.1 设备采购应进行充分调研、评估和审批。

6.5.2 应及时对到货设备进行验收并建立档案,经审批,贴标后方可投入使用。

6.6 试剂的采购、保管程序

6.6.1 试剂采购前应对供应商的资质、信誉等进行调查,索取并保留供应商提供的证明性文件。

6.6.2 试剂到货后应组织验收,确保符合有关要求。

6.6.3 特殊试剂(如易燃、有毒物品)的采购、验收和保管应遵守相关规定。

6.7 投诉处理程序

6.7.1 对客户的投诉,应认真受理,并及时汇报有关情况,组织相关人员对客户投诉进行调查,并将调查结果和处理意见书面通知投诉者。

6.7.2 如投诉成立,应立即组织有关人员实施纠正措施。

6.7.3 如投诉不成立,应做出解释。

6.7.4 如需要进行复检,应安排复检,做好复检记录,并出具复检报告。

6.8 不符合检测工作的预防程序

应及时收集可能导致不符合检测工作要求的信息,并分析和确定不符合的潜在原因及可能影响的范围,制定有针对性的预防措施,对预防措施实施的有效性进行监控。

6.9 记录控制程序

6.9.1 记录信息应力求完整,以保证必要时在尽可能接近原条件的情况下进行复现。

6.9.2 记录应在工作中形成,不得追记,应有相关人员的签名。

6.9.3 记录应清晰明了,宜使用蓝黑色墨水钢笔、签字笔填写,计算机自动采集数据时可采用计算机打印。

6.9.4 记录应客观、真实、清晰、准确,不得随意删改。当记录中出现错误时,应杠改,并将正确值写在旁边,不可涂改或擦掉重写。对记录的所有改动应有改动人的签名或加盖名章。

6.9.5 不同种类的记录应有不同的保存期限。保存期限应符合法律法规、客户、官方管理机构、认可机构以及标准规定的要求。

6.10 内部审核程序

6.10.1 应根据实验室内部审核计划,每年组织至少两次内部审核,审核对象应包括实验室各部门。

6.10.2 对发现的不符合检测工作,应采取措施,限期纠正,并对需要整改的不符合检测工作进行跟踪,检查纠正措施的落实情况,验证其有效性。

6.11 管理评审程序

应制定实验室的年度质量体系管理评审计划,管理评审每年度至少应进行一次。评审的内容主要包括:

——实验室质量目标的适应性;

——实验室质量体系的适应性;

——需要修改与完善的质量体系文件;

——不符合检测工作纠正与预防措施的有效性;

——实验室检测能力的适应性;

——新增检测项目和科研项目与实验室发展目标的符合性;

——人员、设备配备情况与实验室承担工作的适应性;

——其他需评审的内容。

6.12 人员培训程序

6.12.1 应从实际工作需要出发,每年制定实验室人员的教育、培训和技能目标,并组织实施。

6.12.2 实验室新进人员应接受至少三个月的岗前培训,经考核合格后方可上岗。

6.12.3 培训内容包括法律、法规、组织管理体系和检测技术及操作技能等方面。

6.12.4 培训方式包括实验室自行组织的培训班或研讨会,也可参加外单位组织的培训班等。

6.12.5 对于实验室的大型仪器,操作人员应经过培训并经考核合格后方可操作。

6.13 设施和环境条件控制程序

6.13.1 应根据各检测项目对设施与环境条件的技术要求,采取相应的控制措施,包括检测区域设施与环境条件的建立、监控、记录和内务管理。

6.13.2 发现影响检测质量的环境因素时,应及时进行调节。

6.14 安全和环保程序

6.14.1 应健全安全制度,明确安全责任人。定期对实验室的安全工作进行全面的检查,发现隐患及时采取纠正措施。

6.14.2 当实验室人员处于对身体有害的环境中时,应采取有效的防护措施。

6.14.3 整个试验过程应防止作为样本的生物菌虫在不可控制的状态下散失到实验室。

6.14.4 实验室废弃物的处置应符合国家的相关法规规定和技术标准要求。同时还应满足以下要求:

a) 有害废弃物应交专业处理单位处理,处理记录应归档;

b) 应由专人使用适当的个人防护装备和设备收集和处置危险废弃物;

c) 废弃的样本、培养物和其他生物性材料应放置于有标记的密封且防漏容器内;已装满的容器应定期运走;

d) 所有弃置的实验室微生物样本、培养物和被污染的废弃物在从实验室中取走之前,应使其达到生物学安全;

e) 应将操作、收集、运输、处理及处置废弃物的危险减至最小;

f) 其他。

6.15 检测方法的选择和确认程序

6.15.1 实验室应优先选择国际、区域或国家标准中发布的方法。或采用由知名的技术组织或有关科学书籍和期刊公布的,设备制造商指定的非标准方法。

6.15.2 确定新开展的检测项目,应研究有关技术标准,编制检测细则、设计原始记录表格和业务检测报告格式,配置所需要的设备、环境设施,并对检测人员进行培训。

6.15.3 采用非标准方法时,应提供出处和验证结果,组织编写检测细则,并经审查批准后发布实施;必要时,可组织召开评审会进行论证。

6.16 计算机/自动设备的数据保护程序

6.16.1 计算机/自动设备在投入使用前应进行校核,确认满足要求后方能投入使用。不得用于非检测用途,以防止感染病毒。计算机软件源程序和数据文件应设置为"只读"状态。

6.16.2 计算机软件和数据文件应加密码保护,以防止未经授权的侵入和修改。

6.17 设备管理程序

6.17.1 实验室所有设备均应有唯一性标识。

6.17.2 所有对检测结果有重要影响的设备均应使用三色标签表明其校准/计量检定状态。

6.17.3 用于检测并对结果有重要影响的设备均应建立设备档案和随机资料,并指定设备管理人。

6.17.4 设备应制定操作规程,应在规定的技术参数范围内使用,不准超负荷、超功能使用。

6.17.5 未取得上岗证的检测人员,不准单独操作设备。

6.18 测量溯源程序

6.18.1 实验室应制定测量溯源图,每年编制"设备校准/计量检定计划表",保证检测设备(测量标准)经过一系列的不间断的比较链,能溯源到国际单位或国际公认的测量标准。

6.18.2 应选择有资质的、能够提供溯源的校准/计量检定单位对仪器设备进行计量、校准,并对校准结果进行分析,必要时在数据处理过程中引入修正因子。

6.19 设备期间核查程序

6.19.1 应根据设备的性能及其使用情况,研究确定需要进行期间核查的设备,并制定各设备的期间核查规程。

6.19.2 对容易产生漂移的、使用频繁的或单纯靠周期校准/计量检定尚不能保证其在校准/计量检定期间置信度的设备,应进行设备的期间核查。

6.19.3 如期间核查时发现设备失准,应立即停止使用,安排维修,并评估、分析对先前检测工作的影响程度。

6.20　抽样程序

6.20.1　抽样工作应有两名以上抽样人员同时参加,法定管理机构委托的抽样不得事先通知被抽样单位。

6.20.2　抽取的样品应是生产企业出厂检验合格的产品,在生产现场、成品库或经营现场随机抽取。抽取数量应满足检测和复检的需要。

6.20.3　应按照 SB/T 10558 或其他相关产品的标准进行抽样。当发现被抽样单位有弄虚作假等违反抽样规定的行为时,抽样人员应拒绝抽样。

6.20.4　由多家单位共同委托的项目,如果任何一家单位提出更换样品时,应由所有委托单位共同办理相关手续。

6.21　样品管理程序

6.21.1　收到样品后,应检查样品是否与"样品检测委托书"填写的内容一致,并确定样品状态是否满足检测标准的要求。确认无误后,应对样品进行唯一性编号并加贴标识。

6.21.2　在样品加工的全过程中,样品和其对应的标签(标牌)应始终相随,不错位,不错号,不发生标签丢失,确保对来样负责。

6.21.3　制样操作应严格按照标准规定进行,如果采用四分法缩分,一定要把样品充分混匀,缩分样品的粒度和缩分后保留的样品质量要符合标准的规定。

6.21.4　加工不同样品时,应彻底清扫制样工具、设备,防止样品相互污染、混杂。

6.21.5　应设置专门的样品柜,并将待检、正检及检后样品分区域保存,并标识清楚。应在检测申诉期限内保存检后样品。应及时清理过期样品。

6.21.6　样品在转移和检测过程中,应注意保护样品,避免非检测性损坏。

6.21.7　同一样品由不同实验室检测的,应及时交接并有交接记录;对非破坏性的已检的样品,应由检测人员在样品标识上注明。

6.21.8　对有危险性的样品,应交由处理危险废弃物资质的单位进行处理,并做好相应的记录。

6.22　检测结果质量控制程序

6.22.1　应不定期对检测工作实施监督,并对原始记录和检测报告进行抽查,并做好相应的记录。

6.22.2　应选择适当的方式对重要检测项目加强监控,可供选择的监控方式包括:
　　——参加中国合格评定国家认可委员会(CNAS)组织的能力验证计划;
　　——组织或参加实验室间的比对试验活动;
　　——同一检测项目涉及不同人员、设备或方法时,应在实验室内组织人员、设备、方法间的比对试验;
　　——涉及标准物质的检测项目通过使用有证标准物质对检测结果进行监控;
　　——对性能稳定的样品通过对留样进行再检测实施监控。

6.23　能力验证程序

6.23.1　对中国合格评定国家认可委员会(CNAS)组织的能力验证计划,应安排参加。

6.23.2　实验室应每年制定计划,抽出部分检测项目,与国家或省级同类实验室进行实验室间的比对试验,并安排进行实验室内部人员、不同设备、不同方法的比对试验。

6.24　偏离许可控制程序

6.24.1　如果因为发生技术标准的规定不够完善等特殊情况,导致对检测结果有影响时,应对可能造成检测结果的偏离进行充分论证。

6.24.2 当委托方的要求与相应的标准不完全一致时,应在委托书和检测报告中说明,并根据具体情况协商解决办法。

6.25 检测报告的编制、审核和批准程序

6.25.1 整理原始记录,依据标准进行检测结论判断,确认符合要求后方可编制检测报告,应按技术规范或检测细则的要求做出客观、准确的检测结论。

6.25.2 检测报告的编号应与委托书的样品编号一致。需要分阶段报告检测结果或需要补充内容而陆续发出多份报告时,后期发出的检测报告应在第一次发出报告的编号后加"-"和序号。

6.25.3 检测报告应采用统一格式打印,版面整洁,字迹清晰,不得涂改。

6.25.4 检测报告中如出现由委托方提供的样品信息时,应在检测报告中注明。

6.25.5 检测报告应交授权签字人审核、批准签发。

6.26 不确定度的评定程序

6.26.1 实验室应对关键的检测项目进行测量不确定度的评定。

6.26.2 在评定测量不确定度时,对给定情况下的所有重要不确定度分量,均应采用适当的分析方法加以考虑。

参 考 文 献

[1] 《国家危险废物名录》.中华人民共和国环境保护部、国家发展和改革委员会令[2008]第 1 号.

[2] 《中华人民共和国计量法实施细则》.国家计量局发布,1987 年.

————————

二、木材防腐、防霉、防虫类

ICS 79.020
B 60

中华人民共和国国家标准

GB/T 13942.1—2009
代替 GB/T 13942.1—1992

木材耐久性能
第 1 部分：天然耐腐性实验室试验方法

Durability of wood—

Part 1: Method for laboratory test of natural decay resistance

2009-02-23 发布 2009-08-01 实施

中华人民共和国国家质量监督检验检疫总局
中国国家标准化管理委员会 发布

前　言

GB/T 13942《木材耐久性能》分为如下两部分：
——第1部分：天然耐腐性实验室试验方法；
——第2部分：天然耐久性野外试验方法。
本部分为 GB/T 13942 的第1部分。
本部分代替 GB/T 13942.1—1992《木材天然耐久性试验方法　木材天然耐腐性实验室试验方法》。
本部分与 GB/T 13942.1—1992 相比主要变化如下：
——增加"密粘褶菌［*Gloeophyllum trabeum*（Pers.）Murrill］"作为可选择的试验菌种，并按中国林业微生物菌种保藏管理中心（CFCC）的编号规则对本标准中每个试验菌种进行了编号；
——增加"具螺纹盖的广口圆盖瓶"作为可选择的培养瓶，并增加了相应的培养基配制方法以及接种示意图；
——修改"对照试样经腐朽试验后的质量损失率应达到25％以上"为"应达到45％以上"；
——修改"测定试验前后的试样全干质量时的烘箱温度为（103±2）℃"。
本部分的附录 A 是资料性附录。
本部分由国家林业局提出。
本部分由全国木材标准化技术委员会归口。
本部分负责起草单位：中国林业科学研究院木材工业研究所。
本部分参加起草单位：广东省林业科学研究院。
本部分主要起草人：杨忠、马星霞、刘磊、苏海涛、蒋明亮。
本部分所代替标准的历次版本发布情况为：
——GB/T 13942.1—1992。

木材耐久性能
第1部分:天然耐腐性实验室试验方法

1 范围

GB/T 13942 的本部分规定了在实验室条件下,木腐菌对木材的侵染而引起的木材质量损失,以评定木材的天然耐腐等级的试验方法。

本部分适用于在实验室条件下评定木材的天然耐腐等级。

2 规范性引用文件

下列文件中的条款通过 GB/T 13942 的本部分的引用而成为本部分的条款。凡是注日期的引用文件,其随后所有的修改单(不包括勘误的内容)或修订版均不适用于本部分,然而,鼓励根据本部分达成协议的各方研究是否可使用这些文件的最新版本。凡是不注日期的引用文件,其最新版本适用于本部分。

GB/T 14019 木材防腐术语

3 术语和定义

GB/T 14019 确立的术语和定义适用于 GB/T 13942 的本部分。

4 试验方法原理

木腐菌分泌酶降解并吸收木材的组分,引起木材败坏与质量损失,材性不同的木材耐腐程度与质量损失不同。

5 试验设备

5.1 蒸汽高压灭菌器:设计压力 0.25 MPa,设计温度 138 ℃。

5.2 接种室或超净工作台。

5.3 培菌室或电热恒温培养箱:温度(28±2)℃,相对湿度 75%～85%。

5.4 分析天平:感量为 0.01 g。

5.5 培养瓶:500 mL 广口三角瓶或具螺纹盖的广口圆盖瓶(最小容积 250 mL,口径最小 32 mm,螺纹盖可灭菌)。

6 试样与饲木

6.1 试材取自 3 株～5 株树木胸高部位以上长 1 m 的原木段(胸径 180 mm～350 mm)2 根～3 根。试样均等取自每株树木原木段心材横截面均匀分布处,在无可见缺陷的健康树种靠近髓心的心材部位取样。

6.2 试样各面均应平整,不允许有可见的缺陷。尺寸为 20 mm×20 mm×10 mm(纹理方向)(见图 1)的外部心材至少 12 块(均等取自 2 株～3 株原木)。年轮宽度应在该树种平均年轮宽度±20%范围内。

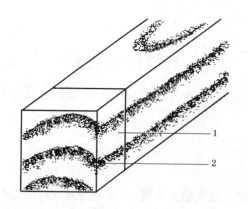

1——试样；
2——年轮。

图 1

6.3 从锯材上取试样：从一种树种的锯材上无可见缺陷的心材取样做耐腐性试验。试样板应在一堆正常质量板中任意挑选，2 块～3 块中取样。

6.4 从木制品取试样：木制品需要做耐腐性试验时，可按照6.3规定取试样。

6.5 饲木可采用马尾松或毛白杨(或其他耐腐性较差的木材树种)的边材，横截面尺寸同试样或略大于试样，厚度为 3 mm～5 mm。

7 试菌

7.1 试验针叶树材：绵腐卧孔菌[*Poria placenta*（Fr.）Cooke]（菌种编号：CFCC5608）或密粘褶菌[*Gloeophyllum trabeum*（Pers.）Murrill]（菌种编号：CFCC86617）。

7.2 试验阔叶树材：采绒革盖菌[*Coriolus versicolor*（L.）Quél.]（菌种编号：CFCC5336）或密粘褶菌[*Gloeophyllum trabeum*（Pers.）Murrill]（菌种编号：CFCC86617）。

注：试菌由中国林业微生物菌种保藏管理中心（China Forestry Culture Collection Center，CFCC）保存。

8 试验步骤

8.1 麦芽糖(饴糖或马铃薯-蔗糖)琼脂培养基的配制

在 500 mL 细口三角瓶内加入麦芽糖液(波梅氏比重1.03,下同)100 mL,琼脂1.5%～2.0%,瓶口塞棉塞并包防水纸,置于蒸汽灭菌器中(压力 0.1 MPa,温度 121 ℃,下同)灭菌 30 min 后,在无菌接种室冷至不烫手时,把培养基分别倒入 5 个已灭菌(同上)的培养皿(直径 9 cm)中,待冷却凝固后接种,然后置于培菌室或培养箱[温度(28±2)℃,空气相对湿度75%以上,下同]内培养 7 d～10 d。

8.2 河砂锯屑培养基的配制

培养瓶可以用 500 mL 广口三角瓶或具螺纹盖的广口圆盖瓶(最小容积 250 mL,口径最小 32 mm,螺纹盖可灭菌)。在 500 mL 广口三角瓶内加入：洗净干河砂(20 目～30 目)150 g,马尾松边材锯屑(20 目～30 目) 15 g,玉米粉8.5 g,红糖 1 g,拌匀平整,在其表面放饲木 3 块(各自分离,如图2),瓶内徐徐加入 100 mL 麦芽糖液,瓶口塞棉塞,并包防水纸,在蒸汽高压灭菌器中(条件同上)灭菌 1 h 后取出,置于无菌接种室或超净工作台冷却后接种；若用具螺纹盖的广口圆盖瓶,则加入：洗净干河砂(20 目～30 目)75 g,马尾松边材锯屑(20 目～30 目)7.5 g,玉米粉4.3 g,红糖 0.5 g,拌匀平整,在其表面放饲木 2 块(各自分离,如图3),瓶内徐徐加入 50 mL 麦芽糖液,旋紧瓶盖,在蒸汽高压灭菌器中(条件同上)灭菌1h后取出,置于无菌接种室或超净工作台冷却后接种。对于具螺纹盖的培养瓶,在灭菌前应稍稍松开盖子,以便蒸汽进入。

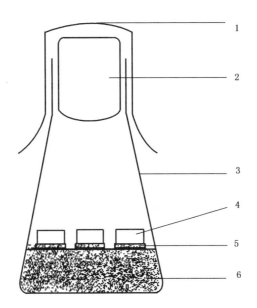

1——防水纸；
2——棉花塞；
3——广口三角瓶；
4——试样；
5——饲木；
6——培养基。

图 2

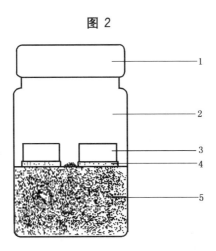

1——螺旋盖；
2——广口圆盖瓶；
3——试样；
4——饲木；
5——培养基。

图 3

8.3 接种

操作的全过程应在无菌条件下进行。把在培养皿上生长 7 d～10 d 的菌丝,用无菌打孔器切取直径 5 mm 的菌丝块(带有琼脂培养基)接入河砂培养基的中间部位(培养基表层约 5 mm 深处)。

8.4 培养

接种后的培养瓶置于温度(28±2)℃,空气相对湿度 75％～85％的培菌室中培养 10 d 左右,待瓶内的培养基表面长满菌丝时,即可放入试样受菌侵染。

8.5 试样准备

试样至少12块,每块编号后放入温度(103±2)℃烘箱中烘至恒重,每块称重(精确到0.01 g)后,用吸湿纸(或多层纱布)包好,在蒸汽灭菌器中在常压条件下保持30 min左右,使试样含水率达到40%～60%,冷却后即用。

8.6 试样受菌腐朽

已准备好的试样,在无菌条件下放入培养瓶中已长满菌丝的饲木上(纹理方向垂直于菌丝生长方向)。将培养瓶置于培菌室(条件同上)受菌侵染12周。若用具螺纹盖的广口圆盖瓶,在放到培菌室前应稍稍松开盖子,以便使少量空气流入。

8.7 试验终了的试样检测

经试验12周的试样取出,轻轻刮去表面菌丝和杂质,在(103±2)℃的烘箱中烘至恒重,每块试样分别称重。

8.8 对照试样的准备

目的是对试验的验证。如果耐腐性试验树种是针叶树材,可采用马尾松边材(或其他耐腐性较差的针叶树边材);如果耐腐性试验树种是阔叶树材,可采用毛白杨(或其他耐腐性较差的阔叶树边材)。对照试样至少12块,试验步骤同上。对照试样经腐朽试验后的质量损失率应达到45%以上,否则应重新试验。饲木可采用与试样相同的树种的边材。

9 结果计算

计算每块试样腐朽后质量损失率,以百分数表示,见式(1)。

$$试样质量损失率 = \frac{W_1 - W_2}{W_1} \times 100\% \quad \cdots\cdots\cdots\cdots\cdots\cdots\cdots (1)$$

式中:

W_1——试样试验前的全干质量;

W_2——试样试验后的全干质量。

10 木材天然耐腐等级评定标准

以木材受木腐菌腐朽试验前后的质量损失率为评定的依据,评定结果中需注明试验菌种。针叶、阔叶树材的耐腐等级按试样质量损失率分为四级:

Ⅰ	强耐腐	0～10%
Ⅱ	耐腐	11%～24%
Ⅲ	稍耐腐	25%～44%
Ⅳ	不耐腐	>45%

试验记录格式按附录A的内容进行填写。

附 录 A

（资料性附录）

木材天然耐腐性实验室试验记录表

表 A.1 木材天然耐腐性实验室试验记录表

树种：   试验菌种：   培菌室温度：   ℃

产地：   试验地点：   培菌室相对湿度：   ％

试样编号	试样全干质量/g	试样腐朽后全干质量/g	试样腐朽后质量损失/g	试样质量损失率/%	耐腐等级	备注
1						
2						
3						
4						
5						
6						
7						
8						
9						
10						
11						
12						

试验日期：   年   月   日   试验：   审核：

ICS 79.020
B 60

中华人民共和国国家标准

GB/T 13942.2—2009
代替 GB/T 13942.2—1992

木材耐久性能
第 2 部分：天然耐久性野外试验方法

Durability of wood—

Part 2：Method for field test of natural durability

2009-02-23 发布

2009-08-01 实施

中华人民共和国国家质量监督检验检疫总局
中国国家标准化管理委员会　发布

GB/T 13942.2—2009

前　言

GB/T 13942《木材耐久性能》分为如下两部分：

——第1部分：天然耐腐性实验室试验方法；

——第2部分：天然耐久性野外试验方法。

本部分为 GB/T 13942 的第2部分。

本部分代替 GB/T 13942.2—1992《木材天然耐久性试验方法　木材天然耐久性野外试验方法》。

本部分与 GB/T 13942.2—1992 相比主要变化如下：

——增加了一种尺寸较小的试样用于埋地试验；

——腐朽和蚁蛀的分级标准参照美国木材防腐协会 AWPA E7-07"Method of evaluating wood preservatives by field tests with stakes"。

本部分由国家林业局提出。

本部分由全国木材标准化技术委员会归口。

本部分负责起草单位：中国林业科学研究院木材工业研究所。

本部分参加起草单位：中国林业科学研究院热带林业研究所。

本部分主要起草人：蒋明亮、施振华。

本部分所代替标准的历次版本发布情况为：

——GB/T 13942.2—1992。

木材耐久性能
第 2 部分:天然耐久性野外试验方法

1 范围

GB/T 13942 的本部分适用于测定木材在野外暴露条件下抗微生物破坏或白蚁蛀蚀的性能及评定天然耐久性等级。

本部分规定了木材在野外与土壤接触条件下的抗生物破坏性的测定及等级评定方法。

2 规范性引用文件

下列文件中的条款通过 GB/T 13942 的本部分的引用而成为本部分的条款。凡是注日期的引用文件,其随后所有的修改单(不包括勘误的内容)或修订版均不适用于本部分,然而,鼓励根据本部分达成协议的各方研究是否可使用这些文件的最新版本。凡是不注日期的引用文件,其最新版本适用于本部分。

GB/T 14019 木材防腐术语

3 术语和定义

GB/T 14019 确立的术语和定义适用于 GB/T 13942 的本部分。

4 试验场地和木材试样的准备

4.1 试验场地

从我国热带、亚热带和暖温带大气候区选择有代表性的场地。试验场地应注明地点和气候区。

试验场地要地势平坦,土壤水分适中,不致干旱或内涝,土层较厚、富有腐殖质。若选择以白蚁活动为主的场地,在试验前半年,按情况需要可放置适量诱导白蚁的木段,以确保场地内白蚁的活跃性和分布均匀性。

场地应选没有施过农药、未曾作过防腐处理材试验的场地。场地选定后应长期保留,同一批试样不应随意更换。

场地上绿色植物对试验无影响的可任其生长衰败,若过于茂密,可人工除去,不宜用化学除草剂。应有当地气象记录,按月记录该地平均气温、湿度、降雨量、日照等。

4.2 试样准备

所试验的木材应标明正确树种名称(中文名和拉丁文名)、产地和简要的立地条件说明。并说明是天然林,还是人工林。每一树种的试样应选自 3 株～5 株的树干上,从胸高处往上的木段上截取,取其心材部分。对心边材不易分辨的,则取髓心外部的心材。

试样应从木段径切板上锯取,试样尺寸为:

a) 25 mm×50 mm×500 mm(如图 1 所示),试样断面呈矩形,年轮与长边平行;

b) 20 mm×20 mm×300 mm[锯取方法参照 a)]。

单位为毫米

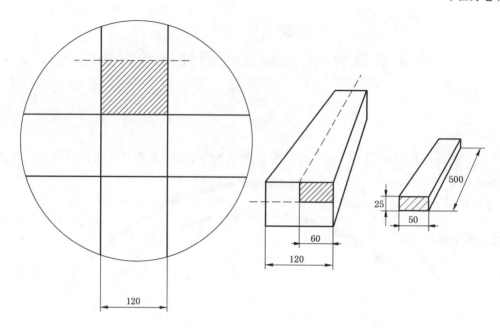

图 1 试样锯取方法

试样应健康无缺陷,同一树种试材的年轮宽窄适中,偏差不应超过 20%,密度也大致接近。每一树种试验的试样至少 20 根。

试样在试验前应达到气干程度,含水率应小于 20%,并逐一编号、称重。

每一批试验应有一种常见树种木材如马尾松、毛白杨或其他不耐久的树种作对比,以便各批试验之间作比较,并验明各批试验的可靠性,必要时可作为结果校正的参考。

5 试验方法

5.1 试样安插

试样准备完毕后,应在 6 个月内直插至试验场地上,在每根试样顶部的侧面钉以编号的金属牌或耐久塑料牌,并涂以透明漆,应使用不锈钢或耐腐蚀钉,以防腐蚀或老化。

试验树种多,可将场地分若干小区,每一小区内随机安插一定数量的各树种试样。若试验树种少,按拉丁方安插,间距为 15 cm～20 cm,行距为 30 cm～40 cm。

试样插入土壤深度按事先在试样上划出的地标线为准,深度为试样长度的三分之二,试样长度方向应与土壤面垂直,直插入后拍紧试样周围的土壤。编号的标牌都应统一方向。

试样安插后绘制出场地图和每根试样的位置,以便检查和记录。

5.2 试样检测

试样安插一年即可进行检测,在某些微生物或白蚁活跃场地,视试样受害情况也可缩短检测期。检测时依次将试样垂直向上缓缓从土壤中拔出,尽可能不扰动土壤层,减少对场地生物活动的干扰。如埋得过于结实不易拔起,可用工具帮助,但不能转动试样或扩大试样插孔。试样检测后,应安插在原来位置中,保持原来高度,拍紧试样周围的土壤。

拔出试样先用钝刮刀将表面粘着土壤或杂物刮去,再检测试样的败坏程度。试样每检测一次,按腐朽、蚁蛀或变色程度的分级标准分级,应分别记录。

试样拔出检测时,逐根给予分级,并记录在册,除已折断外,将检测后的试样插入原位置中。若发现试样丢失或不明原因的损坏,则应在原试样中扣除,不再统计在内。

每次检测至少两人,并保持其中一人不变,以减少检测时的误差。如果丢失的试样数量超过30%,则该组试样数据无效。

5.3 分级标准

5.3.1 木材耐腐朽的分级值

腐朽程度在肉眼观察下以试样已腐朽部分的平均深度为准,如试样拔起时折断,或用检测工具轻击,即可将试样折断,都以0级计算。木材耐腐朽分级值标准见表1。

表 1 木材耐腐朽分级值标准

耐腐朽分级值	试材腐朽程度
10	材质完好,肉眼观察无腐朽症状
9.5	表面因微生物入侵变软或表面部分变色
9	截面有3%轻微腐朽
8	截面有3%~10%腐朽
7	截面有10%~30%腐朽
6	截面有30%~50%腐朽
4	截面有50%~75%腐朽
0	腐朽到损毁程度,能轻易折断

5.3.2 木材抗白蚁蛀蚀的分级值

蚁蛀状态和程度虽因白蚁种类而不同,为便于检测,按统一分级标准。

木材抗白蚁蛀蚀的分级值标准见表2。

表 2 木材抗白蚁蛀蚀的分级值标准

抗蚁蛀分级值	试材蚁蛀状态和程度
10	完好
9.5	表面仅有1个~2个蚁路或蛀痕
9	截面有小于3%明显蛀蚀
8	截面有3%~10%蛀蚀
7	截面有10%~30%蛀蚀
6	截面有30%~50%蛀蚀
4	截面有50%~75%蛀蚀
0	试材蛀断

6 结果评定

6.1 完好指数计算

试样经逐根检测后,统计出每一树种的每个分级的根数,由此按式(1)分别计算出耐腐朽或抗白蚁完好指数。

$$I = \sum fy / \sum f \qquad \cdots\cdots\cdots\cdots\cdots\cdots (1)$$

式中:

I——完好指数,经 n 年后检测时试样平均完好指数;

f——每一级别中试样数;

y——腐朽或白蚁蛀蚀的分级值。

完好指数表示每次检后各试验树种试样完好程度。该指数可以了解各种树种木材的天然耐久性逐年变化情况和互相比较。

6.2 耐久性年限的确定和等级划分

试样经逐年检测一次或两次,检测时间应避免夏季。若某树种试样经几年后检测时,试样损毁(受损到 0 级)根数达到总根数 60%,即完好指数约达 1.6 时,该树种试样的检测可终止,并以此年为该树种木材的天然耐久平均年限。若腐朽和蚁蛀完好指数不一致时,以较低的为准。

根据各树种木材的天然耐久平均年限的长短,评定它的耐久性等级。木材天然耐久性分为四级,见表3。

表 3　木材天然耐久性的等级标准

级　别	天然耐久性等级	耐久年限(以我国亚热带地区为准)
1	强耐久	大于 9
2	耐久	6～8
3	稍耐久	3～5
4	不耐久	小于 2

报告时应注明所使用试验材料的实际尺寸。耐久年限以我国典型亚热带地区为准,其他地区如暖温带和热带的试验结果可作为参考,不作为国内天然耐久等级标准确定的依据。

ICS 65.020
B 71

中华人民共和国国家标准

GB/T 22102—2008

防 腐 木 材

Preservative-treated wood

2008-06-27 发布

2008-12-01 实施

中华人民共和国国家质量监督检验检疫总局
中国国家标准化管理委员会　发 布

前　言

本标准是在参考了美国木材防腐协会相关标准(AWPA standard2004)及资料和我国林业相关行业标准的基础上,结合我国防腐木材的实际情况制定的。

本标准的附录 A 为规范性附录。

本标准由中华人民共和国商务部提出并归口。

本标准起草单位:木材节约发展中心、上海大不同木业科技有限公司。

本标准主要起草人:陈人望、喻迺秋、李惠明、马守华、陶以明。

本标准为首次制定。

防 腐 木 材

1 范围

本标准规定了以水载型防腐剂和有机溶剂型防腐剂处理的木材的外观、材质、防腐处理等要求,以及检验方法与规则,运输与贮存的要求。

本标准适用于建筑与装饰、工农业、矿业、船舶、港口、交通、园林景观等使用的防腐木材。

2 规范性引用文件

下列文件中的条款通过本标准的引用而成为本标准的条款。凡是注日期的引用文件,其随后所有的修改单(不包括勘误的内容)或修订版均不适用于本标准,然而,鼓励根据本标准达成协议的各方研究是否可使用这些文件的最新版本。凡是不注日期的引用文件,其最新版本适用于本标准。

GB/T 144　原木检验

GB/T 153　针叶树锯材

GB 449　锯材材积表

GB 4814　原木材积表

GB/T 4817　阔叶树锯材

GB/T 4822　锯材检验

GB/T 12684—2006　工业硼化物　分析方法

GB 50005—2003　木结构设计规范

GB/T 50329—2002　木结构试验方法标准

LY/T 1636—2005　防腐木材的使用分类和要求

SB/T 10383　商用木材及其制品标志

SB/T 10404—2006　水载型防腐剂和阻燃剂主要成分的测定

SB/T 10405—2006　防腐木材化学分析前的湿灰化方法

AWPA A5-05　油载防腐剂分析的标准方法

AWPA A9-01　用 X-射线能谱分析防腐处理木材和处理溶液的标准方法

AWPA A11-93　用原子吸收光谱分析防腐处理木材和处理溶液的标准方法

AWPA A18-05　两相滴定法测定防腐木材中季胺化合物的方法

AWPA A21-00　用电感耦合等离子体发射光谱法分析防腐处理木材和处理溶液的标准

AWPA A28-05　用高效液相色谱测定防腐木材和水载型防腐剂中丙环唑和戊唑醇的标准方法

AWPA A29-00　用电位溴化滴定法测定防腐处理木材和处理溶液中 8-羟基喹啉铜的标准

AWPA A31-06　用气相色谱测定防腐处理木材和处理溶液中唑类化合物的标准方法

AWPA A36-04　用十二烷基硫酸钠和海明 1622 按电位反滴定法测定防腐木材中季胺化合物的标准

AWPA A37-05　用四苯硼钠按电位滴定法测防腐木材和防腐处理溶液中季胺化合物的标准

3 技术条件

3.1 外观

3.1.1 针叶树锯材尺寸及偏差按 GB/T 153 规定执行,或按供需双方的约定执行。

3.1.2 阔叶树锯材尺寸及偏差按 GB/T 4817 规定执行,或按供需双方的约定执行。

3.1.3 圆木的尺寸及偏差按供需双方的约定执行。

3.1.4 防腐木材表面应洁净,无明显沉积物。

3.2 材质

3.2.1 材质指标

防腐锯材材质指标及缺陷允许限度应符合 GB/T 153 和 GB/T 4817 的规定或按供需双方的约定执行。

3.2.2 承重结构木材材质

承重结构的防腐木材应符合 GB 50005—2003 中第 A.1 章的规定。

3.3 防腐处理

3.3.1 防腐木材的使用环境分级见表1。

表 1 防腐木材使用环境分级

使用分类	使用条件	应用环境	主要生物败坏因子	典型用途
C1	户内，且不接触土壤	在室内干燥环境中使用，但不受气候和水分的影响。	蛀虫	建筑内部及装饰、家具
C2	户内，且不接触土壤	在室内环境中使用，有时受潮湿和水分的影响，但不受气候的影响。	蛀虫、白蚁、木腐菌	建筑内部及装饰、家具、地下室、卫生间
C3	户外，但不接触土壤	在室外环境中使用，暴露在各种气候中，包括淋湿，但不长期浸泡在水中。	蛀虫、白蚁、木腐菌	（平台、步道、栈道）的甲板、户外家具、（建筑）外门窗
C4A	户外，且接触土壤或浸在淡水中	在室外环境中使用，暴露在各种气候中，且与地面接触或长期浸泡在淡水中。	蛀虫、白蚁、木腐菌	围栏支柱、支架、木屋基础、冷却水塔、电杆、矿柱（坑木）
C4B	户外，且接触土壤或浸在淡水中	在室外环境中使用，暴露在各种气候中，且与地面接触或长期浸泡在淡水中。难于更换或关键结构部件。	蛀虫、白蚁、木腐菌	（淡水）码头护木、桩木、矿柱（坑木）
C5	浸在海水（咸水）中	长期浸泡在海水（咸水）中。	海生钻孔动物	海水（咸水）码头护木、桩木、木质船舶

[引自 LY/T 1636—2005 中表1]

3.3.2 防腐剂边材透入率和心材透入深度要求见表2。

表 2 防腐木材防腐剂边材透入率和心材透入深度要求

		边材透入率/%	心材透入深度/mm
C1		≥85	—
C2		≥85	—
C3		≥90	—
C4	A	≥90	—
	B	≥95	—
C5		≥95	≥8[a]

注："—"指不作要求。

[a] 指外露心材。

3.3.3 防腐剂（总活性成分）最低保持量要求见表3。各活性成分最低保持量要求见表4。

表3 各类条件下使用的防腐木材及其制品应达到的最低总活性成分保持量

单位为千克每立方米

防腐剂	铜氨（胺）季铵盐（ACQ）				铜唑（CuAz）		氨溶砷酸铜锌（ACZA）	酸性铬酸铜（ACC）	铜铬砷（CCA-C）	8-羟基喹啉铜（Cu8）
	ACQ-A	ACQ-B	ACQ-C	ACQ-D	CBA-A	CA-B				
有效成分	氧化铜 DDAC[b]	氧化铜 DDAC	氧化铜 BAC[c]	氧化铜 DDAC	铜 硼酸 戊唑醇	铜 戊唑醇	氧化铜 氧化锌 五氧化二砷	氧化铜 三氧化二铬	氧化铜 三氧化二铬 五氧化二砷	铜
硼化合物[a] 三氧化二硼										
C1类	2.8 / 4.0	4.0	4.0	4.0	3.3	1.7	NR	NR	NR	0.32
C2类	4.5 / 4.0	4.0	4.0	4.0	3.3	1.7	NR	4.0	NR	0.32
C3类	NR / 4.0	4.0	4.0	4.0	3.3	1.7	4.0	4.0	4.0	0.32
C4A类	NR / 6.4	6.4	6.4	6.4	6.5	3.3	6.4	NR	6.4	NR
C4B类	NR / 9.6	9.6	9.6	9.6	9.8	5.0	9.6	NR	9.6	NR
C5类	NR / NR	NR	NR	NR	NR	NR	24.0	NR	24.0	NR

注：NR表示不推荐使用。

a 硼化合物：包括硼酸、四硼酸钠、八硼酸钠、五硼酸钠等及其混合物。

b DDAC：双癸基二甲基氯化铵或双癸基二甲基碳酸铵。

c BAC：十二烷基苄基二甲基氯化铵或十二烷基苄基二甲基碳酸铵。

表 4 各类条件下使用的防腐木材及其制品各活性成分应达到的最低保持量

单位为千克每立方米

| 防腐剂有效成分 | 硼化合物 | 铜氨(胺)季铵盐(ACQ) | | | | | | | | 铜唑(CuAz) | | | | | 氨溶砷酸铜锌(ACZA) | | | 酸性铬酸铜(ACC) | | 铜铬砷(CCA-C) | | | 8-羟基喹啉铜(Cu8) |
| | | ACQ-A | | ACQ-B | | ACQ-C | | ACQ-D | | CBA-A | | | CA-B | | | | | | | | | | |
	三氧化二硼	氧化铜	DDAC	氧化铜	DDAC	氧化铜	BAC	氧化铜	DDACb	铜	硼酸	戊唑醇	铜	戊唑醇	氧化铜	氧化锌	五氧化二砷	氧化铜	三氧化铬	氧化铜	三氧化铬	五氧化二砷	铜
C1类	2.8	1.6	1.6	2.1	1.1	2.1	1.1	2.1	1.1	1.3	1.3	0.053	1.3	0.053	NR	NR	NR	NR	NR	NR	NR	NR	0.32
C2类	4.5	1.6	1.6	2.1	1.1	2.1	1.1	2.1	1.1	1.3	1.3	0.053	1.3	0.053	NR	NR	NR	1.0	2.2	NR	NR	NR	0.32
C3类	NR	1.6	1.6	2.1	1.1	2.1	1.1	2.1	1.1	1.3	1.3	0.053	1.3	0.053	1.6	0.8	0.8	1.0	2.2	0.67	1.7	1.2	0.32
C4A类	NR	2.6	2.6	3.4	1.8	3.4	1.8	3.4	1.8	2.6	2.6	0.11	2.6	0.11	2.6	1.3	1.3	NR	NR	1.1	2.7	2.0	NR
C4B类	NR	3.8	3.8	5.1	2.6	5.1	2.6	NR	NR	3.8	3.8	0.16	3.8	0.16	3.8	1.9	1.9	NR	NR	1.6	4.2	2.9	NR
C5类	NR	NR	NR	NR	NR	NR	NR	NR	NR	NR	NR	NR	NR	NR	9.6	4.8	4.8	NR	NR	4.0	10	7.4	NR

注：NR 表示不推荐使用。

4 检验方法与规则

4.1 尺寸检量

按 GB/T 4822 和 GB/T 144 中有关规定执行。以防腐后检量的尺寸为准,若用户来料加工可以例外。

4.2 材积计算

按 GB 449 和 GB 4814 中的要求确定,或按其体积公式计算。

4.3 材质等级评定

以防腐后评定的等级为准,按 GB/T 4822 的有关规定和要求执行,来料加工例外。

4.4 防腐质量检验

4.4.1 取样

检测区段钻孔采样数量按 LY/T 1636—2005 中 5.1.4 条规定执行。

4.4.2 防腐剂边材透入率

木材防腐剂边材透入率测定方法按 GB/T 50329—2002 中 E3 的有关规定执行。如以锯切法取防腐木材样品,检测防腐剂边材透入率可在防腐木材横切面上使用求积仪分别测出其边材面积和防腐剂透入面积,两个面积值相比即为防腐剂边材透入率。

4.4.3 防腐剂心材透入深度

心材透入深度按 GB/T 50329—2002 中 E3 的有关规定执行。

4.4.4 测定防腐剂保持量样品的制备

参照 SB/T 10405 的相关规定。

4.4.5 防腐剂保持量检测

防腐剂保持量检测见附录 A。

4.5 出厂检验

4.5.1 产品出厂前应由生产企业的质检部门按本标准或合同规定抽样检验,检验项目为外观、材质、防腐处理质量、固着等。

4.5.2 对不合格项目应双倍抽样复检,复检符合要求为合格品,否则判为不合格品。

4.5.3 尺寸超过偏差时应改锯或由供需双方议定解决。

4.5.4 材质指标或缺陷超过允许限度时,可降等处理。

4.5.5 防腐不合格,应重新处理,经复检合格后方可出厂。

4.5.6 合格产品应出具质量合格证。

4.6 型式检验

4.6.1 型式检验包括本标准第 3 章规定的全部技术条件要求。产品遇有下列情况之一时,应进行型式检验:

    a) 新产品的试制定型鉴定;

    b) 产品结构、工艺、材料有重大改变时;

    c) 连续生产中的产品每年进行一次;

    d) 产品间隔半年再次生产时;

    e) 国家技术监督机构提出进行型式检验的要求时。

4.6.2 用作型式检验的产品应从出厂检验合格的产品中抽取。抽样数量按 LY/T 1636—2005 中 5.1.4 条规定执行。若抽检产品防腐质量或尺寸检量中出现不合格项目,应双倍抽样复检,如仍不合格,则判该批产品为不合格。

4.6.3 型式检验应选择具有承检资格的检验中心进行。

5 标识

出厂防腐木材应按 SB/T 10383 标识,并应有使用分类代码、储运图示等。

附　录　A

（规范性附录）

防腐木材保持量检测方法

A.1　防腐木材保持量检测方法见表 A.1。

表 A.1　防腐材保持量检测方法

防腐剂	活　性　成　分					
	氧化铜	三氧化铬	五氧化二砷	季胺盐	唑类化合物	硼化合物
CCA	SB/T 10404* AWPA A11-93* AWPA A21-00* AWPA A9-01	SB/T 10404* AWPA A11-93* AWPA A21-00* AWPA A9-01	SB/T 10404* AWPA A21-00* AWPA A9-01			
ACQ	同上			AWPA A18-05* AWPA A36-04 AWPA A37-05		
CA-B	同上				AWPA A28-05* AWPA A31-06*	
CBA	同上				同上	SB/T 10404* GB/T 12684*
Cu8		AWPA A29-00*				
CuN		AWPA A5-05*				
注："＊"表示仲裁法或按顺序优先选用方法。						

ICS 79.20
B 69

中华人民共和国国家标准

GB 22280—2008

防腐木材生产规范

Specification for production of preservative-treated wood

2008-08-07 发布　　　　　　　　　　　　　2009-02-01 实施

中华人民共和国国家质量监督检验检疫总局
中国国家标准化管理委员会　发布

前　言

本标准的第 11 章、第 12 章为强制性的,其余为推荐性的。

本标准的附录 A 为资料性附录。

本标准由中华人民共和国商务部提出。

本标准负责起草单位:木材节约发展中心、铁道部鹰潭木材防腐厂。

本标准参加起草单位:广州丰胜德高建材有限公司、上海大不同木业科技有限公司、东莞市天保木材防护科技有限公司、江西东源投资发展有限公司、苏州中瑞嘉珩景观木业有限公司、无锡市锦绣前程木业有限公司。

本标准主要起草人:喻遒秋、钱晓航、范良森、金重为、方务新、王友平、陶以明、马守华。

防腐木材生产规范

1 范围

本标准规定了防腐木材生产的防腐设备机组,木材防腐剂,木材在防腐处理前的准备,防腐处理工艺,质量检验,防腐木材贮存,产品标识、包装与质量合格证,环境保护,劳动保护,人员资质培训的要求。

本标准适用于防腐木材及其制品的生产企业。

2 规范性引用文件

下列文件中的条款通过本标准的引用而成为本标准的条款。凡是注日期的引用文件,其随后所有的修改单(不包括勘误的内容)或修订版均不适用于本标准,然而,鼓励根据本标准达成协议的各方研究是否可使用这些文件的最新版本。凡是不注日期的引用文件,其最新版本适用于本标准。

GB/T 14019—1992 木材防腐术语

GB/T 22102 防腐木材

LY/T 1294—1999 直接用原木 电杆

SB/T 10883 商用木材及其制品标志

SB/T 10440 真空和(或)压力浸注(处理)用木材防腐设备机组

压力容器安全技术监察规程 国家质量技术监督局(1999 版)

3 术语和定义

GB/T 14019—1992 和 SB/T 10440 确立的以及下列术语和定义适用于本标准。

3.1

防腐木材 Preservative-treated wood

经木材防腐剂处理的木材及其制品。

3.2

滴液区 dripping area

存放刚从处理罐中取出的仍处于滴液状态的新处理木材,直至不再滴液为止的区域。

3.3

固着型水载防腐剂 fixed type water-borne preservatives

渗入木材后,会发生固着作用的水载型防腐剂。

4 防腐设备机组

4.1 真空压力设备机组应符合 SB/T 10440 的要求。

4.2 防腐设备机组应安装在有防渗漏的混凝土地面基础上。

5 木材防腐剂

5.1 生产企业可根据防腐木材的不同用途选用防腐剂。常用的防腐剂主要有硼化合物(SBX)、铜氨(胺)季铵盐(ACQ)、铜铬砷(CCA)、氨溶砷酸铜(ACA)、铜硼唑—A 型(CBA—A)、铜唑—B 型(CA—B),以及煤焦杂酚油(CR)、8-羟基喹啉铜(Cu8)、环烷酸铜(CuN)等。

5.2 防腐剂应合格,标识应清楚并附质量检测报告。生产企业应对防腐剂进行复检。

5.3 防腐剂应分类单独存放,不可与其他物品混放。防腐剂仓库应封闭上锁,建立进出库制度,落实防火、防雨、防潮、防流失等措施。

6 木材在防腐处理前的准备

6.1 生产企业应按要求对木材进行检尺。

6.2 木材需要进行刨、锯、切、钻等加工的,宜在防腐处理前按要求加工到最终规定形状和尺寸。

> 注:如果要对防腐木材进行上述加工,应使用原防腐剂的浓缩液或其他适当的防腐剂在新暴露的木材表面进行涂覆处理,以封闭新暴露的木材表面。

6.3 对难浸注的木材宜进行刻痕或打孔处理。

6.4 木材用固着型水载防腐剂进行真空/压力法处理前的含水率应控制在 30％以下。

7 防腐处理工艺

7.1 处理工艺方法

木材防腐处理可选择满细胞法、半空细胞法、空细胞法、频压法等方法。木材满细胞法防腐处理流程参见附录 A。

7.2 防腐处理技术要求

7.2.1 生产企业应根据树种及规格、木材含水率、防腐剂、设备等情况,制定防腐工艺作业规程,指导防腐处理作业,确保防腐木材产品符合质量要求。

7.2.2 压力浸注罐浸注压力不应超过设计允许使用的压力。

7.2.3 在生产过程中,应对防腐剂处理液活性成分的总浓度及各活性成分间的比例进行定期检测,如不符合要求应进行调整。

7.2.4 生产时应按防腐工艺作业规程实施浸注作业,并填报日常生产记录。

7.2.5 防腐浸注处理后的木材应在防腐剂完全固着后方能投入使用,在固着期间应防止曝晒和雨淋。

8 质量控制及检验

8.1 人员配备

防腐木材生产企业应有专人负责质量检测。

8.2 质量要求

防腐木材质量应符合 GB 22102 的规定和要求。

8.3 质量控制

8.3.1 批次规定

防腐木材质量检验应以一罐产品为一检验批次,进行抽样检测。

8.3.2 防腐木材中防腐剂保持量检查时间

防腐木材中防腐剂保持量检测应在出罐后立即取样,其他项目的检测应在出罐当天进行。

8.3.3 防腐木材中防腐剂吸液量监控

防腐木材中防腐剂吸液量应以每罐木材为单位,用重量法或其他适宜的方法检测,应达到作业规程要求。

8.3.4 透入度检测

每罐防腐木材应从上、中、下位置各钻取一个样品,取样应距木材端头 30 cm 以上处锯切或钻孔。钻孔时应垂直窄面,取样深度不小于材面宽度的一半,用显色法检查防腐剂浸入木材的深度。钻取木芯后,洞孔应用相同种类的防腐木栓堵紧。

8.4 质量检验

按 GB/T 22102 相关规定执行。

8.5 返罐处理

达不到质量要求的可进行返罐处理。

8.6 质量分析

生产企业应对当月产品质量及存在的问题进行简要分析,如发生重大质量事故,应附专题报告并作出技术工艺的改进措施。

9 防腐木材贮存

9.1 经检验合格的防腐木材方可入库,并应按规定堆放于成品库区,堆码整齐,易于搬运、捆扎。每批产品都应明显标注生产日期、产品名称、所使用防腐剂名称、规格、数量及检验结果。

9.2 成品管理员应定期巡回检查,发现发霉、变色、腐朽、开裂等情况,应进行分离和标注,严禁不合格品出厂。

10 产品标识、质量合格证

10.1 产品标识

商用防腐木材应按 SB/T 10383 要求进行标识。

10.2 质量合格证

每批防腐木材应附产品质量合格证,合格证上应注明产品名称、树种、规格、防腐剂名称、使用分类代码、生产企业名称、生产日期及检验员印章或编号等。

11 环境保护

11.1 污水处理

生产企业生产中产生的废水应全部回收,循环利用。

11.2 地面环境

防腐处理车间和滴液区地面应进行防渗漏处理,并设立防腐处理液和废水收集装置,进行循环利用。

11.3 废渣

生产企业应设立防腐废渣收集装置,并采取安全可靠的处理措施,按规定集中收集处理。

11.4 除尘

对防腐木材进行机械加工,应按环保要求设立除尘装置,对加工粉尘集中收集,按规定处理。

11.5 防腐剂包装物

11.5.1 清洗

包装物返还生产商前,应用合适的溶剂清洗干净,不应残留原液。清洗液应回收利用。

11.5.2 回收与处置

包装物宜循环使用,不应用于其他用途,不能循环使用的,应按有关规定处理。

12 劳动保护

生产企业内凡直接接触防腐木材和防腐剂的人员,作业时应穿戴好防护服、胶皮手套、口罩等劳动保护用品,避免皮肤直接接触和吸入有害物质。下班时,应进行洗浴、更衣、换鞋。

13 人员资质培训

木材防腐处理工艺操作人员和防腐木材质量检测人员应经过职业技能资格培训。

附 录 A

（资料性附录）

木材满细胞法防腐处理流程

木材满细胞法防腐处理流程图见图 A.1。

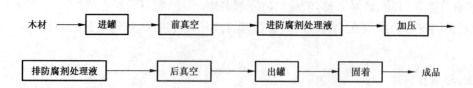

图 A.1 木材满细胞法防腐处理流程图

ICS 79-010
B 71

中华人民共和国国家标准

GB/T 27651—2011

防腐木材的使用分类和要求

Use category and specification for preservative-treated wood

2011-12-30 发布
2012-04-01 实施

中华人民共和国国家质量监督检验检疫总局
中国国家标准化管理委员会　发布

前　言

本标准中的使用分类与 ISO 21887:2007(E)《木材及其制品的耐久性　使用分类中的分类方法》的使用分类是相同的。

本标准的附录 A 为资料性附录。

本标准由国家林业局提出。

本标准由全国木材标准化技术委员会归口。

本标准负责起草单位:中国林业科学研究院木材工业研究所。

本标准参加起草单位:广东省林业科学研究院、广州丰胜德高建材有限公司、常州市远大木结构冷却塔有限公司、上海大不同木业科技有限公司、苏州中瑞嘉珩景观木业有限公司、北京诚信锦林装饰材料有限公司、北京盛华林木材保护科技有限公司、中国莆田标准木业有限公司。

本标准主要起草人:蒋明亮、李玉栋、田振昆、李兆邦、苏海涛、方务新、蒋建中、李惠明、朱燚、林兴付、黄国林、刘磊、冯一将。

防腐木材的使用分类和要求

1 范围

本标准规定了防腐木材在不同使用环境及菌虫侵害危险程度时的使用分类,以及处理后应达到载药量及透入度的要求。

本标准适用于经水载型防腐剂及有机溶剂型防腐剂处理的木材及其制品。

2 规范性引用文件

下列文件中的条款通过本标准的引用而成为本标准的条款。凡是注日期的引用文件,其随后所有的修改单(不包括勘误的内容)或修订版均不适用于本标准,然而,鼓励根据本标准达成协议的各方研究是否可使用这些文件的最新版本。凡是不注日期的引用文件,其最新版本适用于本标准。

GB/T 14019 木材防腐术语

GB/T 23229 水载型木材防腐剂的分析方法

GB/T 27654—2011 木材防腐剂

3 术语和定义

GB/T 14019 确立的以及下列术语和定义适用于本标准。

3.1

木材生物败坏因子 wood biodeterioration agents

导致木材败坏(变质和损坏)的生物,包括微生物(主要为木腐菌、变色菌和霉菌)、昆虫(主要为木材害虫)和海生钻孔动物。

3.2

载药量　retention

吸药量

(防腐剂)保持量

防腐处理后,木材中滞留的防腐剂有效成分的数量。

注:单位为 kg/m³。

3.3

透入度　penetration

防腐剂(有效成分)透入木材的程度。包括防腐剂透入木材的深度和防腐剂在边材的透入率。

3.4

边材透入率　penetration percentage in sapwood

防腐剂(有效成分)渗透到木材边材中的深度与木材(同侧)边材的总深度之比,以%表示。

4 分类

根据木材及其制品的最终使用环境和暴露条件以及不同环境条件下生物败坏因子对木材及其制品的危害程度,使用分类分为 C1~C5 五类,其中 C3 及 C4 又分别分成两小类 C3.1、C3.2 以及 C4.1、C4.2(见表1)。

表 1 防腐木材及其制品的使用分类

使用分类	使用条件	应用环境	主要生物败坏因子	典型用途
C1	户内	在室内干燥环境中使用,避免气候和水分的影响。	蛀虫、干木白蚁	建筑内部及装饰、家具
C2	户内	在室内环境中使用,有时受潮湿和水分的影响,但避免气候的影响。	蛀虫、霉菌变色菌、白蚁、木腐菌	建筑内部及装饰、家具、地下室、卫生间
C3.1	户外,但不接触土壤,表面有保护	在室外环境中使用,暴露在各种气候中,包括淋湿,但有油漆等保护避免直接暴露在雨水中。	蛀虫、霉菌变色菌、木腐菌、白蚁	户外家具、(建筑)外门窗
C3.2	户外,但不接触土壤,表面无保护	在室外环境中使用,暴露在各种气候中,包括淋湿,但避免长期浸泡在水中。	蛀虫、霉菌变色菌、木腐菌、白蚁	(平台、步道、栈道的)甲板、户外家具、(建筑)外门窗
C4.1	户外,且接触土壤或浸在淡水中	在室外环境中使用,暴露在各种气候中,且与地面接触或长期浸泡在淡水中。	蛀虫、霉菌变色菌、木腐菌、白蚁、软腐菌	围栏支柱、支架、木屋基础、冷却水塔、电杆、矿柱(坑木)
C4.2	户外,且接触土壤或浸在淡水中	在室外环境中使用,暴露在各种气候中,且与地面接触或长期浸泡在淡水中。难以更换或关键结构部件。	蛀虫、霉菌变色菌、木腐菌、白蚁、软腐菌	(淡水)码头护木、桩木、矿柱(坑木)
C5	浸在海水(咸水)中	长期浸泡在海水(咸水)中使用。	蛀虫、霉菌变色菌、木腐菌、白蚁、软腐菌、海生钻孔动物	海水(咸水)码头护木、桩木、木质船舶

5 要求

5.1 防腐木材的要求

防腐木材应同时满足本标准5.2、5.3和5.4规定的要求。

5.2 载药量

5.2.1 防腐剂载药量为最低载药量,且以防腐剂活性成分的总量计算。防腐木材中的防腐剂载药量采用 GB/T 23229 的分析方法,应达到表2规定的要求。

5.2.2 表2所列木材防腐剂应符合 GB/T 27654—2011 中4.1、4.3、4.4、4.5、4.6、4.7、4.8的要求。

5.2.3 检测样本应在木材长度方向的中部取样,确定具体位置时应避开节疤、开裂和应力木。确定位置后,横截木材取中间一段木块或用空心钻钻取木芯。

5.2.4 检测样本数量的确定,以每罐防腐处理中相同树种、相同厚度的木材为一批。每批木材处理量小于 5 m³,抽取 5 个样本。每批木材处理量大于等于 5 m³,抽取 10 个样本。

表2 各类条件下使用的防腐木材及其制品应达到的载药量

单位为千克每立方米

防腐剂	硼化合物a	氨(胺)溶季铵铜(ACQ)和微化季铵铜(MCQ)				铜唑(CuAz)				柠檬酸铜(CC)	铜铬砷(CCA-C)	CuHDO	戊唑醇(TEB)e	唑醇啉(PTI)	8-羟基喹啉铜(Cu8)	环烷酸铜(CuN)
		MCQ	ACQ-2	ACQ-3	ACQ-4	CuAz-1	CuAz-2	CuAz-3	CuAz-4							
有效成分	三氧化二硼	氧化铜 DDACO3b	氧化铜 DDACc	氧化铜 BACd	氧化铜 DDACc	铜 硼酸 戊唑醇	铜 戊唑醇	铜 丙环唑	铜 戊唑醇 丙环唑	氧化铜 柠檬酸	氧化铜 三氧化铬 五氧化二砷	氧化铜 硼酸 HDO	戊唑醇	戊唑醇 丙环唑 吡虫啉	铜	铜
C1类	≥2.8	≥4.0	≥4.0	≥4.0	≥4.0	≥3.3	≥1.7	≥1.7	≥1.0	≥4.0	NR	≥2.4	≥0.24	≥0.21	≥0.32	NR
C2类	≥4.5	≥4.0	≥4.0	≥4.0	≥4.0	≥3.3	≥1.7	≥1.7	≥1.0	≥4.0	NR	≥2.4	≥0.24	≥0.21	≥0.32	NR
C3.1类	NR	≥4.0	≥4.0	≥4.0	≥4.0	≥3.3	≥1.7	≥1.7	≥1.0	≥4.0	≥4.0	≥2.4	≥0.24	≥0.21	≥0.32	≥0.64
C3.2类	NR	≥4.0	≥4.0	≥4.0	≥4.0	≥3.3	≥1.7	≥1.7	≥1.0	≥4.0	≥4.0	≥2.4	≥0.24	≥0.29f	≥0.32	≥0.64
C4.1类	NR	≥6.4	≥6.4	≥6.4	≥6.4	≥6.5	≥3.3	≥3.3	≥2.4	≥6.4	≥6.4	≥3.6	NR	NR	NR	NR
C4.2类	NR	≥9.6	≥9.6	≥9.6	≥9.6	≥9.8	≥5.0	≥5.0	≥4.0	NR	≥9.6	≥4.8	NR	NR	NR	NR
C5类	NR	NR	≥24.0	NR	NR	NR	NR	NR	NR	NR	≥24.0	NR	NR	NR	NR	NR

注: NR 表示不建议使用。

a 硼化合物: 包括硼酸、四硼酸钠、八硼酸钠、五硼酸钠等及其混合物。

b DDACO3: 二癸基二甲基碳酸铵。

c DDAC: 二癸基二甲基氯化铵。

d BAC: 十二烷基苄基二甲基氯化铵。

e 无白蚁危害条件。

f 或 0.21+防水剂。

5.2.5 载药量的检测可以使用5.3透入度检测后的检测样本。

5.2.6 检测样本可以粉碎、混合后检测,检测结果应满足表2的规定。检测样本也可以分别检测,检测结果的平均值应满足表2的规定。如果使用的防腐剂为季铵铜(ACQ)、铜唑(CuAz)、唑醇啉(PTI),防腐木材中防腐剂各有效成分的总载药量符合表2中载药量的同时,各有效成分的载药量应不低于GB/T 27654—2011中根据组成成分比例计算的载药量值的80%。

5.3 透入度

5.3.1 防腐剂透入度以边材透入率表示;防腐剂在木材边材的透入率为最小边材透入率,以%表示。

5.3.2 防腐剂在木材边材中的透入率的最小值应达到表3规定的要求,但对节疤等缺陷不作要求。

5.3.3 检测样本应在木材长度方向的中部取样,确定具体位置时应避开节疤、开裂和应力木。确定位置后,横截木材取中间一段木块或用空心钻钻取木芯。

5.3.4 检测样本数量的确定,以每罐防腐处理中相同树种、相同厚度的木材为一批。每批木材处理量小于5 m³,抽取5个样本。每批木材处理量大于等于5 m³,抽取10个样本。

5.3.5 透入度检测应在木材的横截面或木芯的长度方向进行。

5.3.6 检测结果的合格率应大于等于80%。

5.3.7 如果不合格,可复检。但应双倍抽样,且合格率应大于等于80%。

5.4 其他要求

5.4.1 防腐木材的表面应无可见的防腐剂沉积物。

5.4.2 木材在防腐处理前,应尽可能加工至最终尺寸,以避免对防腐木材进行锯切和钻孔等机械加工。

5.4.3 如果对防腐木材进行锯切、钻孔、开榫、开槽等加工,应使用原防腐剂的浓缩液或其他适当的防腐剂在新暴露的木材表面进行涂覆处理,以封闭新暴露的木材表面。

5.4.4 CCA-C防腐处理的木材不应用于木结构房屋、园林建筑及室外桌椅、儿童娱乐设施等居住或与人直接接触的构件。

6 树种

6.1 毛白杨等不耐久杨树树种在C4.1使用条件时,应满足表2中C4.2载药量和表3中C4.2透入度的要求,防腐处理的杨树不得用于C4.2及C5。

　　防腐处理常用木材的天然耐久性参见附录A。

6.2 毛竹的防腐处理应符合表2载药量的要求。

表3 防腐剂在木材边材中的透入率

使用分类	边材透入率
C1	≥85%
C2	≥85%
C3.1	≥90%
C3.2	≥90%
C4.1	≥90%
C4.2	≥95%
C5	100%

附　录　A

（资料性附录）

防腐处理常用木材的天然耐久性

防腐处理常用木材的天然耐久性如下：

——不耐久树种：樟子松（*Pinus sylvestris* var. *mongolica*）、马尾松（*Pinus massoniana*）、湿地松（*Pinus elliottii*）、辐射松（*Pinus radita*）、臭冷杉（*Abies nephrolepis*）、云杉（*Picea* spp.）、毛白杨（*Populus tomentosa*）、橡胶木（*Hevea brasiliensis*）、毛竹（*Phyllostachys pubescens*）、西部铁杉（*Tsuga heterophylla*）、扭叶松（*Pinus contorta*）；

——稍耐久树种：赤桉（*Eucalyptus camaldulensis*）、欧洲赤松（*Pinus sylvestris*）；

——耐久或强耐久树种：杉木（*Cunninghamia lanceolata*）。

ICS 71.100.50
B 71

中华人民共和国国家标准

GB/T 27654—2011

木 材 防 腐 剂

Wood preservatives

2011-12-30 发布　　　　　　　　　　　2012-04-01 实施

中华人民共和国国家质量监督检验检疫总局
中国国家标准化管理委员会　发布

前　言

本标准中的木材防腐油参照 YB/T 5168—2000《木材防腐油》。本标准中的 4.1、4.7 参照美国木材防腐协会 AWPA 标准 P5-09《水载型木材防腐剂》。

本标准由国家林业局提出。

本标准由中国木材标准化技术委员会归口。

本标准负责起草单位：中国林业科学研究院木材工业研究所。

本标准参加起草单位：广东省林业科学研究院、广州丰胜德高建材有限公司、上海大不同木业科技有限公司。

本标准主要起草人：蒋明亮、苏海涛、方务新、李兆邦、田振昆、李玉栋、李惠明。

木 材 防 腐 剂

1 范围

本标准规定了水载型木材防腐剂的有效成分配比,并描述了在各种剂型(固体、膏状或溶液)中有效成分的含量要求。本标准包括有机溶剂型木材防虫剂、有机溶剂型木材防腐剂及防霉防变色剂的有效成分。

本标准适用于木材防腐剂的生产及使用。

2 规范性引用文件

下列文件中的条款通过本标准的引用而成为本标准的条款。凡是注日期的引用文件,其随后所有的修改单(不包括勘误的内容)或修订版均不适用于本标准。然而,鼓励根据本标准达成协议的各方研究是否可使用这些文件的最新版本。凡是不注日期的引用文件,其最新版本适用于本标准。

GB 190 危险货物包装标志

GB 3796—2006 农药包装通则

GB 9551 百菌清原药

GB 10501 多菌灵原药

GB 12475—2006 农药贮运、销售和使用的防毒规程

GB/T 14019 木材防腐术语

GB 19604 毒死蜱原药

GB 22619 联苯菊酯原药

GB/T 23229 水载型木材防腐剂的分析方法

GB/T 27651 防腐木材的使用分类和要求

HG 2801 溴氰菊酯乳油

HG/T 2988 氯菊酯含量分析方法

HG 3627 氯氰菊酯原药

HG 3670 吡虫啉原药

SB/T 10404 水载型防腐剂和阻燃剂主要成分的测定

AWPA A5-09 有机溶剂型木材防腐剂的分析方法

AWPA A33-08 防腐剂及处理液中双-(N-环己烷基)二氧化二氮烯(HDO)的色度分析方法

AWPA A41-06 木材及防腐液中环烷酸的气相色谱分析方法

AWPA A44-08 防腐液中环丙唑醇的高效液相色谱分析方法

3 术语和定义

GB/T 14019确立的以及下列术语和定义适用于本标准。

3.1

有效成分 effective ingredients

木材防腐剂中能抑制木材腐朽菌、霉菌、变色菌、昆虫和海生动物在木材中生长的活性成分。

4 水载型木材防腐剂

4.1 铜铬砷(CCA-C)

4.1.1 CCA-C 的组成成分见表1,按100%氧化物计算。

表 1 CCA-C 的组成成分 %

有 效 成 分	比 例
六价铬(以 CrO_3 计)	47.5
二价铜(以 CuO 计)	18.5
五价砷(以 As_2O_5 计)	34.0

4.1.2 CCA-C 各组成成分的含量要求见表2,按100%氧化物计算。

表 2 CCA-C 各组成成分的含量要求 %

有 效 成 分	比 例 范 围
六价铬(以 CrO_3 计)	44.5~50.5
二价铜(以 CuO 计)	17~21
五价砷(以 As_2O_5 计)	30~38
其中各组成成分的含量总和应为100%。	

4.1.3 制备固体、膏状、浓缩液或处理液的原料化合物如下:

  ——六价铬:重铬酸钾或重铬酸钠、三氧化铬;

  ——二价铜:硫酸铜、碱性碳酸铜、氧化铜或氢氧化铜;

  ——五价砷:五氧化二砷、砷酸、砷酸钠或焦砷酸钠。

  每一化合物的纯度按无水计算应大于等于95%,该防腐剂应标明4.1.1中所列成分的总含量, CCA-C 处理液的 pH 值应为1.6~2.5。

4.2 烷基铵化合物(AAC)

4.2.1 AAC-1 的组成如下:

  ——二癸基二甲基氯化铵(DDAC)≥90%;

  ——双十二烷基或双八烷基二甲基氯化铵(含有 C8 或 C12)≤10%。

4.2.2 AAC-2 的组成如下:

  ——十二烷基苄基二甲基氯化铵(BAC)≥90%;

  ——其他烷基铵的混合物≤10%。

4.2.3 液体浓缩液应由短碳链醇(≤C4)或水或两者配成,pH 值应为3.0~7.0,该防腐剂应标明4.2.1 及4.2.2所列的有效成分的总含量。

4.3 硼化合物

4.3.1 固体或处理液应由足量的水溶性化合物组成,每种化合物按无水计算纯度应大于等于98%。 可以使用的硼酸盐的化合物为八硼酸钠、四硼酸钠、五硼酸钠、硼酸等及其混合物。

4.3.2 该防腐剂应标明有效成分的总含量,以 B_2O_3 计,溶液的 pH 值应为7.9~9.0。

4.4 氨(胺)溶性季铵铜(ACQ)和微化季铵铜(MCQ)

4.4.1 ACQ 和 MCQ 的组成成分见表3。

表 3 ACQ 和 MCQ 的组成成分 %

有 效 成 分	比 例			
	ACQ-2	ACQ-3	ACQ-4	MCQ
二价铜(以 CuO 计)	66.7	66.7	66.7	66.7
二癸基二甲基氯化铵(DDAC)	33.3		33.3	
十二烷基苄基二甲基氯化铵(BAC)		33.3		
二癸基二甲基碳酸铵(DDACO₃)				33.3

4.4.2 ACQ 和 MCQ 各组成成分含量要求见表 4。

表 4 ACQ 和 MCQ 各组成成分的含量要求 %

有 效 成 分	比 例 范 围			
	ACQ-2	ACQ-3	ACQ-4	MCQ
二价铜(以 CuO 计)	62.0~71.0	62.0~71.0	62.0~71.0	62.0~71.0
二癸基二甲基氯化铵(DDAC)	29.0~38.0		29.0~38.0	
十二烷基苄基二甲基氯化铵(BAC)		29.0~38.0		
二癸基二甲基碳酸铵(DDACO₃)				29.0~38.0
其中各组成成分的含量总和应为100%。				

ACQ-2 中氨的质量应大于等于 CuO 的 1.0 倍。

ACQ-3 中的二价铜应溶于乙醇胺或氨的水溶液中,用乙醇胺时,处理液中所含乙醇胺的质量应为 CuO 质量的(2.75±0.25)倍;用氨水时,处理液中氨的质量应大于等于 CuO 的 1.0 倍;当乙醇胺和氨水混合使用时,它们的量应足够使铜溶解,生成水溶液的 pH 值为 8~11。

ACQ-4 中乙醇胺的质量应为 CuO 质量的(2.75±0.25)倍,生成水溶液的 pH 值为 8~11。

4.4.3 处理液应含有二价铜和 DDACO₃ 或 DDAC 或 BAC,提供这些物质的原料化合物的纯度按无水物计算应大于等于 95%,为减少防腐剂对金属的腐蚀,不应使用氯化铜、硫酸铜、硝酸铜等为二价铜的来源,该防腐剂应标明 4.4.1 中所列成分的含量。

4.5 铜唑(CuAz)

4.5.1 铜唑的组成成分见表 5。

表 5 铜唑的组成成分 %

有 效 成 分	比 例				
	CuAz-1	CuAz-2	CuAz-3	CuAz-4	CuAz-5
二价铜(以 Cu 计)	49	96.1	96.1	96.1	98.6
硼(以 H₃BO₃ 计)	49				
戊唑醇(tebuconazole)	2	3.9		1.95	
丙环唑(propiconazole)			3.9	1.95	
环丙唑醇(cyproconazole)					1.4

4.5.2 铜唑各组成成分含量要求见表6。

表6 铜唑各组成成分的含量要求 %

有 效 成 分	比 例 范 围				
	CuAz-1	CuAz-2	CuAz-3	CuAz-4	CuAz-5
二价铜（以 Cu 计）	44.0～54.0	95.4～96.8	95.4～96.8	95.4～96.8	98.4～98.8
硼（以 H_3BO_3 计）	44.0～54.0				
戊唑醇（tebuconazole）	1.8～2.8	3.2～4.6		1.6～2.3	
丙环唑（propiconazole）			3.2～4.6	1.6～2.3	
环丙唑醇（cyproconazole）					1.2～1.6
其中各组成成分的含量总和应为100%。					

二价铜应溶于乙醇胺或氨的水溶液中，用乙醇胺时，处理液中所含乙醇胺的质量应为铜的质量的（3.8±0.2）倍；当乙醇胺和氨水混合使用时，它们的量应足够使铜溶解。

4.5.3 提供4.5.1原料化合物的纯度以无水物计算应大于等于95%，为减少防腐剂对金属的腐蚀，不应使用氯化铜、硫酸铜、硝酸铜等为二价铜的来源，该防腐剂应标明4.5.1中所列成分的含量。

4.6 柠檬酸铜（CC）

4.6.1 CC 的组成成分见表7。

表7 CC 的组成成分 %

有 效 成 分	比 例
二价铜（以 CuO 计）	62.3
柠檬酸	37.7

二价铜及柠檬酸应溶于氨水液中，处理液中氨的质量至少为 CuO 的质量的1.4倍。

4.6.2 固体、膏状、浓缩液或处理液的含量分析的要求见表8。

表8 CC 各组成成分的含量要求 %

有 效 成 分	比 例 范 围
二价铜（以 CuO 计）	≥59.2
柠檬酸	≥35.8
其中各组成成分的含量总和应为100%。	

4.6.3 提供二价铜和柠檬酸的原料化合物的纯度按无水物计算应大于等于95%，该防腐剂应标明4.6.1中所列成分的含量。

4.7 双-(N-环己烷基二氮烯二氧)铜（CuHDO）

4.7.1 CuHDO 的组成成分见表9。

表9 CuHDO 的组成成分 %

有 效 成 分	比 例
二价铜（以 CuO 计）	61.5
HDO	14.0
硼（以 H_3BO_3 计）	24.5

4.7.2 CuHDO 浓缩液或处理液的含量分析的要求见表10。

表 10 CuHDO 各组成成分的含量要求 %

有 效 成 分	比 例 范 围
二价铜（以 CuO 计）	55.3～67.7
HDO	12.6～15.4
硼（以 H₃BO₃ 计）	22.1～26.9
其中各组成成分的含量总和应为100％。	

4.7.3 提供二价铜、硼酸及 HDO 的原料化合物的纯度按无水物计算应大于等于95％,该防腐剂应标明 4.7.1 中所列成分的含量。

4.8 唑醇啉（PTI）

4.8.1 PTI 的组成成分见表11。

表 11 PTI 的组成成分 %

有 效 成 分	比 例
丙环唑（propiconazole）	47.6
戊唑醇（tebuconazole）	47.6
吡虫啉（imidacloprid）	4.8

表11中的吡虫啉可用5.1中的菊酯替代,菊酯的含量由防腐剂生产者提供,其他两种有效成分的相对含量不变。

在无白蚁及害虫危害环境使用时,表11中可不含有吡虫啉,其他两种有效成分的相对含量不变。

4.8.2 PTI 浓缩液或处理液中各组成成分含量要求见表12。

表 12 PTI 各组成成分的含量要求 %

有 效 成 分	比 例 范 围
丙环唑（propiconazole）	42.8～52.4
戊唑醇（tebuconazole）	42.8～52.4
吡虫啉（imidacloprid）	4.3～5.3
其中各组成成分的含量总和应为100％。	

4.8.3 提供 4.8.1 的原料化合物的纯度按无水物计算应在大于等于95％,该防腐剂应标明 4.8.1 中所列成分的含量。

4.8.4 有效成分为 4.8 的有机木材防腐剂应为溶液或乳液,溶剂可为水或有机溶剂。

4.9 含量分析方法

在确定 4.1、4.4、4.5、4.7、4.8 各组成成分的含量要求以及分析 4.2、4.3 的主成分含量时,采用 GB/T 23229 中的分析方法。在确定防腐液中环丙唑醇、柠檬酸、HDO、吡虫啉的含量时,分别采用 AWPA A44-08、SB/T 10404、AWPA A33-08、HG 3670 中的分析方法。

4.10 处理木材的质量要求

第 4 章中的防腐剂在使用时,处理木材的载药量及透入度应符合 GB/T 27651 的规定。

5 有机溶剂型木材防虫剂

5.1 有机溶剂型木材防虫剂应至少含以下有效成分之一:溴氰菊酯（deltamethrin）、氯氰菊酯（cypermethrin）、氯菊酯（permethrin）、联苯菊酯（bifenthrin）、毒死蜱（chlorpyrifos）、吡虫啉（imidacloprid）。

5.2 含有效成分为 5.1 的木材防虫剂应为溶液、乳液,溶剂可为有机溶剂或水。

GBT 27654—2011

5.3 有机溶剂型木材防虫剂应标明各有效成分的含量。

5.4 在确定各有效成分含量时，溴氰菊酯采用 HG 2801 中的分析方法，氯氰菊酯采用 HG 3627 中的分析方法，氯菊酯采用 HG/T 2988 中的分析方法，联苯菊酯采用 GB 22619 中的分析方法，毒死蜱采用 GB 19604 中的分析方法，吡虫啉采用 HG 3670 中的分析方法。

6 有机溶剂型木材杀菌剂

6.1 有机溶剂型木材杀菌剂应至少含以下有效成分之一：戊唑醇(tebuconazole)、丙环唑(propiconazole)、百菌清(chlorothalonil)、8-羟基喹啉铜(copper oxine)、环烷酸铜(copper naphthenate,CuN)、3-碘-2-丙炔基-丁氨基甲酸酯(IPBC)、三丁基氧化锡(TBTO)、4,5-二氯-2-正辛基异噻唑啉-3-酮(DCOI)。

6.2 含有效成分为 6.1 的木材杀菌剂应为溶液、乳液，溶剂可为有机溶剂或水。

6.3 有机溶剂型木材杀菌剂应标明各有效成分的含量。

6.4 在确定各有效成分含量时，戊唑醇及丙环唑采用 GB/T 23229 中的分析方法，百菌清采用 GB 9551 中的分析方法，8-羟基喹啉铜及环烷酸铜中的铜采用 GB/T 23229 中的分析方法，环烷酸采用 AWPA A41-06 中的分析方法，IPBC、TBTO、DCOI 采用 AWPA A5-09 中的分析方法。

7 木材防霉防变色剂

7.1 木材防霉防变色剂应至少含以下有效成分之一：百菌清(chlorothalonil)、8-羟基喹啉铜(copper oxine)、多菌灵(carbendazim)、3-碘-2-丙炔基-丁氨基甲酸酯(IPBC)、二癸基二甲基氯化铵(DDAC)、十二烷基苄基二甲基氯化铵(BAC)、丙环唑(propiconazole)。

7.2 含有效成分为 7.1 的木材防霉防变色剂应为溶液、乳液、悬浊液。

7.3 木材防霉防变色剂应标明各有效成分的含量。

7.4 在确定各有效成分含量时，百菌清采用 GB 9551 中的分析方法，8-羟基喹啉铜中的铜采用 GB/T 23229 中的分析方法，多菌灵采用 GB 10501 中的分析方法，IPBC 采用 AWPA A5-09 中的分析方法，DDAC、BAC 及丙环唑采用 GB/T 23229 中的分析方法。

8 木材防腐剂产品标识、包装、运输和贮存

8.1 木材防腐剂的产品标识

8.1.1 木材防腐剂的外包装应标有产品标识(或商标)、各组成成分含量、净质量、生产日期、产品的厂名、厂址、电话、传真、邮政编码。

8.1.2 CCA-C、有机溶剂型木材防虫剂、有机溶剂型木材杀菌剂、木材防霉防变色剂的毒性标识应符合 GB 190 的规定。

8.1.3 有机溶剂型木材防虫剂、有机溶剂型木材杀菌剂、木材防霉防变色剂应有使用说明书，使用说明书中应包括防腐剂各有效成分的含量、合理的使用浓度、使用量。

8.2 木材防腐剂的包装、运输和贮存

8.2.1 CCA-C、有机溶剂型木材防虫剂、有机溶剂型木材杀菌剂、木材防霉防变色剂的包装应符合 GB 3796—2006 中 4.1、4.3.1、4.4.2 的规定。其他防腐剂无特别规定。

8.2.2 CCA-C、有机溶剂型木材防虫剂、有机溶剂型木材杀菌剂、木材防霉防变色剂的运输和贮存应符合 GB 12475—2006 中第 4 章、第 5 章的规定。其他防腐剂无特别规定。

ICS 79-010
B 71

中华人民共和国国家标准

GB/T 27655—2011

木材防腐剂性能评估的
野外埋地试验方法

Method of evaluating wood preservatives by field tests with stakes

2011-12-30 发布

2012-04-01 实施

中华人民共和国国家质量监督检验检疫总局
中国国家标准化管理委员会
发布

前　言

　　本标准中腐朽及白蚁蛀蚀分级值参照美国木材防腐协会 AWPA 标准 E7-07《木材防腐剂性能评估的野外埋地试验方法》中的方法。

　　本标准由国家林业局提出。

　　本标准由中国木材标准化技术委员会归口。

　　本标准起草单位:中国林业科学研究院木材工业研究所。

　　本标准主要起草人:蒋明亮、马星霞。

木材防腐剂性能评估的
野外埋地试验方法

1 范围

本标准规定了根据木材试样在野外埋地条件时经菌虫侵害后的完好指数确定木材防腐剂处理的木制品的耐久性能的方法。

本标准适用于评估户外与土壤接触时的木制品处理的木材防腐剂的防腐朽及抗白蚁蛀蚀性能。

2 规范性引用文件

下列文件中的条款通过本标准的引用而成为本标准的条款。凡是注日期的引用文件,其随后所有的修改单(不包括勘误的内容)或修订版均不适用于本标准。然而,鼓励根据本标准达成协议的各方研究是否可使用这些文件的最新版本。凡是不注日期的引用文件,其最新版本适用于本标准。

GB/T 13942.2—2009 木材天然耐久性野外试验方法 第 2 部分:天然耐久性野外试验方法

GB/T 14019 木材防腐术语

GB/T 27654 木材防腐剂

3 术语和定义

GB/T 14019 确立的术语和定义适用于本标准。

4 试材、防腐处理及试验场地

4.1 试材

可选择马尾松、湿地松边材,试材尺寸为 A：25 mm×50 mm×500 mm(长度方向为纵向)、B:20 mm×20 mm×450 mm (长度方向为纵向)及 C:4 mm(弦向)×38 mm(径向)×250 mm (纵向) 3 种。试材应是健康无缺陷,同一树种试材的年轮宽窄适中,偏差不应超过 20%,密度也大致接近。所试验的木材树种应有正确的中文名和拉丁文名、产地和简要的立地条件说明。

4.2 防腐处理

需选择一标准防腐剂如氨(胺)溶性季铵铜(ACQ)的一种剂型或铜铬砷(CCA)作对比试验,对比防腐剂的技术指标应符合 GB/T 27654 的要求。对比防腐剂及每种待测防腐剂选择使用 3~5 个浓度,便于得到 3~5 个载药量,浓度应根据试验目标载药量而定,相邻二载药量的间隔倍数约为 1.4,每一根试材载药量的偏差不应超过载药量平均值的 10%。每一载药量处理试材至少 10 根。根据试材对防腐剂的渗透性,确定防腐处理的方法,尺寸为 A 的试材防腐处理可采用真空加压的方法处理,尺寸为 B 及 C 的试材防腐处理可采用真空加压或不加压的方法处理。试材在防腐处理前应逐一编号、干燥、称重,防腐处理后,试材表面无药液后,应立即称重,用于计算载药量。对于含铜防腐剂,防腐处理称重后,应选择合适的干燥方法,如自然干燥,确保防腐剂充分固着。试材安插前,含水率应在 18% 以下。

应至少有 10 根未处理的试材作对照。

4.3 试验场地的准备

从我国热带、亚热带和暖温带大气候区选择有代表性的场地。试验场地应注明地点和气候区。

试验场地要地势平坦,土壤水分适中,不致干旱或内涝,土层较厚、富有腐殖质。

试验场应该选择边远地方,适当围拦,以避免人畜活动的干扰破坏,保证试验长期进行。

场地应选没有施过农药的场地。场地选定后应长期保留,同一批试样不应随意更换。

场地上绿色植被应保持自然状态,若过于茂密影响观察,可人工除去,不宜用化学除草剂。应有当地气象记录,按月记录该地平均气温、湿度、降雨量、日照等。

5 试验方法

5.1 试材安插

试材防腐及干燥完毕后,应尽快在 1 个月内直插至试验场地上,在每根试材顶部的侧面钉以编号的金属牌或耐久塑料牌,并涂以透明漆,应使用不锈钢或耐腐蚀钉,以防腐蚀或老化。

试材较多时,可将场地分若干小区,每一小区内随机安插一定数量的各防腐处理试材。安插时,间距为 30 cm~40 cm。

试材插入土壤深度按事先在试材上划出的地标线为准,深度为试材长度的三分之二,试材长度方向应与土壤面垂直,直插入后拍紧试材周围的土壤。编号的标牌都应统一一方向。

试材安插后绘制出场地地图和每根试材的位置,以便检查和记录。

一种防腐剂的评估需要在两个试验地进行,其中至少有一个在有白蚁活动的湿热气候区。

5.2 试材耐久性检测

试材安插一年即可进行检测。检测时依次将试材垂直向上缓缓从土壤中拔出,尽可能不扰动土壤层,减少对场地生物活动的干扰。如埋得过于结实不易拔起,可用工具帮助,但不能转动试材或扩大试材插孔。试材检测后,应安插在原来位置中,保持原来高度,拍紧试材周围的土壤。

试材拔出检测时,按腐朽、蚁蛀程度的分级标准逐根给予分级,并分别记录。除已折断外,将检测后的试材插入原位置中。

每次检测至少两人,并保持其中一人不变,以减少检测时的误差。

5.3 分级值

5.3.1 木材耐腐朽的分级值

木材耐腐朽分级值应采用 GB/T 13942.2—2009 中 5.3.1 的方法,见表 1。在肉眼观察下,腐朽程度按试材截面已腐朽部分的平均面积为准进行分级,试材拔起时若折断,以 0 级计算。

表 1 木材耐腐朽分级值

耐腐朽分级值	试材腐朽程度
10	材质完好,肉眼观察无腐朽症状
9.5	表面因微生物入侵变软或表面部分变色
9	截面有 3% 轻微腐朽
8	截面有 3%~10% 腐朽
7	截面有 10%~30% 腐朽
6	截面有 30%~50% 腐朽
4	截面有 50%~75% 腐朽
0	腐朽到损毁程度,能轻易折断

5.3.2 木材抗白蚁蛀蚀的分级值

蚁蛀状态和程度虽因白蚁种类而不同,为便于检测,应采用 GB/T 13942.2—2009 中 5.3.2 的方法,见表 2。

表 2　木材抗白蚁蛀蚀的分级值

抗蚁蛀分级值	试材蚁蛀状态和程度
10	完好
9.5	表面仅有 1~2 个蚁路或蛀痕
9	截面有＜3％明显蛀蚀
8	截面有 3％~10％蛀蚀
7	截面有 10％~30％蛀蚀
6	截面有 30％~50％蛀蚀
4	截面有 50％~75％蛀蚀
0	试材蛀断

6　试验结果

6.1　完好指数计算

试材经逐根检测后，按式(1)计算出每一载药量的完好指数，该指数表示每次检后各防腐处理试材完好程度。

$$I = \sum y/r \quad\quad\quad\quad\quad (1)$$

式中：

I——完好指数，经 n 年后检测时试材平均完好指数；

r——每一载药量试材数；

y——腐朽或白蚁蛀蚀的分级值。

6.2　试验报告

试验结果以耐久试验图(表)的形式表示，图(表)中应有使用的防腐剂、防腐处理载药量(kg/m³)、观察年(或月)数、腐朽(d)及白蚁蛀蚀(t)后试材平均完好指数。其中试验报告若以图的形式表示时，腐朽或白蚁蛀蚀分别用 2 个图表示，横轴为观察时间，纵轴为试材腐朽或白蚁蛀蚀平均完好指数。

试验报告中应注明试验树种、试材尺寸、试验地点、土壤类型、当地气象条件等。

ICS 79-010
B 71

中华人民共和国国家标准

GB/T 27656—2011

农作物支护用防腐小径木

Preservative-treated pole for supporting use in agriculture

2011-12-30 发布

2012-04-01 实施

中华人民共和国国家质量监督检验检疫总局
中国国家标准化管理委员会 发布

前　言

本标准参考美国木材防腐协会 AWPA 标准 2004 C1-03《加压防腐处理原木制品》,C3-03《加压防腐处理柱状木制品》,C16-03《加压防腐处理农用木材》制定。

本标准由国家林业局提出。

本标准由全国木材标准化技术委员会归口。

本标准负责起草单位:广东省林业科学研究院。

本标准参加起草单位:中国林业科学研究院木材工业研究所、国家林业局林产品质量检验检测中心(广州)、茂名市林业科学研究所、高州市增源木业有限公司。

本标准主要起草人:苏海涛、蒋明亮、张燕君、谢桂军、陈利芳、庞维锋、曾武、居解语、李兴伟。

农作物支护用防腐小径木

1 范围

本标准规定了农作物支护用防腐小径木的材质、载药量、透入度等的要求。

本标准适用于农作物支护用防腐小径木的生产、销售和使用,其他农用防腐木材、竹材亦可参考使用。

2 规范性引用文件

下列文件中的条款通过本标准的引用而成为本标准的条款。凡是注日期的引用文件,其随后所有的修改单(不包括勘误的内容)或修订版均不适用于本标准,然而,鼓励根据本标准达成协议的各方研究是否可使用这些文件的最新版本。凡是不注日期的引用文件,其最新版本适用于本标准。

GB/T 11716 小径原木

GB/T 14019 木材防腐术语

GB/T 23229 水载型木材防腐剂分析方法

GB/T 27651—2011 防腐木材的使用分类和要求

GB/T 27654—2011 木材防腐剂

3 术语和定义

GB/T 14019 确立的以及下列术语和定义适用于本标准。

3.1

农作物支护用防腐小径木 preservative-treated pole for supporting use in agriculture

经防腐处理的用于支撑农作物的小径木材。

4 技术要求

4.1 材质

4.1.1 农作物支护用防腐小径木材质要求应符合 GB/T 11716 的规定或按供需双方约定执行。

4.1.2 农作物支护用防腐小径木处理前应剥去树皮,残留树皮的面积应小于或等于总表面积的 5%。

4.1.3 农作物支护用防腐小径木的表面应无可见的防腐剂沉积物。

4.2 载药量和透入度

4.2.1 载药量要求

载药量应符合 GB/T 27651—2011 中 C4.1 分类等级的要求(见表 1),同时,各有效成分的载药量应不低于 GB/T 27654—2011 中根据组成成分比例计算的载药量值的 80%。

表 1 农作物支护用防腐木的载药量

单位为千克每立方米

氨(胺)溶季铵铜(ACQ)和微化季铵铜(MCQ)				铜唑(CuAz)				柠檬酸铜(CC)	铜铬砷(CCA-C)
MCQ	ACQ-2	ACQ-3	ACQ-4	CuAz-1	CuAz-2	CuAz-3	CuAz-4		
氧化铜 DDACO₃[a]	氧化铜 DDAC[b]	氧化铜 BAC[c]	氧化铜 DDAC[b]	铜 硼酸 戊唑醇	铜 戊唑醇	铜 丙环唑	铜 戊唑醇 丙环唑	氧化铜 柠檬酸	氧化铜 三氧化铬 五氧化二砷
≥6.4	≥6.4	≥6.4	≥6.4	≥6.5	≥3.3	≥3.3	≥2.4	≥6.4	≥6.4

[a] 二癸基二甲基碳酸铵。

[b] 二癸基二甲基氯化铵。

[c] 十二烷基苄基二甲基氯化铵。

4.2.2 透入度要求

防腐剂在农作物支护用防腐小径木的透入深度应大于或等于 10 mm,边材透入率应大于或等于 90%。

5 试验方法

5.1 材质的检验

材质要求 4.1.1 和 4.1.2 按 GB/T 11716 的有关规定进行检验。材质要求 4.1.3 用目测方法进行检验。

5.2 载药量和透入度的检验

5.2.1 取样

每批随机取 10 个样品,在中间位置(±300 mm)用生长锥钻取直径约 5 mm 的木芯,取样深度 25 mm。取样时钻取木芯留下的孔应用防腐处理过的大小合适的圆柱形木塞塞住。

5.2.2 载药量和透入度的分析

载药量和透入度的分析应按照 GB/T 23229 中的测定方法得出。

6 检验规则

6.1 出厂检验项目为农作物支护用防腐小径木载药量和透入度。

6.2 按 5.2 规定的检验方法,在抽检样品中,如果有 8 个以上(含 8 个)样品的防腐质量达到 4.2 的要求,则判定此批支护木合格;否则,断定此批支护木不合格,应全部重新处理。

7 标识

产品应有标识,标识应说明防腐剂种类、载药量和生产厂家。

8 农作物支护用防腐小径木的使用及保存

8.1 农作物支护用防腐小径木不宜锯断或劈开使用。

8.2 农作物支护用防腐小径木不应用于其他用途和作为燃料。

8.3 农作物支护用防腐小径木暂停使用时应保存在不易淋湿、暴晒及通风干燥的场所。

ICS 79
B 71

中华人民共和国国家标准

GB/T 29399—2012

木材防虫(蚁)技术规范

Technology specification for wood resistance to termites and beetles

2012-12-31 发布

2013-07-01 实施

中华人民共和国国家质量监督检验检疫总局
中国国家标准化管理委员会 发布

前　言

本标准由中华人民共和国商务部提出并归口。

本标准起草单位：木材节约发展中心、广东省昆虫研究所。

本标准主要起草人：钟登庆、钟俊鸿、施振华、喻迺秋、马守华、陶以明、张少芳。

木材防虫(蚁)技术规范

1 范围

本标准规定了木材的害虫分类、危害级别划分,防虫(蚁)木材的使用环境,木材防虫(蚁)剂,木材防虫(蚁)剂处理,设计与施工,木材防虫(蚁)效果确认的要求等。

本标准适用于防虫(蚁)处理木材及药剂的生产、销售、使用及管理。

2 规范性引用文件

下列文件对于本文件的应用是必不可少的。凡是注日期的引用文件,仅注日期的版本适用于本文件。凡是不注日期的引用文件,其最新版本(包括所有的修改单)适用于本文件。

GB/T 18260 木材防腐剂 对白蚁毒效实验室试验方法

GB 50005 木结构设计规范

3 木材害虫的分类

木材害虫主要分为甲虫、白蚁、钻孔动物。其中:

——甲虫主要包括家天牛、星天牛、中华粉蠹、鳞毛粉蠹、竹长蠹、双钩异翅长蠹、梳角窃蠹;

——白蚁主要包括家白蚁、散白蚁、堆砂白蚁;

——钻孔动物主要包括船蛆、蛀木水虱。

具体危害木材树种及特征、环境条件(危害性)参见附录A。

4 危害级别

按照不同地区甲虫、白蚁的危害程度和危害特征,将我国各省(区)划分为五个危害级别,各危害级别特征见表1。

表 1 各危害级别特征

危害级别	特 征
Ⅰ级	无白蚁分布,但不排除木结构受甲虫危害,危害程度较轻
Ⅱ级	有白蚁分布,种类少,危害呈零星分布状况,亦有部分甲虫危害
Ⅲ级	有白蚁分布,种类较少,危害较明显、普遍,甲虫活动较多
Ⅳ级	有较多白蚁分布,但因环境稍逊,危害不甚严重,甲虫活动较多
Ⅴ级	白蚁种类较多,因环境适合,白蚁活动猖獗,甲虫活动亦活跃

5 防虫(蚁)木材的使用环境

防虫(蚁)木材的使用环境分类要求见表2。

表 2 防虫(蚁)木材的使用环境分类要求

使用环境分类	使用条件	应用环境	主要生物危害因子	典型用途
C1	户内,且不接触土壤	在室内干燥环境中使用,不遭受气候和水分的影响	蛀虫	建筑内部及装饰、家具
C2	户内,且不接触土壤	在室内环境中使用,有时受潮湿和水分的影响,但不受气候的影响	蛀虫、白蚁、木腐菌	建筑内部及装饰、家具、地下室、卫生间
C3	户外,且不接触土壤	在室外环境中使用,暴露在各种气候中,包括淋湿,但避免长期浸泡在水中	蛀虫、白蚁、木腐菌	平台、步道、栈道的甲板;户外家具;(建筑)外门窗
C4A	户外,且接触土壤或浸在淡水中	在室外环境中使用,暴露在各种气候中,且与地面接触或长期浸泡在淡水中	蛀虫、白蚁、木腐菌	围栏支柱、支架、木屋基础、冷却水塔、电杆、矿柱(坑木)
C4B	户外,且接触土壤或浸在淡水中	在室外环境中使用,暴露在各种气候中,且与地面接触或长期浸泡在淡水中。难于更换关键结构部件	蛀虫、白蚁、木腐菌	(淡水)码头护木、桩木、矿柱(坑木)
C5	浸在海水(咸水)中	长期浸泡在海水(咸水)中使用	海生钻孔动物	海水(咸水)码头护木、桩木、木质船舶

6 木材防虫(蚁)剂

6.1 木材防虫(蚁)剂主要有:
   a) 油质防虫(蚁)剂,如杂酚油等;
   b) 有机溶剂防虫(蚁)剂,如联苯菊酯、氰戊菊酯、氟虫腈等;
   c) 水载型防虫(蚁)剂,如 CCA、ACQ、CBA-A、CA-B 等;
   d) 熏蒸剂,如溴甲烷、硫酰氟、磷化铝、磷化镁等。

6.2 应根据防虫(蚁)木材不同用途选用质量合格的木材防虫(蚁)剂,木材防虫(蚁)剂产品应有明确的使用说明书,应标明活性成分名称、浓度、毒性、用途、使用方法、使用期限等,供顾客选择使用。

6.3 防虫(蚁)剂应分类单独存放,不可与其他物品混放。防虫(蚁)剂仓库应封闭上锁,建立进出库制度,落实防火、防水、防潮、通风等措施。

7 木材防虫(蚁)处理

7.1 木材防虫(蚁)处理可采用喷淋、涂刷、浸泡、熏蒸和加压浸注等方法。

7.2 防虫(蚁)处理木材及制品的防虫(蚁)剂保持量和透入度要求见表3。

表 3 防虫（蚁）处理木材及制品的防虫（蚁）剂保持量和透入度要求

使用环境	防虫剂		最低保持量 kg/m³	透入度	处理方法	备注
C1	硼化合物（SBX）		2.8	1. 边材85%； 2. 心材透入深度≥8 mm	加压浸渍	
	ACQ		4.0		加压浸渍	
	CBA-A		3.3		加压浸渍	
	CA-B		1.7		加压浸渍	
	联苯菊酯*		0.02		泡浸或加压浸渍	
	氯菊酯*		0.10		泡浸或加压浸渍	
	氯氰菊酯*		0.10		泡浸或加压浸渍	
	溴氰菊酯*		0.015		泡浸或加压浸渍	
C2	硼化合物（SBX）		4.5	1. 边材85%； 2. 心材透入深度≥8 mm	加压浸渍	
	ACQ		4.0		加压浸渍	
	CBA-A		3.3		加压浸渍	
	CA-B		1.7		加压浸渍	
	联苯菊酯*		0.03		泡浸或加压浸渍	
	氯菊酯*		0.15		泡浸或加压浸渍	
	氯氰菊酯*		0.15		泡浸或加压浸渍	
	溴氰菊酯*		0.02		泡浸或加压浸渍	
C3	CCA		4.00	1. 边材90%； 2. 心材透入深度≥10 mm	加压浸渍	
	ACQ		4.00		加压浸渍	
	CBA-A		3.3		加压浸渍	
	CA-B		1.7		加压浸渍	
	联苯菊酯*		0.03		泡浸或加压浸渍	加 Azole
	氯菊酯*		0.15		泡浸或加压浸渍	加 Azole
	氯氰菊酯*		0.15		泡浸或加压浸渍	加 Azole
	溴氰菊酯*		0.02		泡浸或加压浸渍	加 Azole
	有机锡[a] （TBTO、TBTN）	水平结构	0.60		泡浸或加压浸渍	
		垂直结构	1.10		泡浸或加压浸渍	
	环烷酸铜*		0.60		加压浸渍	
	苯扎氯胺		75.00		泡浸或加压浸渍	加杀虫剂
C4A	CCA		6.40	1. 边材90%； 2. 心材透入深度≥10 mm	加压浸渍	
	ACQ		6.40		加压浸渍	
	CBA-A		6.50		加压浸渍	
	CA-B		3.30		加压浸渍	
	杂酚油		80.0		加压浸渍	

表 3（续）

使用环境	防虫剂	最低保持量 kg/m³	透入度	处理方法	备注
C4B	CCA	9.60	1. 边材 95%； 2. 心材透入深度≥12 mm	加压浸渍	
	ACQ	9.60		加压浸渍	
	CBA-A	9.80		加压浸渍	
	CA-B	5.00		加压浸渍	
	杂酚油	110.00		加压浸渍	
C5	CCA	24.00	1. 边材 95%； 2. 心材透入深度≥12 mm	加压浸渍	
	杂酚油	150.00		加压浸渍	

注 1：部分木材防虫（蚁）剂的活性成分如下：
　　——硼化合物：硼酸、四硼酸钠、八硼酸钠、五硼酸钠等及其混合物，保持量以三氧化二硼表示；
　　——CCA：氧化铜＋氧化铬＋五氧化二砷；
　　——ACQ：氧化铜＋DDAC 或 BAC；
　　——CBA-A：铜（44%～54%）＋硼类化合物（以三氧化二硼计）（44%～54%）＋唑类化合物（以戊唑醇计）
　　　　（1.8%～2.8%）；
　　——CA-B：铜（95.4%～96.8%）＋唑类化合物（以戊唑醇计）（3.2%～4.6%）。
注 2："＊"表示以轻质矿物油作溶剂。

ª 有机锡木材防虫（蚁）剂活性成分的保持量以锡的化合物表示。

7.3　防虫（蚁）处理胶合板及刨花板防虫（蚁）剂保持量及处理方法见表 4、表 5。

表 4　防虫（蚁）处理胶合板防虫（蚁）剂保持量及处理方法

防虫（蚁）剂	胶合板单板厚度 mm	防虫剂活性成分最低保持量 kg/m³	处理方法
联苯菊酯	2.5	0.075	将防虫（蚁）剂均匀地加入胶粘剂中
	1.8～1.6	0.060	
高效氯氰菊酯	1.6～1.8	0.220	
溴虫腈	1.8	0.075	
	1.6	0.060	
吡虫啉	1.8	0.110	
	1.6	0.080	
辛硫磷	1.6	1.50	

单板厚度＞2.5 mm 时，需将单板用喷淋或涂刷方法作防虫（蚁）处理。

表 5 防虫(蚁)处理刨花板防虫(蚁)剂保持量及处理方法

防虫剂	防虫剂活性成分最低保持量 kg/m³	处理方法
联苯菊酯	0.075	
高效氯氰菊酯	0.220	
溴虫腈	0.075	将防虫(蚁)剂均匀地加入胶粘剂中
吡虫啉	0.110	
辛硫磷	1.50	

7.4 防虫(蚁)处理木材及其他木质材料应按照本标准的要求进行防虫(蚁)处理并检验合格后,方可作为防虫(蚁)处理木材在市场上流通和进行进出口贸易。

7.5 防虫(蚁)处理木材产品应有明显的防虫(蚁)标志,包括使用环境等级。

8 设计与施工

8.1 木质构件设计应按 GB 50005 有关规定执行。

8.2 根据使用环境等级选用处理药剂与处理方法。

8.3 在木材害虫的危害级别Ⅱ级以上地区,新建、改建建筑物需进行地基土壤防白蚁处理,预防白蚁进入破坏木材。已有建筑应定期在室外及园林内设置毒饵以诱杀白蚁,同时防止建筑物周围园林树木中的白蚁侵入建筑物内为害。毒饵中选用几丁质合成抑制剂,如除虫脲或氟铃脲。

毒土屏障使用的杀虫剂,应符合环保要求,可从拟除虫菊酯中选择,禁止使用氯丹等有机氯杀虫剂。为防止污染水源,距水源 6 m 以内区域、地下水位以下区域及经常有水浸地区,禁止设置毒土屏障。

8.4 各种经防腐剂处理的木材如确认其已具备防虫(蚁)效力,无须进行另外防虫(蚁)处理。

8.5 从业人员与管理人员应进行防虫(蚁)的专业知识培训。

9 木材防虫(蚁)效果确认

9.1 防白蚁效果的评价

防白蚁效果的评价方法依照 GB/T 18260 的有关规定执行。

9.2 防甲虫效果的评价

9.2.1 试块处理

选含水率 10%～15%的边材,制成 20 mm（径向）×30 mm(弦向)×50 mm(纵向)试块,经 60 ℃恒温干燥箱干燥 72 h,称量,用不同浓度的防虫剂及采用真空浸注法对试块进行处理,用滤纸轻轻吸干木块表面药液,称量并计算各试块的防虫剂吸药量。每个吸药量及空白对照最少设三个重复。

9.2.2 试虫接种

当试块完全干燥后,在其中一面钻十个直径 3 mm、深 3 mm～4 mm 的小孔,每孔放入经准确称量、重量在 3 mg～6 mg 的家具窃蠹(*Anobium punctatum*)幼虫一头,放置幼虫时头朝孔底部,然后盖上玻璃片,边缘用石蜡密封。

9.2.3 效果评价

将接种家具窃蠹幼虫试块置于温度27 ℃、相对湿度85％的人工气候箱中,在第一周,每天定期观察幼虫穿透、蛀食试块及蛀屑排泄情况,以后每周检查一次,至三个月时试验结束,解剖试块,检查幼虫穿透、蛀食试块及幼虫重量。当对照试验幼虫存活率高于80％时,全部试验有效。在所有试块中,木材得到保护的最低防虫剂保持量,是在该浓度下的3个试块中幼虫存活率低于10％,且没有出现幼虫体重增加的情况。

9.3 防海生钻孔动物效果的评价

9.3.1 试块处理

选含水率10％～15％的边材,制成25 mm(径向)×25 mm(弦向)×300 mm(纵向)试块,经60 ℃恒温干燥箱干燥72 h,称量,用不同浓度的防虫剂加压处理(对照用去离子水处理),处理后称量并计算各试块的防虫剂吸药量。每个浓度及空白对照最少设六个重复。

9.3.2 试块安放

将试块按一定间隔随机地固定在抗腐蚀的框架上并悬吊于海岸边低潮位以下位置。

9.3.3 蛀蚀等级

每年对每个试块进行检查,记录试块受海生钻孔动物蛀蚀情况及海生钻孔动物种类,并按表6特征评估被蛀等级。

表 6 海生钻孔动物蛀蚀等级及其特征

被蛀等级	蛀蚀特征
4.0	没受蛀蚀,试块可以使用
3.5	轻微蛀蚀,即:受蛀木水虱(Limnoria)蛀蚀,形成若干3 mm深小孔,或1～6个由马特海笋(Martesia)和团水虱(Sphaeroma)小孔,或船蛆总长1 mm～80 mm,试块尚可继续使用
3.0	轻微～中度蛀蚀,尚可继续使用
2.5	中度蛀蚀,尚可继续使用
2.0	中度～严重蛀蚀。蛀木水虱(Limnoria)蛀孔6 mm深,或者试块为团水虱(Sphaeroma)或马特海笋(Martesia)船蛆孔包围,试块容易折断,需要物理保护
1.5	严重蛀蚀,需要维修
1.0	严重～极度严重蛀蚀,不能使用
0.5	极度严重蛀蚀,不能使用
0.0	完全破坏或消失;不能使用

10 防虫(蚁)剂含量检测

10.1 批次规定

防虫(蚁)处理木材质量检验应以一罐产品或每次调配的药剂处理的产品为一检验批次,进行抽样检测。

10.2 检查时间

防虫(蚁)剂保持量检测应在出罐后或处理后进行,其他项目的检测应在当天进行。

10.3 防虫(蚁)剂保持量(以活性成分计)检测

防虫(蚁)处理木材的防虫(蚁)剂保持量应以罐或立方米为单位,用重量法检测。任一批次产品保持量应达到标准规定。

10.4 透入度检测

每批产品应从上、中、下位置各钻取一个样品,取样应距木材端头 30 cm 以上处锯切或钻孔,钻孔取样深度≥25 mm 用显色法检查防虫(蚁)剂浸入木材的深度。钻取木芯后,洞孔应用相同种类的防虫(蚁)剂木栓填堵。

附　录　A

（资料性附录）

木、竹材害虫危害木材树种及特征、环境条件（危害性）

木、竹材害虫危害木材树种及特征、环境条件（危害性）参见表 A.1。

表 A.1　木、竹材害虫及海生钻孔动物

名称	危害木材树种及特征	环境条件（危害性）
家白蚁 *Coptotermes formasanus*	针阔叶材均危害，被害木材外表无症状，内部蛀虫成条沟状	C4
散白蚁 *Reticutitermes* spp.	针阔叶材均危害，内部成不规则的坑道，表面有圆形小孔	C3 C4
堆砂白蚁 *Crypotermes* spp.	危害热带阔叶材，在木材内部蛀食，有大量的蛀屑，成沙粒状	C2
家天牛 *Stromatium longicorne*	多种阔叶林边材幼虫期木材，外表无症状，内部虫道中有大量粉末，羽化后木材表面有羽化孔	C2
星天牛 *Anoplophora* spp.	危害杨木等多种湿材，外面无症状，内部有蛀屑，对生产运输用的包装箱危害性较大	C2
中华粉蠹 *Lytus sinensis*	危害多种阔叶林边材及竹材，被害材内部呈粉末状，羽化后表面有小孔，有粉末排出	C1
鳞毛粉蠹 *Minthea rugicollis*	危害南亚热带阔叶材边材及竹材，症状同中华粉蠹	C1
竹长蠹 *Dinoderus minutus*	危害竹材、竹制品，竹材内部几乎全成粉末状，并有粉末排出，生长发育快，长江以南一年发生 3 代，危害严重	C1 C2
双钩异翅长蠹 *Heterobostrychus aegualis*	危害热带、亚热带阔叶材木制品及胶合板，幼虫坑道中充满粉状蠹屑	C2
梳角窃蠹 *Ptilinus fuscus*	分布于西北、华北地区，危害杨木、柳、榆及云杉建筑用材，木材外面可见许多蛀孔孔径 2 mm～3 mm，内部有粉末状蛀屑	C1
船蛆 *Teredo navalis* （海生钻孔动物，软体动物船蛆科）	危害海水中的桩木、码头护木、木船及渔民用的网桩，木材表面有很小的空洞，木材内部千疮百孔	C5
蛀木水虱 *Limnoria japonica* （甲壳纲等足目）	同船蛆，受害木材表面凿孔直径只有 1 mm～2 mm，使木材外部成海绵状，易打碎剥落，同时继续内向蛀蚀	C5

参 考 文 献

[1]　GB/T 22102　防腐木材

ICS 79
B 71

中华人民共和国国家标准

GB/T 29406.1—2012

木材防腐工厂安全规范
第1部分:工厂设计

Safety code for wood preservation plant—
Part 1:Plant design

2012-12-31 发布

2013-07-01 实施

中华人民共和国国家质量监督检验检疫总局
中国国家标准化管理委员会 发布

前　言

GB/T 29406《木材防腐工厂安全规范》分为以下两个部分：

——第 1 部分：工厂设计；

——第 2 部分：操作。

本部分为 GB/T 29406 的第 1 部分。

本部分按照 GB/T 1.1—2009 给出的规则起草。

本部分非等效采用澳大利亚/新西兰标准 AS/NZS 2843.1:2000《木材防腐工厂安全规范　第 1 部分：工厂设计》。

本部分与 AS/NZS 2843.1:2000 相比主要差异如下：

——将标准中的引用标准改为引用我国相关标准；

——考虑我国国情，将标准中设备及设施中要求自动化程度较高的（如安全自动关闭装置等）内容，相应改为人工控制内容。

本部分由中华人民共和国商务部提出并归口。

本部分起草单位：木材节约发展中心、广东省林业科学研究院。

本部分主要起草人：苏海涛、喻迺秋、刘磊、梁林庆、张燕君、马守华、陶以明。

木材防腐工厂安全规范
第1部分:工厂设计

1 范围

GB/T 29406 的本部分规定了木材防腐工厂(以下称工厂)的基本要求、选址、工厂规划和设备的要求。

本部分适用于木材防腐工厂及设备的设计和管理。木材防腐工厂的审批亦可参照使用。

2 规范性引用文件

下列文件对于本文件的应用是必不可少的。凡是注日期的引用文件,仅注日期的版本适用于本文件。凡是不注日期的引用文件,其最新版本(包括所有的修改单)适用于本文件。

GB/T 12801—2008 生产过程安全卫生要求总则

GB/T 14019 木材防腐术语

GB 15603 常用化学危险品贮存通则

GB 22280 防腐木材生产规范

GB 50009 建筑结构荷载规范

GB 50016 建筑设计防火规范

GB 50010 混凝土结构设计规范标准

SB/T 10440 真空和(或)压力浸注(处理)用木材防腐设备机组

3 术语和定义

GB/T 14019、GB 22280 和 SB/T 10440 界定的以及下列术语和定义适用于本文件。

3.1

木材防腐工厂 **timber treatment plant**

包括木材防腐处理车间和楞场。

3.2

处理车间 **treatment plant site**

木材处理的场所,包括防腐处理区、装卸区和滴液区。

3.3

楞场 **treatment plant yard**

工厂内用来运转和存放防腐木材的场地。

3.4

挡水墙 **waterproof wall**

处理车间内防止防腐剂工作液外流的、与地面连接的钢筋混凝土结构。

3.5

集液池 **liquid-collected pool**

收集处理车间内泄漏液体的设施,一般为钢筋混凝土结构或钢结构。

4 基本要求

4.1 新建工厂

工厂的选址、土建、消防和环保等应由相关行政主管部门批准。

4.2 已建工厂

已建工厂应按本部分进行改造。

4.3 仓库

4.3.1 防腐剂及其原料仓库应与生活区、行政区分开,并按 GB 15603 的要求建造。

4.3.2 防腐木材仓库应与生活区、行政区分开;仓库应按防潮、防火、通风等要求建造。

5 选址

5.1 地势

自然坡度应小于 1:10。

5.2 土壤

土壤应含有超过 15% 的粘土,且土层的整个纵断面应是一致的。如果处理车间建在浅蓄水层上面的渗透土壤上时,设计应包括经相关环保部门批准的附加保护措施的内容。

5.3 水体

5.3.1 处理车间的选址应根据相应法规考虑水体的情况,包括表面水和地下水。

5.3.2 当工厂在任何蓄水层上建设时,应保证蓄水层不受污染。

5.3.3 离河道、供水源的距离应分别为 100 m 和 800 m。

5.3.4 工厂的最低点应高于地下水位最高季节的水位,并留有充分余地,不允许发生因工厂的操作而引起污染水层情况。

5.4 自然灾害

应按照 GB/T 12801—2008 中 5.2.1 的有关规定执行。

6 工厂规划

6.1 雨水排放要求

6.1.1 从车间屋顶上流下的雨水可直接排入工厂外部的排水渠。

6.1.2 落在无遮盖区域以及从楞场流出的雨水,符合排放标准要求的可直接排入工厂外部的排水渠,否则应进入污水池。

6.1.3 落在车间地面的雨水应用水池收集进行循环使用或在排放前接受污染检验。

6.2 处理车间

6.2.1 防泄漏要求

6.2.1.1 挡水墙和集液池

所有处理车间应建立挡水墙和集液池。

处理车间应设有高度不低于 200 mm 的挡水墙,挡水墙应与地面完整连接。挡水墙应距处理罐、贮液罐有适当距离,确保当处理罐、贮液罐发生泄漏时,防腐剂不会溢过挡水墙流到外面。

集液池容积应为贮液罐总容积的 120%。

6.2.1.2 处理车间地面

处理车间地面应铺设平整的防渗透的混凝土并可使污染水流入集液池,所有结构应达到防水、防化学腐蚀要求。所有混凝土施工应符合 GB 50010 中特殊危险范畴要求。

6.2.1.3 防腐剂卸载区

防腐剂卸载区应建在有防渗漏结构的区域内,并可将污水排入集液池。

6.2.1.4 运输设施

处理车间内的运输工具应保证不会将车间内的污物带到车间之外。

6.2.1.5 滴液区

滴液区的建设应使刚出处理罐的防腐木材所滴出的防腐剂处理液能被收集并循环利用。

6.2.2 厂房荷载

厂房的荷载能力应符合 GB 50009 的规定和要求。

6.3 楞场

应建在地势较高、场地干燥、远离居民区、远离明火点处,且应备有消防器材,具有 2‰～5‰ 排水坡度,楞场周围要有排水沟,以利排水。

贮存已干燥防腐木材的楞场应通风良好、有遮盖,或在已干燥防腐木材垛顶上加盖顶盖,防止漏雨。

6.4 更衣室和盥洗室

应设有专用的更衣室、冲洗及淋浴设施和厕所,供有关人员使用。更衣室应设干净区和工作区,分别存放便服和防护服。

6.5 紧急淋浴装置和洗眼器

应在处理车间内合适的位置设置紧急淋浴装置和洗眼器,供人员发生意外事故时应急使用。

6.6 餐饮区

应设置专用的餐饮区。

6.7 通风设施

处理车间应有良好的通风设施。

7 设备要求

7.1 设备的选型与使用应符合 SB/T 10440 的要求。

7.2 工厂应根据合适的噪声标准进行设计。

7.3 工厂应按 GB 50016 的要求配置消防设施。

7.4 当配制防腐剂工作溶液时,进水管应安装止回阀,防止逆流。

7.5 无盖集液池应加保护的格栅盖,保证操作人员安全。

7.6 非压力处理设备,如浸泡扩散和防蓝变中使用的设备,应根据本部分的相应条款进行设计。

ICS 79
B 71

GB/T 29406.2—2012

中华人民共和国国家标准

木材防腐工厂安全规范
第 2 部分：操作

Safety code for wood preservation plant—
Part 2：Operation

2012-12-31 发布

2013-07-01 实施

中华人民共和国国家质量监督检验检疫总局
中国国家标准化管理委员会 发布

前　言

GB/T 29406《木材防腐工厂安全规范》分为以下两个部分：

——第 1 部分：工厂设计；

——第 2 部分：操作。

本部分为 GB/T 29406 的第 2 部分。

本部分按照 GB/T 1.1—2009 给出的规则起草。

本部分非等效采用澳大利亚/新西兰标准 AS/NZS 2843.2：2000《木材防腐工厂安全规范　第 2 部分：操作》。

本部分与 AS/NZS 2843.2：2000 相比主要差异如下：

——将标准中的引用标准改为引用我国相关标准；

——考虑我国国情，将标准中设备及设施中要求自动化程度较高的（如安全自动关闭装置等）内容，相应改为人工控制内容；

——标准中涉及的与当地急救服务机构的关联互动，因目前在国内暂时无法实现，故本标准没有提出要求。

本部分由中华人民共和国商务部提出并归口。

本部分起草单位：木材节约发展中心、广东省林业科学研究院。

本部分主要起草人：苏海涛、喻迺秋、刘磊、梁林庆、张燕君、马守华、陶以明。

木材防腐工厂安全规范
第2部分：操作

1 范围

GB/T 29406 的本部分规定了木材防腐工厂（以下简称工厂）防腐剂的运输和贮存、应急预案、防腐剂泄露的处理、人员安全、操作以及废弃物处置等要求。

本部分适用于工厂的生产操作人员及相关的管理人员。

2 规范性引用文件

下列文件对于本文件的应用是必不可少的。凡是注日期的引用文件，仅注日期的版本适用于本文件。凡是不注日期的引用文件，其最新版本（包括所有的修改单）适用于本文件。

GB/T 29406.1 木材防腐工厂安全规范 第1部分：工厂设计

JT 617 汽车运输危险货物规则

压力容器定期检验规则（TSG R7001—2004）

固定式压力容器安全技术监察规程（TSG R0004—2009）

铁路危险货物运输管理规则（铁运〔2008〕174号）

水路危险货物运输规则（交通部令1996年第10号）

3 术语和定义

GB/T 29406.1界定的以及下列术语和定义适用于本文件。

3.1

化学淤泥 chemical sludge

木材防腐药剂贮藏和使用过程中因化学反应产生的沉淀或因与沙、脏物、木屑等混合生成的沉积物。

4 防腐剂的运输和贮存

4.1 防腐剂的运输应符合 JT 617、《铁路危险货物运输管理规则》和《水路危险货物运输规则》的规定。

4.2 防腐剂的装卸应在防腐剂仓库或卸载区作业。

4.3 存放防腐剂的容器应有显著标识。

4.4 防腐剂入库时需检查对照商品名称、规格、数量、生产厂家和批号，需与发货单符合，包装完好无损，并贮存在阴凉、干燥和通风的仓库中，不应与食物、饲料等混合存放。

5 应急预案

5.1 对于可能发生的火灾、防腐剂泄漏等紧急情况，工厂应有应急预案。

5.2 所有的员工都应经过相应培训，员工和（或）部门应被授权在紧急情况下做紧急处理。

5.3 应准备急救电话、使用的或贮存的物料的技术资料[包括:物料安全技术说明书(MSDS)和技术资料单]、厂区图,并应在工厂内设立明显标志。

5.4 厂区图应包括以下内容:

 a) 入口;

 b) 道路;

 c) 化学药品与危险物质存贮区,包括化学药品类型和数量;

 d) 员工工作位置;

 e) 建筑物入口;

 f) 电闸;

 g) 水管;

 h) 疏散口;

 i) 急救、清洁和安全设施贮藏处;

 j) 消防设施和水源。

5.5 标志包括以下内容:

 a) 危险化学品使用区。

 b) 所使用的防腐剂及其主要组分。

 c) 适用于中和和吸收所使用特殊物料的材料清单。

 d) 紧急情况下的求救电话,应包括:

  1) 大量泄漏:当地政府;

  2) 中毒:当地急救中心或医院;

  3) 火灾:当地消防部门。

 e) 在中毒时应采取的急救措施。

 f) 禁烟和禁食标志。

5.6 发生紧急情况时,应根据应急预案采取应急措施。泄漏防腐剂的收集与清理应向供应商咨询应对措施。

6 防腐剂泄漏的处理

6.1 防腐剂泄漏到车间外,应尽快设立警示标志,禁止非授权的人员进入污染区,并尽快向有关部门报告,同时向防腐剂供应商通报。

6.2 任何泄漏物都不应流入排污渠及河道。在必要时应用沙袋或泥土修筑临时挡水墙。

6.3 泄漏的防腐剂应尽可能回收,不能回收的可按如下方法处理:

 a) 用90%石灰和10%焦亚硫酸钠的混合物中和酸性防腐剂;

 b) 用锯屑、砂子、石灰、水泥或泥土等来吸收和覆盖。

6.4 产生的废弃物应装桶并清晰标明其内容物,按第9章规定的方法处理。

6.5 盛装泄漏物的容器和(或)相关的运输工具应清洗处理,其清洗液应尽量回收,或者按第9章的规定处理。

6.6 清理工作结束后,参与人员应立即彻底清洗,并单独洗涤防护用品。

7 人员安全

7.1 应对工厂操作员工进行培训和教育,其内容应包括:防腐剂的化学性质及其可能产生的危害,安全操作规程等。

7.2 安全操作规程应张贴在工厂厂区的显要位置。

7.3 未经授权的人员不应进入防腐剂卸载、混合和处理区。

7.4 操作员工应穿戴防护服等劳动保护用品。

8 操作

8.1 应按《固定式压力容器安全技术监察规程》和《压力容器定期检验规则》的规定,对压力浸注(处理)罐及安全附件(安全阀、压力表等)进行定期检验、检定,保证其在安全状况下运行,并建立档案。

8.2 真空泵应安装气液分离器,分离并收集在抽真空过程中产生的有害气体。真空泵抽出的含有防腐剂的水,应循环利用。应在真空系统出来的空气管道出口处安装一个去雾器。去雾器的排出点应在远离员工工作区的位置。

8.3 灭火器材及设施应根据有关消防规定配置,并定期检查其有效性。

8.4 处理木材应在完全没有滴液现象后,才能从滴液区移到楞场。

9 废弃物处置

9.1 废弃化学物质(包括化学淤泥及防腐剂污染物),如果可能,应重新利用,否则应装桶并按相关行政部门的规定处置。

9.2 应对废弃物的性质、数量和处理地点做好记录并存档。

9.3 具有腐蚀性的化学淤泥,应贮存在防腐蚀的容器中,放置在建有挡水墙的区域内。

9.4 使用过的空容器应清洗干净,保存在一个独立的区域,应回收使用,但不应用于存放生活用水或食物。无法回收使用的应按有关规定处理。

ICS 71.100.50
B 71

中华人民共和国国家标准

GB/T 29900—2013

木材防腐剂性能评估的野外
近地面试验方法

Field test method for evaluation of wood preservatives by
ground proximity decay

2013-11-12 发布

2014-04-11 实施

中华人民共和国国家质量监督检验检疫总局
中国国家标准化管理委员会 发布

前　言

本标准按照 GB/T 1.1—2009 给出的规则起草。

本标准由国家林业局提出。

本标准由全国木材标准化技术委员会(SAC/TC 41)归口。

本标准起草单位:广东省林业科学研究院、茂名市林业科学研究所、中国林科院木材工业研究所、四川省恒希木业有限责任公司。

本标准主要起草人:谢桂军、张燕君、庞维锋、马星霞、陈利芳、何雪香、苏海涛、马红霞、文庆辉。

木材防腐剂性能评估的野外
近地面试验方法

1 范围

本标准规定了各种木材防腐剂野外近地面试验评价方法。测试条件为 GB/T 27651—2011 规定的 C3.2 类防腐木材。

本标准适用于各种木材防腐剂。

2 规范性引用文件

下列文件对于本文件的应用是必不可少的。凡是注日期的引用文件,仅注日期的版本适用于本文件。凡是不注日期的引用文件,其最新版本(包括所有的修改单)适用于本文件。

GB/T 13942.2—2009 木材耐久性能 第2部分:天然耐久性野外试验方法

GB/T 18261 防霉剂防治木材霉菌及蓝变菌的试验方法

GB/T 27651—2011 防腐木材的使用分类和要求

LY/T 1283 木材防腐剂对腐朽菌毒性实验室试验方法

3 仪器设备

3.1 天平

精度为 0.1 g。

3.2 游标卡尺

精度为 0.02 mm。

3.3 恒温恒湿箱

可提供温度为 (26 ± 2)℃,相对湿度为 (80 ± 2)% 的恒定环境。

4 材料

4.1 试材

4.1.1 树种的选择

木材试材取自马尾松(*Pinus massoniana* Lamb.)或湿地松(*P. elliottii* Engelmann)边材部分。

4.1.2 试材要求

试材应健康无缺陷,不存在节疤、应力木、幼龄材、过多斜纹理或其他明显缺陷,无明显霉变、变色、腐朽或虫蛀且未经过任何化学药剂处理。

4.1.3 试样制备及尺寸要求

制取试样的样木不少于3株。试样尺寸为50 mm×20 mm×125 mm,长度为顺纹方向。试样间密度偏差不超过15%。

4.2 防腐药剂

待测木材防腐剂和对照用铜铬砷(CCA)木材防腐剂。

5 野外近地面试验装置

野外近地面试验装置分层结构示意图如图1所示,从上到下依次分为遮荫网、支架和遮荫网支撑框架、砌块三大部分。

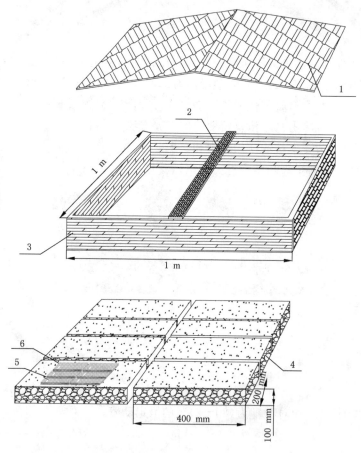

说明:

1——遮荫网:透光率15%~30%,尺寸约为1 200 mm×1 200 mm;

2——支架:用于支撑遮荫网,尺寸为38 mm×20 mm×1 000 mm;

3——遮荫网支撑框架:由4块长1 000 mm,高度不低于138 mm的板材组成;

4——砌块:采用焦渣混凝土砌块或类似材料,8块,每块尺寸为400 mm(长)×200 mm(宽)×100 mm(厚);

5——标签:标签不应与木材试样或木材试样中的防腐剂发生反应,可采用惰性材料,如聚四氟乙烯塑料;

6——试样:尺寸为50 mm×20 mm×125 mm。

注1:支撑框架和支架均采用防腐处理木材,且可用于接触土壤的环境。

注2:整个装置的各个连接构件应具有耐腐蚀性。

图1 野外近地面试验装置的分层结构示意图

6 试样制备

6.1 试样准备

锯制试样前先调整试材含水率低于20%,然后锯制50 mm×20 mm×200 mm(长度方向为顺纹方向)规格试样,每一条件至少需10块重复试样。将锯制好的试样保存在温度为(26±2)℃,相对湿度为(80±5)%的恒温恒湿箱中,备用。

防腐处理前,将试件从恒温恒湿箱中取出,逐一编号,测量尺寸并称重。

6.2 防腐处理

6.2.1 防腐处理工艺

根据防腐剂的最终使用要求选用不同的防腐处理工艺,可用满细胞处理工艺,也可用涂刷或浸泡处理工艺。满细胞处理工艺应保证木材试样完全被防腐剂渗透。

6.2.2 试样目标载药量的设定

防腐剂工作液浓度根据试样的目标载药量配制。对照防腐剂和待测防腐剂至少选择5个目标载药量,其中2个载药量低于极限载药量。每一块试样载药量偏差不应超过目标载药量的10%。

6.2.3 载药量计算

试样处理完毕后,擦掉表面多余的药剂,立即称重。按LY/T 1283计算满细胞工艺处理木材试样中防腐剂保持量 R_1,见式(1)和式(2);按GB/T 18261计算涂刷或浸泡工艺处理木材试样的吸药量 R_2,见式(3):

$$R_1 = \frac{M \times c \times 10}{V} \qquad \cdots\cdots\cdots\cdots\cdots\cdots (1)$$

$$M = T_2 - T_1 \qquad \cdots\cdots\cdots\cdots\cdots\cdots (2)$$

$$R_2 = \frac{M \times c \times 10^6}{2(H \times W + W \times L + H \times L)} \qquad \cdots\cdots\cdots\cdots\cdots\cdots (3)$$

式中:

R_1——防腐剂保持量,单位为千克每立方米(kg/m³);

M——防腐处理后试样质量增加量,单位为克(g);

c——防腐剂工作液质量分数,%;

V——试样体积,单位为立方米(m³);

T_1——试样处理前质量,单位为克(g);

T_2——试样处理后质量,单位为克(g);

R_2——吸药量,单位为克每平方米(g/m²);

L——试样长度,单位为毫米(mm);

W——试样宽度,单位为毫米(mm);

H——试样厚度,单位为毫米(mm)。

6.3 分析试样采集方法

将处理后的试样锯制成50 mm×20 mm×125 mm(长度为顺纹方向)的尺寸,用于野外暴露试验;剩余部分用于检测试样中防腐剂有效成分。

6.4 试样的后期处理

试样采取的后期处理工艺根据防腐剂使用说明或最终用途要求进行。如无特殊后处理工艺要求，则将试样按常规方法堆垛气干至当地平衡含水率。

试样处理完毕后，在试样表面固定标签。

7 试样的暴露试验

7.1 试验点数量

通常情况，单个试验点的试验数据有效，但如有条件可选择多个试验点进行测试。

7.2 试验点的选择

每一个试验点的多个试验装置所处环境应保持一致，或完全暴露或完全被树木遮盖，或湿润或干燥。试验点土壤应选择黏性土壤。

7.3 试验点样品排放

试样随机排放在图1所示的野外暴露试验装置内的砌块上，试样标签统一朝上，试样之间的空隙不小于3 mm。

8 试样评价

8.1 试样检测

8.1.1 检测周期

试样每年进行一次检测，视试样受害情况也可缩短检测周期。

8.1.2 试样检测

检测时用钝刀将每根试样表面粘附的藓类清除掉，不能破坏完好木材部分。试样检测应在同一条件下进行，通过肉眼观察试件腐朽和白蚁蛀蚀程度，各个面都应观察统计，以整个试样的完好程度作为每个试样的检测结果。检测过程中附记试样的虫害，变色程度，霉、藓等的生长情况及表面物理特征状况。

若发现试样丢失或不明原因的损坏，应在原试样中扣除，不再统计在内。每次检测最好是同一人员，以减少检测时的误差。砌块也应定期清理，如有必要每次检测重新更换一次砌块。每块试样检测完后都应放回原处。

8.1.3 检测时间

试样暴露时间长短根据暴露位置和气候条件确定，至少在野外暴露5年。具体暴露时间参考未处理对照样的腐朽情况，至少应为未处理对照样平均腐朽程度达到等级4所需时间的2倍。

8.2 分级评价标准

8.2.1 试样耐腐朽分级值

试样耐腐朽分级值按GB/T 13942.2—2009中5.3.1的分级方法执行。

8.2.2 试样抗白蚁蛀蚀分级值

试样抗白蚁蛀蚀分级值按 GB/T 13942.2—2009 中 5.3.2 的分级方法执行。

8.3 完好指数计算

试样经逐根检测后,根据式(4)计算出每一试验条件的完好指数,该指数表示每次检测后各试验条件试样的完好程度。

$$I = \frac{\sum fy}{\sum f} \quad \cdots\cdots\cdots\cdots\cdots\cdots\cdots\cdots\cdots\cdots (4)$$

式中:

I——完好指数,即检测时试样平均完好指数;

f——每一级别试样数;

y——分级值。

9 试验报告

试验报告应包括下列内容:

a) 依据标准;

b) 试验单位、试验人;

c) 木材树种;

d) 木材密度;

e) 试样数量;

f) 防腐剂名称、剂型、有效成分及含量;

g) 防腐处理方法和工艺,包含工作液浓度;

h) 个体和平均防腐剂保持量或吸药量;

i) 后处理工艺;

j) 暴露点位置、当地气象条件和土壤类型;

k) 试验日期;

l) 每次检查日期;

m) 每次检查的分级记录;

n) 影响结果的特殊因素。

ICS 79.010
B 71

中华人民共和国国家标准

GB/T 31757—2015

户外用防腐实木地板

Preservative-treated wood decking

2015-07-03 发布

2015-11-02 实施

中华人民共和国国家质量监督检验检疫总局
中国国家标准化管理委员会 发布

前　言

本标准按照 GB/T 1.1—2009 给出的规则起草。

本标准由国家林业局提出。

本标准由全国木材标准化技术委员会(SAC/TC 41)归口。

本标准负责起草单位:上海大不同木业科技有限公司。

本标准参加起草单位:中国林科院木材工业研究所、上海市建筑科学院(集团)有限公司、绍兴奥林木材防腐技术有限公司、上海黎众木业有限公司、河北爱美森木材加工有限公司、湖州丰禾制胶科技有限公司、福建山水木结构有限公司。

本标准主要起草人:陈人望、段新芳、李惠明、张治宇、冯刚、徐贵学、李理、杨晓艳、陈剑灵。

户外用防腐实木地板

1 范围

本标准规定了户外用防腐实木地板的定义、分类、要求、检验方法、检验规则及标识、包装、运输和贮存等。

本标准适用于户外环境中使用的实木地板。

2 规范性引用文件

下列文件对于本文件的应用是必不可少的。凡是注日期的引用文件,仅注日期的版本适用于本文件。凡是不注日期的引用文件,其最新版本(包括所有的修改单)适用于本文件。

GB/T 1931—2009 木材含水率测定方法

GB/T 1936.1—2009 木材抗弯强度试验方法

GB/T 1936.2—2009 木材抗弯弹性模量测定方法

GB/T 2828.1—2012 计数抽样检验程序 第1部分:按接收质量限(AQL)检索的逐批检验抽样计划

GB/T 4823—2013 锯材缺陷

GB/T 15036.2—2009 实木地板 第2部分:检验方法

GB/T 19367—2009 人造板的尺寸测定

GB/T 22102—2008 防腐木材

GB/T 23229—2009 水载型木材防腐剂分析方法

GB/T 27651—2011 防腐木材的使用分类和要求

GB/T 27654—2011 木材防腐剂

3 术语和定义

下列术语和定义适用于本文件。

3.1

户外用防腐实木地板 preservative-treated wood decking

木材经防腐处理,制成定型的适用于户外使用的实木地板。

4 分类

4.1 按表面形状分为:平滑地板、细槽地板、粗槽地板。

4.2 使用环境分类应符合 GB/T 27651—2011 第4章的要求。

5 要求

5.1 常用树种及防腐剂

5.1.1 常用树种:南方松、樟子松、欧洲赤松、辐射松、花旗松、马尾松、柳桉、菠萝格等。

5.1.2 常用防腐剂应符合 GB/T 27654—2011 的各项要求。

5.2 外观质量

根据产品的外观质量分为优等品、合格品两个等级,各等级外观质量应符合表 1 的规定。

表 1 户外用防腐实木地板的外观质量要求

名称	表面		背面
	优等品	合格品	
死节	不允许	直径≤20 mm	最大尺寸不得超过材宽的 40%; 任意材长 1m 范围内个数≤8,且不密集
腐朽	不允许	不允许	面积≤所在材面面积的 15%
端头裂缝	长度≤20 mm	长度≤50 mm	长度≤80 mm
虫眼	不允许	任意材长 1 m 范围内个数≤3, 且不密集	任意材长 1 m 范围内个数≤8,且不密集
缺棱	不允许	最严重缺棱尺寸≤材宽的 15%	最严重缺棱尺寸≤材宽的 40%
斜纹	斜纹倾斜程度≤5%	斜纹倾斜程度≤10%	斜纹倾斜程度≤25%
加工波纹	不允许	不明显	允许

5.3 规格尺寸及偏差

5.3.1 长度:一般为 1 200 mm～2 100 mm;宽度:为 90 mm～150 mm。

5.3.2 厚度:为 20 mm～100 mm。

5.3.3 特殊尺寸:特殊规格尺寸由合同双方协商决定。

5.3.4 偏差:应符合表 2 的规定。

表 2 户外用防腐实木地板的尺寸偏差指标

项 目		尺 寸 偏 差
长度		公称长度≤1 500 mm 时,±3.0 mm
宽度		±1.0 mm
厚度		±1.0 mm
边缘直度		≤1.50 mm/m
翘曲度	长度方向	公称长度≤1 500 mm 时,应≤0.5%;公称长度>1 500 mm 时,应≤0.8%
	宽度方向	≤0.3%

5.4 防腐性能指标

防腐处理质量应符合 GB/T 27651—2011 的 5.2 及 5.3 中对 C3.1 及 C3.2 类的规定,具体要求见表 3、表 4。

表 3 C3.1 及 C3.2 类条件下使用的防腐木材及其制品应达到的载药量

防腐剂	硼化合物[a]	铜氨(胺)季铵盐(ACQ)和微化季铵铜(MCQ)				铜唑(CuAZ)				柠檬酸铜(CC)	CuHDO	戊唑醇(TEB)	唑醇啉(PTI)[e]	8-羟基喹啉铜(Cu-8)	环烷酸铜(CuN)
		MCQ	ACQ-2	ACQ-3	ACQ-4	CuAz-1	CuAz-2	CuAz-3	CuAz-4						
有效成分	三氧化二硼	氧化铜 DDACO3[b]	氧化铜 DDAC[c]	氧化铜 BAC[d]	氧化铜 DDAC[c]	铜硼酸 戊唑醇	铜戊唑醇	铜丙环唑	铜戊唑醇 丙环唑	氧化铜 柠檬酸	氧化铜 硼酸 HDO	戊唑醇	戊唑醇 丙环唑 吡虫啉	铜	铜
C3.1 类	NR	≥4.0	≥4.0	≥4.0	≥4.0	≥3.3	≥1.7	≥1.7	≥1.0	≥4.0	≥2.4	≥0.24	≥0.21	≥0.32	≥0.64
C3.2 类	NR	≥4.0	≥4.0	≥4.0	≥4.0	≥3.3	≥1.7	≥1.7	≥1.0	≥4.0	≥2.4	≥0.24	≥0.29[f]	≥0.32	≥0.64

注：NR 表示不建议使用。

[a] 硼化物：包括硼酸、四硼酸钠、八硼酸钠、五硼酸钠等及其混合物。
[b] DDACO3：二癸基二甲基碳酸铵。
[c] DDAC：二癸基二甲基氯化铵。
[d] BAC：十二烷基苄基二甲基氯化铵。
[e] 无白蚁害条件。
[f] 或 0.21＋防水剂。

表 4 防腐剂在木材边材中的透入率

使用分类	边材透入率
C3.1	≥90％
C3.2	≥90％

5.5 物理性能指标

各项物理力学性能指标应符合表 5 的规定。

表 5 户外用防腐实木地板的物理力学性能指标

项目	单位	性能指标的要求
含水率	％	10～19
静曲强度	MPa	≥40
弹性模量	MPa	≥4 000

6 检验方法

6.1 外观质量检验

外观质量检验按 GB/T 4823—2013 规定执行。

6.2 规格尺寸检验

6.2.1 量具要求

6.2.1.1 钢卷尺,精度为 1 mm。

6.2.1.2 钢板尺,精度为 0.5 mm。

6.2.1.3 千分尺,精度为 0.01 mm。

6.2.1.4 游标卡尺,精度为 0.02 mm。

6.2.1.5 塞尺,精度为 0.01 mm。

6.2.2 长度

按 GB/T 15036.2—2009 中 3.1.2.1 的规定方法进行测定。

6.2.3 宽度

按 GB/T 15036.2—2009 中 3.1.2.2 的规定方法进行测定。

6.2.4 厚度

按 GB/T 15036.2—2009 中 3.1.2.3 的规定方法进行测定。

6.2.5 边缘直度

按 GB/T 19367—2009 中 8.4 的规定方法进行测定。

6.2.6 翘曲度

按 GB/T 15036.2—2009 中 3.1.2.6 的规定方法进行测定。

6.3 防腐质量检验

6.3.1 防腐剂透入度

按 GB/T 27651—2011 中 5.3.3、5.3.4 的规定进行取样。按 GB/T 23229—2009 中第 10 章和第 11 章的规定进行检验。

6.3.2 防腐剂保持量

按 GB/T 27651—2011 中 5.2.3、5.2.4、5.2.5、5.2.6 的规定进行取样。按 GB/T 22102—2008 中附录 A 的规定进行检测。

6.4 物理力学性能检验

6.4.1 试样和试件的制取及尺寸规定

样本及试样应在存放 24 h 以上的产品中抽取。试件的尺寸和数量按图 1、表 6 的要求锯制。

图 1 试样制取示意图

表 6 户外用防腐实木地板物理性能取样及试件尺寸

项目	试件尺寸/mm	试件数量/块	编号	备注
含水率	20.0×板宽	6	1	三块试样上制取
静曲强度	300×20×20	6	2	三块试样上制取 长度为顺纹方向
弹性模量	300×20×20	6		

6.4.2 含水率

按 GB/T 1931—2009 的规定进行。

6.4.3 静曲强度

按 GB/T 1936.1—2009 的规定进行。

6.4.4 弹性模量

按 GB/T 1936.2—2009 的规定进行。

7 检验规则

7.1 检验分类

7.1.1 出厂检验

出厂检验项目包括:外观质量、规格尺寸、物理性能中的含水率、防腐剂的透入度的指标。

7.1.2 型式检验

7.1.2.1 型式检验项目包括本标准的所有指标。

7.1.2.2 有下列情况之一时,应进行型式检验:

a) 当原辅材料或生产工艺发生较大变动时;

b) 长期停产后,恢复生产时;

c) 正常生产时,每年检验不少于两次;

d) 新产品投产或转产时;

e) 质量监督机构提出型式检验要求时。

7.2 抽样方案和判定规则

7.2.1 样本的选择

产品质量检验应在同一批次、同一规格、同一类产品中按规定抽取试样,并对所抽取试样逐一检验,试样均按块数计算。

7.2.2 外观质量

采用 GB/T 2828.1—2012 中的二次抽样方案,检验水平为Ⅱ,接收质量限(AQL)为4.0,见表7。

表 7 外观质量检验抽样方案

批量范围/块	样本	样本大小	累计样本大小	合格判定数	不合格判定数
≤150	第一	13	13	0	3
	第二	13	26	3	4
151~280	第一	20	20	1	3
	第二	20	40	4	5
281~500	第一	32	32	2	5
	第二	32	64	6	7
501~1 200	第一	50	50	3	6
	第二	50	100	9	10
1 201~3 200	第一	80	80	5	9
	第二	80	160	12	13
3 201~10 000	第一	125	125	7	11
	第二	125	250	18	19
注:超过 10 000 块按另批处理。					

7.2.3 规格尺寸及偏差

采用 GB/T 2828.1—2012 中的二次抽样方案,检验水平为Ⅰ,接收质量限(AQL)为4.0,见表8。

表 8 规格尺寸检验抽样方案

批量范围/块	样本	样本大小	累计样本大小	合格判定数	不合格判定数
≤150	第一	5	5	0	2
	第二	5	10	1	2
151~280	第一	8	8	0	2
	第二	8	16	1	2
281~500	第一	8	13	0	3
	第二	8	26	3	4
501~1 200	第一	13	20	1	3
	第二	13	40	4	5
1 201~3 200	第一	32	32	2	5
	第二	32	64	6	7
3 201~10 000	第一	50	50	3	6
	第二	50	100	9	10
注:超过 10 000 块按另批处理。					

7.2.4 防腐质量

防腐质量不合格应双倍抽样复检,复检符合要求为合格品,否则为不合格品。

7.2.5 物理力学性能

成批拨交时,物理力学性能的抽样方案见表9,初检的样本检验结果有某项指标不合格时,允许进行复检一次,按复检抽样张数抽取样本。复检合格判为合格,若仍不合格,判为不合格。

表 9 物理性能检验抽样方案

批量范围/块	初检抽样数/块	复检抽样数/块
≤1 000	5	10
>1 000	10	20

7.3 综合判定

产品外观质量、规格尺寸、防腐性能和物理力学性能检验均符合技术要求时,判该批产品合格,否则判为不合格。

8 产品标识、包装、运输和贮存

8.1 产品标识

应在产品包装、商标或适当的部位标记制造厂名称、产品名称、产品型号、生产日期及产品等级、规格和使用木材树种、木材防腐剂简称、载药量等产品标识。

8.2 包装

产品出厂时应按规格、等级分别包装,应根据产品的特点提供详细的中文安装和维护说明书。

8.3 运输和贮存

产品在运输和贮存过程中应平整堆放、防止污损,不得受潮、淋雨和暴晒。

贮存时应按类别、规格、等级分别堆放,每堆应有相应的标记。

ICS 65.020
B 71

中华人民共和国国家标准

GB/T 31760—2015

铜铬砷（CCA）防腐剂加压处理木材

Chromated copper arsenate (CCA) preservative pressure-treated wood

2015-07-03 发布

2015-11-02 实施

中华人民共和国国家质量监督检验检疫总局
中国国家标准化管理委员会 发布

前　言

本标准按照 GB/T 1.1—2009 给出的规则起草。

本标准由中华人民共和国商务部提出。

本标准由全国木材标准化技术委员会(SAC/TC 41)归口。

本标准起草单位:木材节约发展中心、东莞市瑞和防腐木材有限公司、东莞市天保木材防护科技有限公司、上海大不同木业科技有限公司。

本标准主要起草人:金重为、喻迺秋、邱伟建、李惠明、马守华、陶以明、张少芳、黄裕成。

铜铬砷（CCA）防腐剂加压处理木材

1 范围

本标准规定了铜铬砷（CCA）防腐剂加压处理木材的技术要求、检测方法和检验规则及标识要求。
本标准适用于用CCA防腐剂加压处理的防腐、防虫（蚁）、防海洋钻孔动物木材。

2 规范性引用文件

下列文件对于本文件的应用是必不可少的。凡是注日期的引用文件，仅注日期的版本适用于本文件。凡是不注日期的引用文件，其最新版本（包括所有的修改单）适用于本文件。

GB/T 144 原木检验
GB/T 153 针叶树锯材
GB/T 449 锯材材积表
GB/T 2828.1 计数抽样检验程序 第1部分：按接收质量限（AQL）检索的逐批检验抽样计划
GB/T 4814 原木材积表
GB/T 4817 阔叶树锯材
GB/T 4822—1999 锯材检验
GB/T 22102 防腐木材
GB/T 23229—2009 水载型木材防腐剂的分析方法
GB 50005—2003 木结构设计规范
GB/T 50329—2002 木结构试验方法标准
SB/T 10383 商用木材及其制品标志
SB/T 10404—2006 水载型防腐剂和阻燃剂主要成分的测定
SB/T 10405 防腐木材化学分析前的湿灰化方法
SB/T 10433—2007 木材防腐剂 铜铬砷（CCA）
SB/T 10558—2009 防腐木材及木材防腐剂取样方法

3 技术要求

3.1 外观、尺寸

3.1.1 CCA防腐剂加压处理的木材呈浅绿色（加着色剂的除外），表面应洁净。
3.1.2 针叶树锯材尺寸及允许偏差应符合GB/T 153的规定，或按供需双方的约定执行。
3.1.3 阔叶树锯材尺寸及允许偏差应符合GB/T 4817的规定，或按供需双方的约定执行。
3.1.4 圆木的尺寸及允许偏差按供需双方的约定执行。

3.2 材质

3.2.1 材质指标

CCA防腐剂加压处理木材材质指标及缺陷允许限度应符合GB/T 153和GB/T 4817的规定或按

供需双方的约定执行。

3.2.2 承重结构木材材质

承重结构的 CCA 防腐剂加压处理木材应符合 GB 50005—2003 中 A.1 的规定。

3.3 防腐处理

3.3.1 CCA 防腐剂有 A、B、C 三种类型,其活性成分含量和有关要求应符合 SB/T 10433—2007 中第 3 章的规定。

3.3.2 CCA 防腐剂加压处理木材的使用环境分级按 GB/T 22102 的有关规定执行,具体见表 1。

表 1 CCA 防腐剂加压处理木材使用环境分级

使用分级	使用条件	应用环境	主要生物败坏因子	典型用途
C3.1	户外,但不接触土壤,表面有保护	在室外环境中使用,暴露在各种气候中,包括淋湿,但有油漆等保护避免直接暴露在雨水中	蛀虫、霉菌变色菌、木腐菌、白蚁	户外家具、(建筑)外门窗
C3.2	户外,但不接触土壤,表面无保护	在室外环境中使用,暴露在各种气候中,包括淋湿,但避免长期浸泡在水中	蛀虫、霉菌变色菌、木腐菌、白蚁	(平台、步道、栈道)的甲板、户外家具、(建筑)外门窗
C4.1	户外,接触土壤或浸在淡水中	在室外环境中使用,暴露在各种气候中,且与地面接触或长期浸泡在淡水中	蛀虫、白蚁、木腐菌	围栏支柱、支架、木屋基础、冷却水塔、电杆、矿柱(坑木)
C4.2	户外,接触土壤或浸在淡水中	在室外环境中使用,暴露在各种气候中,且与地面接触长期浸泡在淡水中。难于更换或关键结构部件	蛀虫、白蚁、木腐菌	(淡水)码头护木、桩木、矿柱(坑木)
C5	浸在海水(咸水)中	长期浸泡在海水(咸水)中	海生钻孔动物	海水(咸水)码头护木、桩木、木质船舶

3.3.3 CCA 防腐剂加压处理木材中防腐剂活性成分边材透入率和心材透入深度要求见表 2。

表 2 CCA 防腐剂加压处理木材中防腐剂活性成分边材透入率和心材透入深度

使用分级		边材透入率/%	心材透入深度/mm
C3	1	≥90	—
	2	≥90	—
C4	1	≥90	—
	2	≥95	—
C5		≥95	≥8[a]
注 "—"表示不作要求。			
[a] 表示外露心材。			

3.3.4 在各类条件下使用的 CCA 防腐剂加压处理木材中,CCA 各活性成分及其总和的最低保持量的具体要求见表 3。

表 3 CCA 各活性成分及其总和的最低保持量　　　　单位为千克每立方米

使用分级	总活性成分保持量	CCA－A			CCA－B			CCA－C			各活性成分总和的最低保持量
		CuO	CrO₃	As₂O₅	CuO	CrO₃	As₂O₅	CuO	CrO₃	As₂O₅	
C3.1	4.0	0.66	2.4	0.59	0.72	1.3	1.7	0.67	1.7	1.2	4.0
C3.2	4.0	0.66	2.4	0.59	0.72	1.3	1.7	0.67	1.7	1.2	4.0
C4.1	6.4	1.0	3.8	0.95	1.2	2.1	2.9	1.1	2.7	2.0	6.4
C4.2	9.6	1.6	5.7	1.4	1.7	3.2	4.0	1.6	4.2	2.9	9.6
C5	24.0	3.9	14.0	3.5	4.3	7.9	10.1	4.0	10.0	7.4	24.0

4 检测方法

4.1 尺寸检量

按 GB/T 4822 和 GB/T 144 的有关规定执行,以防腐后检量的尺寸为准,或按委托方和检验检测方的约定执行。

4.2 材积计算

按 GB/T 449 和 GB/T 4814 的规定计算,或按其体积计算公式计算。

4.3 材质等级评定

按 GB/T 4822—1999 中第 6 章的规定执行,或按委托方和检验检测方的约定执行。

4.4 防腐质量检验

4.4.1 取样

取样方法按 SB/T 10558 的规定执行。

4.4.2 保持量测定

检测 CCA 防腐剂加压处理木材中 CCA 活性成分保持量可用容量法,也可用仪器法。

4.4.2.1 容量法

4.4.2.1.1 CCA 防腐剂加压处理木材化学分析前的湿灰化方法按 SB/T 10405 的相关规定执行。

4.4.2.1.2 CCA 防腐剂加压处理木材的湿灰化液中 CCA 防腐剂的活性成分五氧化二砷(As_2O_5)、三氧化铬(CrO_3)、氧化铜(CuO)测定所用的试剂和测定步骤分别按 SB/T 10404—2006 的 8.1、8.2、9.1、9.2、10.1、10.2 的规定执行。

4.4.2.1.3 CCA 防腐剂加压处理木材中各活性成分保持量的计算:

a) 五氧化二砷(As_2O_5)保持量按式(1)计算:

$$R_{As_2O_5} = \frac{0.574\,6 \times V \times V_1 \times d}{m \times V_2} \times 10 \qquad\qquad (1)$$

式中：

$R_{As_2O_5}$ —— CCA 防腐剂加压处理木材样品中 As_2O_5 的保持量，单位为千克每立方米（kg/m^3）；

V —— 溴酸钾标准溶液的滴定用量，单位为毫升（mL）；

V_1 —— CCA 防腐剂加压处理木材湿灰化后稀释定容体积，单位为毫升（mL）；

V_2 —— 测定时所取湿灰化后稀释液体积，单位为毫升（mL）；

m —— 湿灰化所取的 CCA 防腐剂加压处理木粉的质量，单位为克（g）；

d —— 木材的基本密度，单位为克每立方厘米（g/cm^3）；

0.574 6 —— 换算系数。

b) 三氧化铬（CrO_3）保持量按式（2）计算：

$$R_{CrO_3} = \frac{0.666\ 8 \times (V_2 - V_1) \times V_3 \times d}{m \times V_4} \times 10 \quad\cdots\cdots\cdots\cdots\cdots\cdots（2）$$

式中：

R_{CrO_3} ——CCA 防腐剂加压处理木材样品中 CrO_3 的保持量，单位为千克每立方米（kg/m^3）；

V_1 —— 滴定试样溶液时所用的重铬酸钾标准溶液体积，单位为毫升（mL）；

V_2 —— 滴定空白溶液时所用重铬酸钠标准溶液体积，单位为毫升（mL）；

V_3 —— CCA 防腐剂加压处理木材湿灰化后稀释定容体积，单位为毫升（mL）；

V_4 —— 测定时所取湿灰化后稀释液体积，单位为毫升（mL）；

m —— 湿灰化所取的 CCA 防腐剂加压处理木粉的质量，单位为克（g）；

d —— 木材的基本密度，单位为克每立方厘米（g/cm^3）；

0.666 8 —— 换算系数。

c) 氧化铜（CuO）保持量按式（3）计算：

$$R_{CuO} = \frac{7.96 \times V \times c \times V_1 \times d}{m \times V_2} \times 10 \quad\cdots\cdots\cdots\cdots\cdots\cdots（3）$$

式中：

R_{CuO} ——CCA 防腐剂加压处理木材样品中 CuO 的保持量，单位为千克每立方米（kg/m^3）；

V —— 滴定时所用硫代硫酸钠标准溶液的体积，单位为毫升（mL）；

c —— 硫代硫酸钠标准溶液的浓度，单位为摩尔每升（mol/L）；

V_1 —— CCA 防腐剂加压处理木材湿灰化后稀释定容体积，单位为毫升（mL）；

V_2 —— 测定时所取湿灰化后稀释液体积，单位为毫升（mL）；

m —— 湿灰化所取的 CCA 防腐剂加压处理木粉的质量，单位为克（g）；

d —— 木材的基本密度，单位为克每立方厘米（g/cm^3）；

7.96 —— 换算系数。

d) CCA 防腐剂加压处理木材中 CCA 总活性成分保持量按式（4）计算：

$$R_{a.i.} = R_{As_2O_5} + R_{CrO_3} + R_{CuO} \quad\cdots\cdots\cdots\cdots\cdots\cdots（4）$$

式中：

$R_{a.i.}$ ——CCA 防腐剂加压处理木材中 CCA 总活性成分保持量，单位为千克每立方米（kg/m^3）。

4.4.2.2 仪器法

4.4.2.2.1 X 射线荧光能谱仪法

用 X 射线荧光能谱仪法测定 CCA 防腐剂加压处理木材中 CCA 活性成分的保持量按下述步骤进行。

a) 粉碎：将恒重的样品尽快粉碎到通过 30 目标准筛的粉末；

b) 干燥：将 4.4.1 中所取得的样品在（103±2）℃的烘箱中干燥至恒重；

c) 压饼:样品粉末经充分混合均匀后,放到专用样品杯中,用专用的压实器将样品压实。

注:样品的含水率不得超过 3%~5%,样品饼要均匀并有足够的厚度,否则会影响检测结果。

d) 检测:将盛有样品饼的样品杯放到已经安装调试标准化、校正好的 X 射线荧光分析仪的检测窗口,按仪器商提供的操作说明的检测程序检测。

e) 计算:根据检测得到的样品中 CuO、CrO_3、As_2O_5 的百分含量和处理木材的基本密度,按式(5)计算 CCA 防腐剂加压处理木材中 CCA 防腐剂活性成分的保持量。

$$R = w \times d \times 10 \quad\cdots\cdots\cdots\cdots\cdots\cdots(5)$$

式中:

R ——CCA 防腐剂加压处理木材中 CCA 防腐剂活性成分保持量,单位为千克每立方米(kg/m^3);

w ——CCA 防腐剂加压处理木材样品中 CCA 防腐剂活性成分的百分含量总和,%;

d ——试验用木材的基本密度,单位为克每立方厘米(g/cm^3);

10 ——单位换算系数。

4.4.2.2.2 原子吸收光谱法

原子吸收光谱法测定 CCA 防腐剂加压处理木材中铜(Cu)保持量所用的试剂和步骤按 GB/T 23229—2009 中 4.2.1、4.2.2 和 4.2.4 执行。

CCA 防腐剂加压处理木材中铜(Cu)保持量按式(6)计算

$$R_{Cu} = 0.2 \times c_1 \times d / m_2 \quad\cdots\cdots\cdots\cdots\cdots\cdots(6)$$

式中:

R_{Cu}——CCA 腐剂加压处理木材中铜(Cu)的保持量,单位为千克每立方米(kg/m^3);

c_1 ——光谱仪测定的滤液浓度,单位为毫克每升(mg/L);

m_2 ——CCA 防腐剂加压处理木材样品的质量,单位为克(g);

d —— 试验用木材的基本密度,单位为克每立方厘米(g/cm^3)。

4.4.3 CCA 防腐剂透入率和透入深度测定

4.4.3.1 心、边材的区分

CCA 防腐剂加压处理木材的心、边材可以用目测法或化学法区分。

采用化学法区分时按 SB/T 10558—2009 的附录 A 规定执行。

4.4.3.2 边材透入率和心材透入深度的测定

显色法测定:按 GB/T 50329—2002 中附录 E.3 的有关规定执行。

锯切法测定:在样品的横切面上使用求积分仪分别测出边材总面积和 CCA 防腐剂活性成分在边材中透入面积,两个面积值相比即为 CCA 防腐剂活性成分在 CCA 防腐剂加压处理木材中的边材透入率,按式(7)计算。

$$边材透入率(\%) = \frac{防腐剂活性成分在边材中的透入面积}{边材的面积} \times 100\% \quad\cdots\cdots\cdots(7)$$

空心钻测定:木芯用显色法测定边材透入率时,先区分木芯的心边材,再用显色法测定边材透入率。按照防腐剂在木芯边材部分透入的长度与木芯边材的长度之比,计算边材透入率,以百分数表示。

外露心材透入深度按 CCA 防腐剂活性成分透入到外露心材中离表面最小的距离计算。

5 检验规则

5.1 出厂检验

5.1.1 检验项目为外观、尺寸、材质、防腐处理质量等。

5.1.2 尺寸超过偏差时应改锯或按供需双方协商解决。

5.1.3 材质指标或缺陷超过允许限度时,可降等处理。

5.1.4 合格产品应出具质量合格证。

5.2 型式检验

5.2.1 型式检验项目为第3章的全部内容。产品遇有下列情况之一时,应进行型式检验:

 a) 新产品的试制定型鉴定;

 b) 产品结构、工艺、材料有重大改变时;

 c) 连续生产中的产品每年进行一次;

 d) 产品间隔半年再次生产时;

 e) 国家技术监督机构提出进行型式检验的要求时。

5.2.2 型式检验应选择具有资质的检验机构进行。

5.2.3 用作型式检验的产品应从出厂检验合格的产品中抽取。

5.3 抽样方案及判定规则

5.3.1 外观质量抽样方案及判定规则

5.3.1.1 抽样方案

采用 GB/T 2828.1 中的正常检验二次抽样方案,检验水平Ⅱ,接收质量限为 4.0。

5.3.1.2 判定规则

第一次检验的样品数量应等于该抽样方案给出的第一样本量。如果第一样本中发现的不合格品数小于或等于第一接收数,应认为该批是可接收的;如果第一样本中发现的不合格品数大于或等于第一拒收数,应认为该批是不可接收的。

如果第一样本中发现的不合格品数介于第一接收数与第一拒收数之间,应检验由方案给出样本量的第二样本并累计在第一样本和第二样本中发现的不合格品数。如果不合格品累计数小于或等于第二接收数,则判定该批是可接收的;如果不合格品累计数大于或等于第二拒收数,则判该批是不可接收的。

5.3.2 规格尺寸抽样方案及判定规则

5.3.2.1 抽样方案

采用 GB/T 2828.1 中的正常检验二次抽样方案,检验水平Ⅰ,接收质量限为 4.0。

5.3.2.2 判定规则

按 5.3.1.2 判定。

5.3.3 防腐质量、抽样方法及判定规则

按 SB/T 10558 的规定执行。

5.4 综合判定

5.4.1 防腐木材外观质量、规格尺寸、防腐质量的检验结果均符合相应类别和等级的技术要求时,判该批产品合格,否则判断为不合格或降等处理。

5.4.2 对防腐处理质量不合格的木材应加倍复检,复检符合要求为合格品,否则判为不合格品。防腐

质量的判定按 GB/T 22102 规定执行。

5.4.3 防腐处理质量不合格,应重新处理,经复检合格后才允许出厂,或降级处理。

6 标识

出厂的经 CCA 防腐剂加压处理木材应按 SB/T 10383 标识,并应有使用分类代码、储运图示等。

ICS 65.020
B 71

中华人民共和国国家标准

GB/T 31761—2015

铜氨（胺）季铵盐（ACQ）防腐剂
加压处理木材

Alkaline copper quat（ACQ）preservative pressure-treated wood

2015-07-03 发布

2015-11-02 实施

中华人民共和国国家质量监督检验检疫总局
中国国家标准化管理委员会　发布

前　言

本标准按照 GB/T 1.1—2009 给出的规则起草。

本标准由中华人民共和国商务部提出。

本标准由全国木材标准化技术委员会(SAC/TC 41)归口。

本标准起草单位:木材节约发展中心、东莞市瑞和防腐木材有限公司、东莞市天保木材防护科技有限公司、上海大不同木业科技有限公司。

本标准主要起草人:金重为、喻迺秋、邱伟建、李惠明、马守华、陶以明、张少芳、黄裕成。

铜氨(胺)季铵盐(ACQ)防腐剂
加压处理木材

1 范围

本标准规定了铜氨(胺)季铵盐(ACQ)防腐剂加压处理木材的技术要求、检测方法和检验规则及标识要求。

本标准适用于用 ACQ 防腐剂加压处理的防腐、防虫(蚁)木材。

2 规范性引用文件

下列文件对于本文件的应用是必不可少的。凡是注日期的引用文件,仅注日期的版本适用于本文件。凡是不注日期的引用文件,其最新版本(包括所有的修改单)适用于本文件。

GB/T 144　原木检验

GB/T 153　针叶树锯材

GB/T 449　锯材材积表

GB/T 2828.1　计数抽样检验程序　第 1 部分:按接收质量限(AQL)检索的逐批检验抽样计划

GB/T 4814　原木材积表

GB/T 4817　阔叶树锯材

GB/T 4822—1999　锯材检验

GB/T 22102—2008　防腐木材

GB/T 23229—2009　水载型木材防腐剂的分析方法

GB 50005—2003　木结构设计规范

GB/T 50329—2002　木结构试验方法标准

LY/T 1636—2005　防腐木材的使用分类和要求

SB/T 10383　商用木材及其制品标志

SB/T 10404—2006　水载型防腐剂和阻燃剂主要成分的测定

SB/T 10405　防腐木材化学分析前的湿灰化方法

SB/T 10432—2007　木材防腐剂　铜氨(胺)季铵盐(ACQ)

SB/T 10558—2009　防腐木材及木材防腐剂取样方法

3 技术要求

3.1 外观、尺寸

3.1.1 ACQ 防腐剂加压处理固着后的木材呈青绿色至浅褐色(加着色剂的除外),表面应洁净。

3.1.2 针叶树锯材尺寸及允许偏差应符合 GB/T 153 规定,或按供需双方的约定执行。

3.1.3 阔叶树锯材尺寸及允许偏差应符合 GB/T 4817 规定,或按供需双方的约定执行。

3.1.4 圆木的尺寸及允许偏差按供需双方的约定执行。

3.2 材质

3.2.1 材质指标

ACQ 防腐剂加压处理木材材质指标及缺陷允许限度应符合 GB/T 153 和 GB/T 4817 的规定或按供需双方的约定执行。

3.2.2 承重结构木材材质

承重结构的 ACQ 防腐剂加压处理木材应符合 GB 50005—2003 中 A.1 的规定,其中遇重复项目可从严取值。

3.3 防腐处理

3.3.1 ACQ 防腐剂有 A、B、C、D 四种类型,其活性成分含量和有关要求应符合 SB/T 10432—2007 中第 3 章的规定。

3.3.2 ACQ 防腐剂加压处理木材的使用环境分级按 GB/T 22102—2008 的有关规定执行,具体见表 1。

表 1　ACQ 防腐剂加压处理木材使用环境分级

使用分级	使用条件	应用环境	主要生物败坏因子	典型用途
C1	户内,不接触土壤	在室内干燥环境中使用,不受气候和水分的影响	蛀虫	建筑内部及装饰、家具
C2	户内,不接触土壤	在室内环境中使用,有时受潮湿和水分的影响,但不受气候的影响	蛀虫、白蚁、木腐菌	建筑内部及装饰、家具、地下室、卫生间
C3.1	户外,但不接触土壤,表面有保护	在室外环境中使用,暴露在各种气候中,包括淋湿,但有油漆等保护避免直接暴露在雨水中	蛀虫、霉菌变色菌、木腐菌、白蚁	户外家具、(建筑)外门窗
C3.2	户外,但不接触土壤,表面无保护	在室外环境中使用,暴露在各种气候中,包括淋湿,但避免长期浸泡在水中	蛀虫、霉菌变色菌、木腐菌、白蚁	(平台、步道、栈道)的甲板、户外家具、(建筑)外门窗
C4.1	户外,接触土壤或浸在淡水中	在室外环境中使用,暴露在各种气候中,且与地面接触或长期浸泡在淡水中	蛀虫、白蚁、木腐菌	围栏支柱、支架、木屋基础、冷却水塔、电杆、矿柱(坑木)
C4.2	户外,接触土壤或浸在淡水中	在室外环境中使用,暴露在各种气候中,且与地面接触或长期浸泡在淡水中。难于更换或关键结构部件	蛀虫、白蚁、木腐菌	(淡水)码头护木、桩木、矿柱(坑木)

3.3.3 ACQ 防腐剂加压处理木材中防腐剂活性成分边材透入率的要求引用 LY/T 1636 的规定,见表 2。

表 2　ACQ 防腐剂加压处理木材中防腐剂活性成分边材透入率

使用分级	边材透入率/%
C1	≥85
C2	≥85
C3.1	≥90
C3.2	≥90
C4.1	≥90
C4.2	≥95

3.3.4　在各级使用环境中使用的 ACQ 防腐剂加压处理木材中，ACQ 各活性成分及总和的最低保持量的具体要求见表 3。

表 3　ACQ 各活性成分及总和的最低保持量　　　　单位为千克每立方米

使用分级	总活性成分保持量	ACQ-A		ACQ-B		ACQ-C		ACQ-D		各活性成分总和的最低值
		CuO	DDAC	CuO	DDAC	CuO	BAC	CuO	DDAC	
C1,C2,C3.1,C3.2	2.4	0.96	0.96	—	—	—	—	1.26	0.66	2.4
C1,C2,C3.1,C3,2	4.0	—	—	2.1	1.1	2.1	1.1	—	—	4.0
C4.1	6.4	2.6	2.6	3.4	1.8	3.4	1.8	3.4	1.8	6.4
C4.2	9.6	NR	NR	5.1	2.6	5.1	2.6	5.1	2.6	9.6

4　检测方法

4.1　尺寸检量

按 GB/T 4822 和 GB/T 144 的规定执行，以防腐后检量的尺寸为准，或按委托方和检验检测方的约定执行。

4.2　材积计算

按 GB/T 449 和 GB/T 4814 中的规定计算，或按其体积计算公式计算。

4.3　材质等级评定

按 GB/T 4822—1999 中第 6 章的规定执行，或按委托方和检验检测方的约定执行。

4.4　防腐质量检验

4.4.1　ACQ 防腐剂加压处理木材中铜保持量的测定

4.4.1.1　滴定分析法

4.4.1.1.1　取样

取样方法按 SB/T 10558 的规定执行。

4.4.1.1.2 湿灰化处理

ACQ防腐剂加压处理木材在测定氧化铜(CuO)保持量之前需进行湿灰化处理,按 SB/T 10405 中的规定执行。

4.4.1.1.3 ACQ防腐剂加压处理木材中氧化铜(CuO)保持量的测定

ACQ防腐剂加压处理木材中氧化铜(CuO)保持量测定所用的试剂和步骤按 SB/T 10404—2006 中 10.1 和 10.2 执行。

4.4.1.1.4 氧化铜(CuO)保持量的计算

ACQ防腐剂加压处理木材中氧化铜(CuO)保持量按式(1)计算:

$$R_{CuO} = \frac{7.96 \times V \times c \times V_1 \times d}{m \times V_2} \times 10 \qquad \cdots\cdots\cdots\cdots\cdots\cdots\cdots (1)$$

式中:

R_{CuO}——ACQ防腐剂加压处理木材中氧化铜(CuO)的保持量,单位为千克每立方米(kg/m^3);

V ——滴定时所用硫代硫酸钠标准溶液的体积,单位为毫升(mL);

c ——硫代硫酸钠标准溶液的浓度,单位为摩尔每升(mol/L);

V_1 ——ACQ防腐剂加压处理木材湿灰化后稀释定容体积,单位为毫升(mL);

V_2 —— 测定时所取湿灰化后稀释液体积,单位为毫升(mL);

m ——湿灰化时所取 ACQ防腐剂加压处理木材样本质量,单位为克(g);

d —— 试验用木材的基本密度,单位为克每立方厘米(g/cm^3);

7.96——换算系数。

4.4.1.2 原子吸收光谱法

原子吸收光谱法测定 ACQ防腐剂加压处理木材中铜(Cu)保持量所用的试剂和步骤可按 GB/T 23229—2009 中 4.2.1、4.2.2 和 4.2.4 执行。

ACQ防腐剂加压处理木材中铜(Cu)保持量按式(2)计算

$$R_{Cu} = 0.2 \times c_1 \times d / m_2 \qquad \cdots\cdots\cdots\cdots\cdots\cdots\cdots (2)$$

式中:

R_{Cu}——ACQ防腐剂加压处理木材中铜(Cu)的保持量,单位为千克每立方米(kg/m^3);

c_1 ——光谱仪测定的滤液浓度,单位为毫克每升(mg/L);

m_2 ——ACQ防腐剂加压处理木材试样的质量,单位为克(g);

d —— 试验用木材的基本密度,单位为克每立方厘米(g/cm^3)。

4.4.2 ACQ防腐剂加压处理木材中季铵盐(DDAC、BAC)保持量的测定

4.4.2.1 滴定分析

4.4.2.1.1 仪器

4.4.2.1.1.1 10 mL 微量滴定管。

4.4.2.1.1.2 100 mL 具塞量筒。

4.4.2.1.1.3 超声波水浴。

4.4.2.1.1.4 25 mL 具塞聚四氟乙烯萃取瓶。

4.4.2.1.2 试剂

4.4.2.1.2.1 0.004 mol/L 的十二烷基硫酸钠溶液。称取 1.14 g~1.16 g 十二烷基硫酸钠,置于 250 mL 烧杯中,用蒸馏水(约 100 mL)溶解,加入 1 滴三乙醇胺后,全部转入 1 L 容量瓶中,用蒸馏水稀释至刻度。

4.4.2.1.2.2 0.004 mol/L 海明 1622 溶液。称取 1.75 g~1.85 g(精确至 0.1 mg)在(103±2)℃的烘箱中干燥至恒重的海明 1622,置于 250 mL 烧杯中,用蒸馏水溶解后,全部转入 1 L 容量瓶中,用蒸馏水稀释至刻度。(海明 1622:苄基二甲基-2-[2-对-(1,1,3,3-四甲丁基)苯氧-乙氧基]-乙基氯化铵单水合物。)

4.4.2.1.2.3 酸性蓝-1(4,4'-双(二乙氨基)三苯基脱水甲醇-2″,4″-二磺酸单钠)。

4.4.2.1.2.4 溴化底米鎓(3,8-二氨基-5-甲基-6-苯溴化氮杂菲)。

4.4.2.1.2.5 95％乙醇(分析纯)。

4.4.2.1.2.6 混合酸性指示剂贮存液:称取 0.50 g 溴化底米鎓和 0.25 g 酸性蓝-1 置于 100 mL 烧杯中,加 50 mL 50:50 的乙醇水溶液使其溶解后,倒入 250 mL 容量瓶中,用乙醇水溶液淋洗烧杯,洗液一并倒入容量瓶中,再用该乙醇水溶液稀释至刻度。

4.4.2.1.2.7 混合酸性指示剂溶液:加 50 mL 蒸馏水和 20 mL 混合酸性指示剂贮存液于 500 mL 容量瓶中,再加 20 mL 2.5 mol/L 硫酸溶液,用蒸馏水稀释至刻度,倒入棕色试剂瓶中,避光贮存。

4.4.2.1.2.8 三氯甲烷(分析纯)。

4.4.2.1.2.9 浓盐酸(分析纯)。

4.4.2.1.2.10 2.5 mol/L 硫酸溶液。

4.4.2.1.2.11 0.1 mol/L 盐酸-乙醇萃取剂:加 8.33 g 浓盐酸到 1 L 容量瓶中,用 95％乙醇稀释至刻度。

4.4.2.1.3 试样萃取

用植物粉碎机将待测的 ACQ 防腐剂加压处理木材样品粉碎至通过 30 目标准筛。将上述木粉在 (103±2)℃的烘箱中干燥至恒重,称取 1.5 g(精确至 0.001 g)(以 m 表示),置于 30 mL 的具塞聚四氟乙烯萃取瓶中,用移液管准确加入 25 mL 0.1 mol/L 盐酸-乙醇萃取剂(以 V_1 表示)。塞紧盖子,放入超声波浴中萃取 3 h,其间每隔半小时取出一次萃取瓶,摇匀后重新放入超声波水浴继续萃取。萃取结束后,取出,静置冷却,在测定前要使木粉沉降下来(必要时可用离心机分离)。

4.4.2.1.4 分析步骤

4.4.2.1.4.1 试样检测

用移液管准确吸取 5 mL 试样萃取液(以 V_2 表示),加到盛有 20 mL 蒸馏水的 100 mL 具塞量筒中,再用量筒加入 15 mL 三氯甲烷和 10 mL 混合酸性指示剂溶液。

再用移液管准确加入 5 mL 0.004 mol/L 十二烷基硫酸钠溶液,充分混合后,三氯甲烷层应呈粉红色,如果三氯甲烷层呈蓝色,则说明所加的十二烷基硫酸钠溶液的数量不够和萃取液中的季铵盐反应,需再加 5 mL 0.004 mol/L 的十二烷基硫酸钠溶液。

过量的十二烷基硫酸钠用 0.004 mol/L 海明 1622 标准溶液滴定。滴定开始时,每加 2 mL 海明 1622 溶液后,都要塞上盖子充分混合,然后打开盖子,用蒸馏水淋洗盖子,淋洗液流回到量筒中,以免试样损失。待静置分层后,如三氯甲烷层呈粉红色,继续重复上述步骤滴定。

当三氯甲烷/水乳浊液破乳分层加快,三氯甲烷层呈现胭脂红色时,表明滴定终点快要到来,这时要格外小心,要逐滴滴定,充分混合,直到三氯甲烷层的红色完全褪去,变成浅灰蓝色时,即达终点。

记录滴定所耗用的海明 1622 标准溶液的体积(以 V 表示)。当海明 1622 过量时,三氯甲烷层呈蓝色。

4.4.2.1.4.2 空白试验

用 5 mL 0.1 mol/L 盐酸-乙醇萃取剂替代 5 mL 试样萃取液,按上述试样检测的步骤做空白试验(所加的十二烷基硫酸钠溶液的体积和试样检测时相同)。

记录至滴定终点时所消耗的 0.004 mol/L 海明标准溶液的体积(以 V_0 表示)。

4.4.2.1.5 结果计算

ACQ 防腐剂加压处理木材试样中季铵盐的保持量按式(3)计算:

$$R_{QAC} = \frac{(V_0 - V) \times c \times M_w \times V_1 \times d}{m \times V_2} \quad \cdots\cdots\cdots\cdots\cdots\cdots (3)$$

式中:

R_{QAC} ——ACQ 防腐剂加压处理木材试样中季铵盐的保持量,单位为千克每立方米(kg/m³);

V_0 ——空白试验滴定时所耗用的海明 1622 标准溶液的体积,单位为毫升(mL);

V ——试样滴定时所耗用的海明 1622 标准溶液的体积,单位为毫升(mL);

c ——海明 1622 标准溶液的浓度(海明的相对分子质量为 448.1),单位为摩尔每升(mol/L);

V_1 ——萃取 ACQ 防腐剂加压处理木材中季铵盐时所得供分析用提取液总体积,单位为毫升(mL);

V_2 ——测定时所取提取液体积,单位为毫升(mL);

m ——用于萃取的 ACQ 防腐剂加压处理木材试样的质量,单位为克(g);

d ——木材的基本密度,单位为克每立方厘米(g/cm³);

M_w ——季铵盐的摩尔质量,单位为克每摩尔(g/mol):

   $M_w(DDAC) = 362.1$ g/mol;

   $M_w(BAC) = 354.0$ g/mol。

注:BAC 由 80% 的十二烷基二甲基苄基氯化铵和 20% 的十四烷基二甲基苄基氯化铵组成。

4.4.2.2 高效液相色谱法

高效液相色谱法测定 ACQ 防腐剂加压处理木材中 DDAC 或 BAC 保持量所用的仪器、试剂以及操作步骤按 GB/T 23229—2009 中 7.2、7.3、7.4、7.5 和 7.6 的有关规定执行。

ACQ 防腐剂加压处理木材中 DDAC 或 BAC 的保持量按式(4)计算

$$R = c_1 \times 0.002d/m_2 \quad \cdots\cdots\cdots\cdots\cdots\cdots\cdots (4)$$

式中:

R ——ACQ 防腐剂加压处理木材中 DDAC 或 BAC 的保持量,单位为千克每立方米(kg/m³);

c_1 ——抽提液中 DDAC 或 BAC 的浓度,单位为毫克每升(mg/L);

m_2 ——ACQ 防腐剂加压处理木材试样的质量,单位为克(g);

d ——试验用木材的基本密度,单位为克每立方厘米(g/cm³)。

4.4.3 ACQ 防腐剂透入率测定

4.4.3.1 心、边材的区分

ACQ 防腐剂加压处理木材的心、边材可以用目测法或化学法区分。

采用化学法区分时按 SB/T 10558—2009 的附录 A 规定执行。

4.4.3.2 边材透入率的测定

显色法测定:按 GB/T 50329—2002 中附录 E3 的有关规定执行。

锯切法测定:在样品的横切面上使用求积分仪分别测出边材总面积和 ACQ 防腐剂活性成分在边材中透入面积,两个面积值相比即为 ACQ 防腐剂活性成分在 ACQ 防腐剂加压处理木材中的边材透入率,按式(5)计算:

$$边材透入率(\%)=\frac{防腐剂活性成分在边材中的透入面积}{边材的面积}\times 100\% \quad\cdots\cdots\cdots\cdots(5)$$

空心钻测定:木芯用显色法测定边材透入率时,先区分木芯的心边材,再用显色法测定边材透入率。按照防腐剂在木芯边材部分透入的长度与木芯边材的长度之比,计算边材透入率,以百分数表示。

5 检验规则

5.1 出厂检验

5.1.1 检验项目为外观、尺寸、材质、防腐处理质量等。

5.1.2 尺寸超过偏差时应改锯或按供需双方协商解决。

5.1.3 材质指标或缺陷超过允许限度时,可降等处理。

5.1.4 合格产品应出具质量合格证。

5.2 型式检验

5.2.1 型式检验项目为第 3 章的全部内容。产品遇有下列情况之一时,应进行型式检验:

    a) 新产品的试制定型鉴定;

    b) 产品结构、工艺、材料有重大改变时;

    c) 连续生产中的产品每年进行一次;

    d) 产品间隔半年再次生产时;

    e) 国家技术监督机构提出进行型式检验的要求时。

5.2.2 型式检验应选择具有资质的检验机构进行。

5.2.3 用作型式检验的产品应从出厂检验合格的产品中抽取。

5.3 抽样方案及判定规则

5.3.1 外观质量抽样方案及判定规则

5.3.1.1 抽样方案

采用 GB/T 2828.1 中的正常检验二次抽样方案,检验水平Ⅱ,接收质量限为 4.0。

5.3.1.2 判定规则

第一次检验的样品数量应等于该抽样方案给出的第一样本量。如果第一样本中发现的不合格品数小于或等于第一接收数,应认为该批是可接收的;如果第一样本中发现的不合格品数大于或等于第一拒收数,应认为该批是不可接收的。

如果第一样本中发现的不合格品数介于第一接收数与第一拒收数之间,应检验由方案给出样本量的第二样本并累计在第一样本和第二样本中发现的不合格品数。如果不合格品累计数小于或等于第二接收数,则判定该批是可接收的;如果不合格品累计数大于或等于第二拒收数,则判该批是不可接收的。

5.3.2 规格尺寸抽样方案及判定规则

5.3.2.1 抽样方案

采用 GB/T 2828.1 中的正常检验二次抽样方案,检验水平Ⅰ,接收质量限为 4.0。

5.3.2.2 判定规则

按 5.3.1.2 判定。

5.3.3 防腐质量、抽样方法及判定规则

按 SB/T 10558 的规定执行。

5.4 综合判定

5.4.1 防腐木材外观质量、规格尺寸、防腐质量的检验结果均符合相应类别和等级的技术要求时,判该批产品合格,否则判断为不合格或降等处理。

5.4.2 对防腐处理质量不合格的木材应加倍复检,复检符合要求为合格品,否则判为不合格品。防腐质量的判定按 GB/T 22102 规定执行。

5.4.3 防腐处理质量不合格,应重新处理,经复检合格后才允许出厂,或降级处理。

6 标识

出厂的经 ACQ 防腐剂加压处理木材应按 SB/T 10383 标识,并应有使用分类代码、储运图示等。

ICS 79.020
B 71

中华人民共和国国家标准

GB/T 31763—2015

铜铬砷(CCA)防腐木材的处理及使用规范

Code for treatment and use of CCA-treated wood

2015-07-03 发布

2015-11-02 实施

中华人民共和国国家质量监督检验检疫总局
中国国家标准化管理委员会 发布

前　言

本标准按照 GB/T 1.1—2009 给出的规则起草。

本标准由国家林业局提出。

本标准由全国木材标准化技术委员会(SAC/TC 41)归口。

本标准起草单位：中国林业科学研究院木材工业研究所、国际竹藤中心、广东省林业科学研究院、北京林业大学、中国热带农业科学院橡胶研究所、福建省漳平木村林产有限公司、天津市华昊家园景观工程有限公司、四川省恒希木业有限责任公司、东莞市尚源木业有限公司、江苏远大木结构冷却塔有限公司、北京盛华林木材保护科技有限公司、上海大不同木业科技有限公司、河北爱美森木材加工有限公司。

本标准主要起草人：蒋明亮、覃道春、苏海涛、曹金珍、张燕君、李晓文、吴冬平、吴建雄、文庆辉、谭习亨、蒋建中、黄国林、林斌、李理。

铜铬砷(CCA)防腐木材的处理及使用规范

1 范围

本标准规定了铜铬砷(CCA)防腐木材及其制品的处理规程、标识、使用范围、施工、废弃木材的回收及集中处理。

本标准适用于铜铬砷(CCA)处理木材的生产、销售、运输、施工、使用,CCA 防腐处理的竹材可参照使用。

2 规范性引用文件

下列文件对于本文件的应用是必不可少的。凡是注日期的引用文件,仅注日期的版本适用于本文件。凡是不注日期的引用文件,其最新版本(包括所有的修改单)适用于本文件。

GB/T 14091 木材防腐术语

GB/T 22102—2008 防腐木材

GB 22280—2008 防腐木材生产规范

GB/T 27651—2011 防腐木材的使用分类和要求

GB/T 27654—2011 木材防腐剂

LY/T 1925 防腐木材产品标识

3 术语和定义

GB/T 14091 界定的术语和定义适用于本文件。

3.1

CCA 防腐木材 CCA-treated wood

用 GB/T 27654—2011 中 CCA-C 防腐剂处理后干燥的木材。

4 CCA 防腐木材生产、运输、施工中劳动保护的基本要求

4.1 CCA 防腐木材生产过程中的劳动保护应符合 GB 22280—2008 中第 12 章的规定。此外,CCA 防腐木材加压处理后,装卸搬运堆垛刚出罐的木材时,操作工人应穿防水工作服、戴防水手套、戴口罩。

4.2 装卸搬运干燥后的 CCA 防腐木材时,装卸人员应穿工作服、戴手套。

4.3 CCA 防腐木材在施工或必要的锯切时,操作工人应穿工作服、戴手套及口罩。

5 CCA 防腐木材的处理规程

5.1 生产 CCA 防腐木材时,使用的防腐剂应符合 GB/T 27654—2011 中 4.1 的要求。

5.2 CCA 加压处理后应有后真空工艺,防腐车间应有滴液区,收集防腐工作液并回收重复使用,禁止向下水道排放防腐工作液。CCA 防腐车间应明确标示防腐工作区。

5.3 防腐后工作液中的木屑及沉积物应回收存放集中处理,禁止就地焚烧。

5.4 CCA 防腐木材在充分固着前,堆放仓库应通风和防雨水,并且地面采用水泥硬化及防水处理,防止防腐木中的残液、残渣浸入土壤中影响当地地下水系。CCA 防腐木材加压处理后,应进行充分的固着及干燥,才能出厂,出厂时板材的含水率应小于或等于 20%,原木的含水率应小于或等于 25%。

6 CCA 防腐木材的标识

6.1 CCA 防腐木材的标识应符合 LY/T 1925 的要求,每根(件)防腐木材应有永久显著标识,并标注防腐木材的生产年份。

6.2 CCA 防腐木材在装卸及运输时,包装物不应遮盖永久显著标识。

7 CCA 防腐木材的使用范围

7.1 CCA 防腐木材禁止用于室内使用环境,即 GB/T 27651—2011 中 C1 及 C2 的使用分类,包括建筑内部及室内装饰、室内家具等。

7.2 CCA 防腐木材禁止用于室外不与土壤接触的环境,即 GB/T 27651—2011 中 C3.1 及 C3.2 的使用分类,包括栈道、步道、平台地板等,户外吸音板除外。

7.3 CCA 防腐木材禁止用于居住或室外与人直接接触的构件,包括木结构房屋及房屋外平台地板、园林景观、儿童娱乐设施、户外桌椅、户外家具、户外门窗等。

7.4 GB/T 27651—2011 中 C3.2、C4.1、C4.2、C5 使用分类中不与人直接接触的构件使用 CCA 防腐木材的范围见表 1,包括户外吸音板、冷却水塔、矿柱(坑木)、(淡水)码头护木、桩木、海水(咸水)码头护木、木质船舶以及附录 A 中区域Ⅳ内的木屋基础、围栏支柱、支架、电杆等,CCA 防腐木材的处理质量应符合 GB/T 27651—2011 中第 5 章及 GB/T 22102—2008 表 4 的规定。

表 1 CCA 防腐木材的使用范围

使用分类或条件	典型用途
C3.2	仅用于户外吸音板
附录 A 中区域Ⅳ内 C4.1 与土壤接触	木屋基础、围栏支柱、支架、电杆等
C4.1　长期浸在淡水中	冷却水塔等
C4.2	(淡水)码头护木、桩木、矿柱(坑木)等
C5	海水(咸水)码头护木、桩木、木质船舶等

7.5 附录 A 中区域Ⅰ、区域Ⅱ及区域Ⅲ内 C4.1 与土壤接触时不应使用。

8 CCA 防腐木材的施工

8.1 CCA 防腐木材在施工时,应尽量避免锯切而产出粉尘或木屑。若不可避免需要锯切时,粉尘、木屑或废弃物应回收、集中存放、集中处理,禁止就地焚烧;锯切面暴露的心材应远离地面使用,根据使用环境选用防腐剂、防虫剂、防水油漆、防水剂或其他处理剂表面涂刷处理。

8.2 CCA 防腐木材施工时,应尽量保留永久显著标识,以便防腐木材固体废物的回收及处理。

9 废弃 CCA 防腐木材的回收及集中处理

9.1 CCA 防腐木材生产企业、使用者或委托的专门回收企业应负责回收超过服务期限的 CCA 防腐木材并进行集中处理。

9.2 CCA 防腐木材生产企业或委托的专门回收企业应负责回收 5.3 及 8.1 生产过程中木屑沉积物、木屑或废弃物并进行集中处理。

9.3 CCA 防腐木材的施工企业应负责回收施工过程中产生的木屑及废弃物并进行集中处理。

9.4 CCA 防腐木材生产企业对处理数量、处理明细、产品销售及流向应有详细记录,并保留此记录至木材的服务期限后 10 年,便于固体废弃物回收时核查。

附 录 A
（资料性附录）
中国陆地木材生物危害等级区域划分

中国陆地木材生物危害等级区域划分如图 A.1 所示。

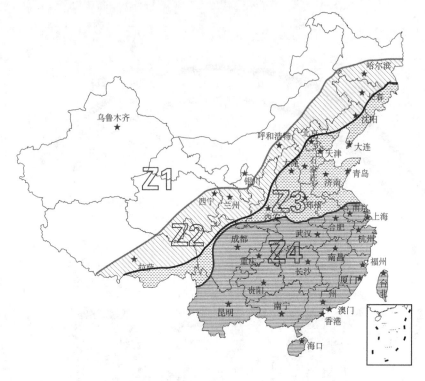

注 1：以上区域划分图引自马星霞，王洁瑛，蒋明亮等，中国陆地木材生物危害等级的区域划分，林业科学，2011，
    47(12)：129-135，并且根据近 2 年的气象资料进行了更新。

注 2：区域Ⅰ(Z1)，低危害地带，包括新疆、西藏西部地区、青海绝大部分地区、甘肃西北部地区、宁夏北部地区、内蒙
    古除突泉至赤峰一带以东地区和加格达奇地区外的绝大部分地区。

注 3：区域Ⅱ(Z2)，中等危害地带，没有白蚁危害。包括西藏中部地区、甘肃和宁夏南部地区、四川北部地区、陕西北
    部地区、辽宁省营口至宽甸一带以北地区、吉林省、黑龙江省。

注 4：区域Ⅲ(Z3)，中等危害地带，有白蚁危害。包括西藏南部地区、四川中部地区、陕西南部地区、湖北北部地区、
    安徽北部地区、江苏、上海、河南、山东、山西、河北、天津、北京、辽宁省营口至宽甸一带以南地区。

注 5：区域Ⅳ(Z4)，严重危害地带，存在乳白蚁。包括云南、四川南部地区、重庆、湖北南部地区、安徽南部地区、浙
    江、福建、江西、湖南、贵州、广西、海南、广东、香港、澳门、台湾。

图 A.1 中国陆地木材生物危害等级区域划分图

ICS 79.020
B 69

GB/T 33041—2016

中华人民共和国国家标准

中国陆地木材腐朽与白蚁危害等级
区域划分

Decay and termite hazard zone for above-ground applications of
wood in China

2016-10-13 发布

2017-05-01 实施

中华人民共和国国家质量监督检验检疫总局
中国国家标准化管理委员会 发布

前　言

本标准按照 GB/T 1.1—2009 给出的规则起草。

本标准由国家林业局提出。

本标准由全国木材标准化技术委员会(SAC/TC 41)归口。

本标准起草单位:中国林业科学研究院木材工业研究所、国家林业局调查规划设计院、成都市白蚁防治研究所、江西农业大学、福建省漳平木村林产有限公司。

本标准主要起草人:马星霞、蒋明亮、王六如、王洁瑛、周海宾、谭速进、王建国、吴冬平。

中国陆地木材腐朽与白蚁危害等级
区域划分

1 范围

本标准根据 Scheffer 气象指数和白蚁分布、种类及危害程度对中国陆地木材腐朽和白蚁危害进行等级区域划分。

本标准适用于室外地上木质材料的防腐设计及室内外木质材料的防白蚁设计。

2 规范性引用文件

下列文件对于本文件的应用是必不可少的。凡是注日期的引用文件,仅注日期的版本适用于本文件。凡是不注日期的引用文件,其最新版本(包括所有的修改单)适用于本文件。

GB/T 14019 木材防腐术语

3 术语和定义

GB/T 14019 界定的以及下列术语和定义适用于本文件。

3.1

Scheffer 气象指数 Scheffer's climate index;SCI

以月平均气温、降水量为 0.1 mm 以上的月平均降水天数为基础计算出的气象数值。

计算公式见式(1):

$$I_{SC} = \frac{\sum_{1月}^{12月}\left[(t-2)(d-3)\right]}{16.7} \quad\cdots\cdots\cdots\cdots\cdots\cdots\cdots(1)$$

式中:

I_{SC}——Scheffer 气象指数;

t ——月平均气温,单位为摄氏度(℃);

d ——每月日降水量≥0.1 mm 的天数,单位为天(d)。

4 中国室外地上木材腐朽危害等级区域

4.1 中国室外地上木材腐朽危害等级区域划分依据

Scheffer 气象指数值高于 70 的为木材腐朽高危害区域(见图 1 的 D3 部分),低于 35 的为木材腐朽低危害区域(见图 1 的 D1 部分),气象指数在 35～70 之间的为木材腐朽中危害区域(见图 1 的 D2 部分)。

分界线上的过渡区域应参考偏重区域划分。

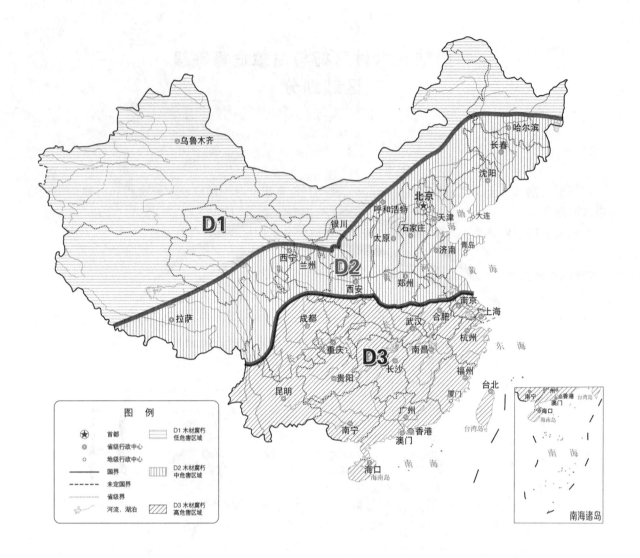

图 1 中国室外地上木材腐朽危害等级区域划分图

4.2 木材腐朽低危害区域

包括新疆、西藏和青海西北部、甘肃西北部、内蒙古西北部、宁夏北部、黑龙江北部。

4.3 木材腐朽中危害区域

包括西藏和青海东南部、云南德钦以北少部分地区、四川西北部、甘肃和宁夏南部、内蒙古东南部、黑龙江南部地区、陕西大部地区、河北、北京、天津、河南大部、山西、山东、吉林、辽宁、安徽北部、江苏北部地区。

4.4 木材腐朽高危害区域

包括云南(除德钦以北少部分地区)、四川东南大部、甘肃武都以南少部分地区、陕西汉中以南少部分地区、河南信阳以南少部分地区、安徽南部、江苏南部、上海、贵州、重庆、广西、湖北、湖南、江西、浙江、福建、广东、海南、香港、澳门、台湾。

5 中国木材白蚁危害等级区域

5.1 中国木材白蚁危害等级区域划分依据

既无黑胸散白蚁（*Reticulitermes chinensis* Snyder）也无台湾乳白蚁（*Coptotermes formosanus* Shiraki)分布的区域为木材白蚁低危害区域（见图 2 的 T1 部分），仅有黑胸散白蚁分布的为木材白蚁中危害区域（见图 2 的 T2 部分）；既有黑胸散白蚁也有台湾乳白蚁分布的区域为木材白蚁高危害区域（见图 2 的 T3 部分）。

分界线上的过渡区域应参考偏重区域划分。

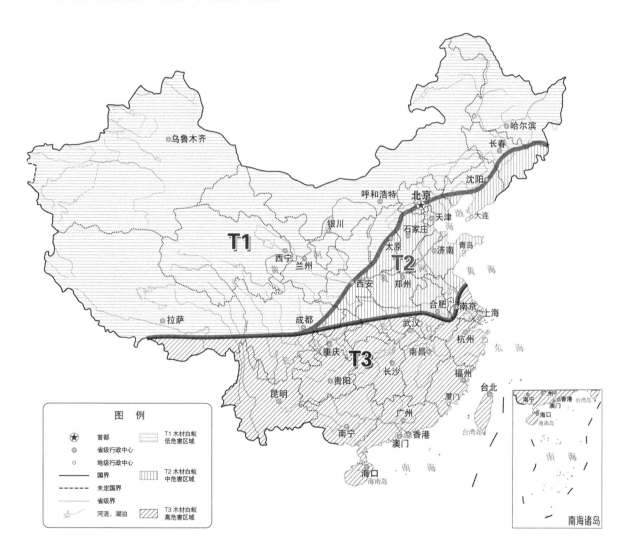

图 2 中国木材白蚁危害等级区域划分图

5.2 白蚁低危害区域

包括新疆、内蒙古、黑龙江、青海、甘肃、宁夏、西藏大部、四川北部、陕西西北部、山西西北部、河北北部、吉林和辽宁西北部。

5.3　白蚁中危害区域

四川东部小部分地区、陕西东南部、湖北西北部、山西东南部、河北南部、北京、天津、河南、山东、安徽北部、江苏北部、吉林和辽宁东南部。

5.4　白蚁高危害区域

包括西藏南方小部分地区、四川南部、重庆、湖北大部分地区、安徽南部、江苏东南部、云南、贵州、广西、湖南、广州、江西、浙江、上海、福建、海南、香港、澳门、台湾。

6　中国陆地木材腐朽与白蚁危害等级区域

6.1　中国陆地木材腐朽与白蚁危害等级区域划分依据

木材腐朽低危害区与白蚁低危害区的重叠区为中国陆地木材腐朽及白蚁低危害区域(见图3的Z1部分),木材腐朽中危害区与白蚁低危害区的重叠区为中国陆地木材腐朽及白蚁中危害区域(见图3的Z2部分),木材腐朽中危害区与白蚁中危害区的重叠区为中国陆地木材腐朽及白蚁高危害区域(见图3的Z3部分),木材腐朽高危害区与白蚁高危害区的重叠区为中国陆地木材腐朽及白蚁严重危害区域(见图3的Z4部分)。

分界线上的过渡区域应参考偏重区域划分。

6.2　中国陆地木材腐朽及白蚁低危害区域

包括新疆、西藏和青海西北部、甘肃西北部、内蒙古西北部、宁夏北部、黑龙江北部。

6.3　中国陆地木材腐朽及白蚁中危害区域

包括西藏中部地区、青海东南部、甘肃和宁夏南部地区、四川西北部地区、内蒙古东南部、陕西和山西北部地区、河北北部、辽宁省和吉林省西北部地区、黑龙江南部。

6.4　中国陆地木材腐朽及白蚁高危害区域

包括西藏南部地区、四川西部少部分地区、云南德钦以北少部分地区、陕西中部地区、山西南部、河北南部、北京、天津、山东、河南、安徽北部、江苏北部、辽宁省和吉林省东南部地区。

6.5　中国陆地木材腐朽及白蚁严重危害区域

包括云南(除德钦以北少部分地区)、四川东南大部、甘肃武都以南少部分地区、陕西汉中以南少部分地区、河南信阳以南少部分地区、安徽南部、江苏南部、上海、贵州、重庆、广西、湖北、湖南、江西、浙江、福建、广东、海南、香港、澳门、台湾。

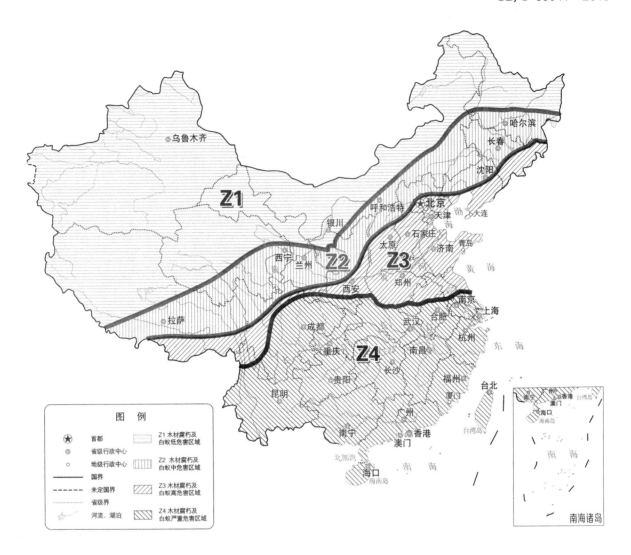

图 3　中国陆地木材腐朽及白蚁危害区域划分图

附　录　A

（资料性附录）

中国不同地区的 Scheffer 气象指数

中国不同地区的 Scheffer 气象指数见表 A.1。

表 A.1　中国不同地区的 Scheffer 气象指数

地点		气象站代码	SCI值	地点		气象站代码	SCI值
安徽	安庆	58424	87	广西	百色	59211	102
	蚌埠	58221	70		桂林	57957	123
	亳州	58102	57		桂平	59254	150
	合肥	58321	79		河池	59023	126
	霍山	58314	98		龙州	59417	132
北京		54511	46		南宁	59431	115
重庆	沙坪坝	57516	117		钦州	59632	152
	酉阳	57633	107		梧州	59265	130
福建	福州	58847	118	贵州	毕节	57707	99
	南平	58834	122		贵阳	57816	102
	厦门	59134	92		兴仁	57902	114
	永安	58921	130		遵义	57713	109
甘肃	敦煌	52418	0	海南	东方	59838	61
	皋兰	52884	36		海口	59758	152
	合作	56080	38		琼海	59855	174
	酒泉	52533	13	黑龙江	安达	50854	37
	崆峒	53915	46		富锦	50788	29
	麦积	57014	52		哈尔滨	50953	40
	民勤	52681	19		海伦	50756	34
	武都	56096	71		呼玛	50353	15
	乌鞘岭	52787	18		鸡西	50978	39
	玉门镇	52436	5		克山	50658	32
广东	广州	59287	138		牡丹江	54094	45
	河源	59293	132		嫩江	50557	28
	汕头	59316	108		齐齐哈尔	50745	34
	汕尾	59501	118		尚志	50968	33
	韶关	59082	129		绥芬河	54096	37
	阳江	59663	143		孙吴	50564	18

表 A.1（续）

地点		气象站代码	SCI值	地点		气象站代码	SCI值
黑龙江	通河	50963	27	辽宁	本溪	54346	47
河北	泊头	54618	40		朝阳	54324	41
	承德	54423	46		大连	54662	38
	怀来	54405	46		丹东	54497	49
	乐亭	54539	35		锦州	54337	43
	石家庄	53698	49		沈阳	54342	45
河南	安阳	53898	46		营口	54471	40
	卢氏	57067	62		彰武	54236	44
	信阳	57297	78	内蒙古	阿巴嘎旗	53192	20
	郑州	57083	52		阿尔山	50727	0
	驻马店	57290	66		巴林左旗	54027	38
湖北	恩施	57447	112		巴彦诺尔公	52495	18
	老河口	57265	79		博克图	50632	29
	武汉	57494	77		赤峰	54218	43
	宜昌	57461	99		达茂旗	53352	26
湖南	常德	57662	98		东乌珠穆沁	50915	21
	长沙	57687	97		多伦县	54208	34
	永州	57866	107		鄂托克旗	53529	29
	芷江	57745	101		二连浩特	53068	20
吉林	长春	54161	42		海拉尔	50527	9
	临江	54374	48		呼和浩特	53463	39
	前郭尔罗斯	50949	39		化德	53391	35
	四平	54157	45		吉兰泰	53502	11
	延吉	54292	48		林西县	54115	40
江苏	东台	58251	71		通辽	54135	38
	赣榆	58040	56		图里河	50434	0
	南京	58238	74		乌拉特中旗	53336	24
	徐州	58027	54		锡林浩特	54102	22
江西	赣县	57993	114		西乌珠穆沁	54012	18
	吉安	57799	108		扎鲁特旗	54026	37
	景德镇	58527	100		朱日和	53276	23
	南昌	58606	94	宁夏	盐池	53723	29
	南城	58715	111		银川	53614	19

表 A.1（续）

地点		气象站代码	SCI 值	地点		气象站代码	SCI 值
青海	达日	56046	21	四川	马尔康	56172	84
	大柴旦	52713	16		松潘	56182	64
	都兰	52836	22		万源	57237	90
	刚察	52754	33		温江	56187	108
	格尔木	52818	9		西昌	56571	93
	贵南	52955	42		宜宾	56492	129
	冷湖	52602	4	天津		54527	38
	玛多	56033	5	新疆	阿勒泰	51076	3
	曲麻莱	56021	23		巴楚	51716	7
	托托河	56004	20		富蕴	51087	0
	西宁	52866	47		哈密	52203	0
	玉树	56029	55		和布克赛尔	51156	20
陕西	汉中	57127	84		和田	51828	0
	泾河	57131	53		精河	51334	6
	延安	53845	48		喀什	51709	7
	榆林	53646	37		克拉玛依	51243	14
山东	成山头	54776	38		库车	51644	11
	定陶	54909	49		奇台	51379	2
	惠民县	54725	45		若羌	51777	0
	济南	54823	56		莎车	51811	0
	潍坊	54843	47		塔中	51747	0
	兖州	54916	47		铁干里克	51765	0
山西	大同	53487	38		吐鲁番	51573	0
	介休	53863	42		乌鲁木齐	51463	6
	太原	53772	43		伊宁	51431	22
	原平	53673	45	西藏	拉萨	55591	52
	运城	53959	48	云南	楚雄	56768	72
上海	宝山	58362	84		德钦	56444	48
四川	甘孜	56146	65		昆明	56778	85
	高坪	57411	120		澜沧	56954	152
	会理	56671	83		丽江	56651	87
	九龙	56462	88		临沧	56951	133
	理塘	56257	48		蒙自	56985	99

表 A.1（续）

地点		气象站代码	SCI 值	地点		气象站代码	SCI 值
云南	思茅	56964	131	台湾	台北		143
	腾冲	56739	134		台东		76
浙江	定海	58477	96		台南		88
	杭州	58457	100		台中		67
	衢州	58633	105	香港			88
	瑞安	58752	123	澳门			94
台湾	高雄		70				

注：气象数据来源于中国 194 个基准地面气象观测站及自动站（http://cdc.cma.gov.cn/）（中国气象科学数据共享服务网）中《中国地面国际交换站气候资料月值数据集》2003—2012 年的数据，台湾、香港和澳门的气象数据来源于网页（http://www.climate-zone.com/）中提供的 8 年的数据。

ICS 87.040
G 51

中华人民共和国建筑工业行业标准

JG/T 434—2014

木结构防护木蜡油

Wood wax oil finish for wood structures

2014-06-12 发布
2014-12-01 实施

中华人民共和国住房和城乡建设部　发　布

前　言

本标准按照 GB/T 1.1—2009 给出的规则起草。

本标准由住房和城乡建设部标准定额研究所提出。

本标准由住房和城乡建设部建筑结构标准化技术委员会归口。

本标准负责起草单位：木材节约发展中心、中国物流与采购联合会木材与木制品质量监督检验测试中心。

本标准参加起草单位：中国木材保护工业协会、中国木材与木制品流通协会木材防腐专业委员会、君子兰化工（上海）有限公司、上海班百赫涂料有限公司、北京双弛同达科技发展有限公司、沭阳县东湖油品有限公司、北京盛华林木材保护科技有限公司、北京都仕林科技有限公司。

本标准主要起草人：唐镇忠、喻迺秋、江浩沁、肖广平、方兆红、张海林、黄国林、陶以明、马守华、陶新胜、张少芳、沈长生、党文杰、颜景奇、戚士龙。

木结构防护木蜡油

1 范围

本标准规定了木结构防护木蜡油的术语和定义、分类、要求、试验方法、检验规则及标志、包装、运输和贮存等。

本标准适用于木结构及装饰用竹、木材料防护用木蜡油生产、检验和使用。

2 规范性引用文件

下列文件对于本文件的应用是必不可少的。凡是注日期的引用文件,仅注日期的版本适用于本文件。凡是不注日期的引用文件,其最新版本(包括所有的修改单)适用于本文件。

GB/T 1723 涂料粘度测定法

GB/T 1725 色漆、清漆和塑料 不挥发物含量的测定

GB/T 1726—1979 涂料遮盖力测定法

GB/T 1727 漆膜一般制备法

GB/T 1728—1979 漆膜、腻子膜干燥时间测定法

GB/T 1731 漆膜柔韧性测定法

GB/T 1732 漆膜耐冲击性测定法

GB/T 1741 漆膜耐霉菌性测定法

GB/T 1762 漆膜回粘性测定法

GB/T 1766 色漆和清漆 涂层老化的评级方法

GB/T 1771 色漆和清漆 耐中性盐雾性能的测定

GB/T 1865 色漆和清漆 人工气候老化和人工辐射曝露 滤过的氙弧辐射

GB/T 2828.1 计数抽样检验程序 第1部分:按接收质量限(AQL)检索的逐批检验抽样计划

GB/T 3186 色漆、清漆和色漆与清漆用原材料 取样

GB/T 4893.1 家具表面耐冷液测定法

GB/T 4893.3 家具表面耐干热测定法

GB/T 6682 分析实验室用水规格和试验方法

GB/T 6739 色漆和清漆 铅笔法测定漆膜硬度

GB/T 6753.1 色漆、清漆和印刷油墨 研磨细度的测定

GB/T 8170 数据修约规则与极限数值的表示和判定

GB/T 9278 涂料试样状态调节和试验的温湿度

GB/T 9286—1998 色漆和清漆 漆膜的划格试验

GB/T 9750 涂料产品包装标志

GB/T 9754 色漆和清漆 不含金属颜料的色漆漆膜的20°、60°和85°镜面光泽的测定

GB/T 13491 涂料产品包装通则

GB/T 15104 装饰单板贴面人造板

GB 18581 室内装饰装修材料 溶剂型木器涂料中有害物质限量

GB 18582 室内装饰装修材料 内墙涂料中有害物质限量

HG/T 2458　涂料产品检验、运输和贮存通则

3　术语和定义

下列术语和定义适用于本文件。

3.1

木蜡油　wood wax oil finish

专门用于木材的新型环保半封闭式涂料,主要由天然树脂、动植物油(脂)、蜡、分散介质等构成,对木材具有一定的渗透性和成膜性,起到防护和美观作用。

3.2

透明性木蜡油　clear wood wax oil finish

可以加入透明着色剂,涂于基材表面,干燥后不覆盖基材原有纹理的木蜡油。

3.3

遮盖性木蜡油　painted wood wax oil finish

加入颜料或填料,涂于基材表面,干燥后能覆盖其原有纹理,并能提高其耐候性的木蜡油。

4　分类

木蜡油按以下性能进行分类:
a)　按遮盖性能不同分为:透明性木蜡油和遮盖性木蜡油。
b)　按光泽不同分为:亮光木蜡油、半哑光木蜡油和哑光木蜡油。

5　要求

木蜡油应符合表1的规定。

表 1　木蜡油要求

项　目		透明性木蜡油	遮盖性木蜡油
在容器中状态		无异常	
施工性能		正常	
涂膜外观		正常	
细度/µm		≤ 20	≤ 40
不挥发物含量/%		≥ 40	
黏度(23 ℃±2 ℃,涂-4 杯)/s		≥ 18	≥ 23
干燥时间 (23 ℃±2 ℃)	表干/h	2～6	
	实干/h	≤24	
附着力(划格间距 2 mm)/级		≤1	
铅笔硬度		≥B	
遮盖力/(g·m⁻²)		—	50
打磨性		易打磨	

表 1（续）

项　目		透明性木蜡油	遮盖性木蜡油
回黏性		不回黏	
柔韧性/mm		$\leqslant 1$	
耐冲击性		涂层无裂纹、皱纹及剥落	
光泽（60°）	亮光	$\geqslant 60$	
	半哑光	$20 \sim 60$	
	哑光	$\leqslant 20$	
耐水性(24 h,常温,三级水)		无异常	
耐酸性(5%硫酸溶液,48 h)		无异常	
耐碱性(50 g/L NaHCO$_3$溶液,1 h)		无异常	
耐干热性[(70±2)℃,15 min]/级		$\leqslant 2$	
储存稳定性	结皮性(24 h)	不结皮	
	沉降性[(50±2)℃,7 d]	无异常	
人工加速老化试验(168 h)/级		失光、变色$\leqslant 3$;粉化、开裂、气泡和剥落$\leqslant 1$	
耐盐雾性(平板试样,72 h)		不起泡、不脱落、不开裂	
防霉抗菌性能/级		$\leqslant 1$	
游离甲醛/(mg·kg^{-1})		未检出	
挥发性有机化合物(VOC)含量[a]/(g·L^{-1})		$\leqslant 450$	
苯[a]/%		$\leqslant 0.1$	
甲苯、二甲苯和乙苯总和[a]/%		$\leqslant 1.0$	
游离二异氰酸酯[a]/%		未检出	
重金属(限遮盖性木蜡油)/(mg·kg^{-1})	可溶性铅	—	$\leqslant 90$
	可溶性镉	—	$\leqslant 75$
	可溶性铬	—	$\leqslant 60$
	可溶性汞	—	$\leqslant 60$
[a]　按照产品明示的施工配比混合后测定。如稀释剂的使用量为某一范围时,应按照产品施工配比规定的最大稀释比例混合后进行测定。			

6　试验方法

6.1　试验条件

6.1.1　取样

取样应符合 GB/T 3186 的规定。

6.1.2 试验环境

试板的状态调节和实验的温湿度应符合 GB/T 9278 的规定。

6.1.3 试验样板的制备

各项目检验用底材及涂装应符合表 2 的规定。可采用喷涂或商定的其他方法进行涂装。样板制备条件与本标准的规定不同时,应在试验报告中注明。

表 2　各项目检验用底材及涂装要求

检验项目	底材	尺寸/mm	施涂要求
涂膜外观、附着力、打磨性、耐水性、耐酸性、耐碱性	浅色贴面胶合板ᵃ(符合 GB/T 15104—2006),使用前应在 6.1.2 环境条件下放置 7 d 以上	150×70	涂刷两遍,第一遍涂刷量为(0.8±0.1)g·dm⁻²;间隔 24 h 后涂刷第二遍;第二遍涂刷量为(0.7±0.1)g·dm⁻²,饰面外观项目放置 24 h 后测试,其他项目应放置 7 d 后测试
耐干热性		150×150	
干燥时间、铅笔硬度、回黏性	马口铁板	120×50×(0.2~0.3)	涂刷一遍,干膜厚度为(23±3)μm,光泽项目应放置 48 h 后测试,硬度项目应放置 7 d 后测试
光泽	玻璃板(透明性木蜡油测光泽时,应采用喷有无光黑漆的玻璃板)	150×100×3	
人工气候老化试验	钢板	150×70×(0.8~1.5)	施涂两道,每道应间隔 24 h
ᵃ　推荐采用白桦、白枫木、白橡木等浅色树种。			

6.1.4 试验用水

所用试剂均应为化学纯以上,所用水均应符合 GB/T 6682 规定的三级水,试验用溶液在试验前应预先调整到试验所需温度。

6.2 在容器中状态

打开容器,用调刀或搅棒搅拌,允许容器底部有沉淀,若经搅拌易于混合均匀,可评定为"搅拌混合后无硬块或无异常"。

6.3 施工性能

将涂料稀释至流出时间为 18 s～23 s(涂-4 杯黏度计),按照 GB/T 1727 中的涂刷法制备样板,涂刷第一道后,应在室温下放置 30 min 后,涂刷第二道。如第二道涂刷操作没有明显阻力,无明显拉丝、气泡等现象,可评定为"正常"。

6.4 涂膜外观

样板在散射日光下目视观察,如饰面均匀,无流挂、发花、针孔、开裂和剥落等饰面病态,可评定为"正常"。

6.5 细度

应按照 GB/T 6753.1 有关规定执行。

6.6 不挥发物含量

应按照 GB/T 1725 有关规定执行,试验温度为 105 ℃,时间为 2 h。

6.7 黏度

应按照 GB/T 1723 有关规定执行。

6.8 干燥时间

表干和实干应分别按 GB/T 1728—1979 表干中乙法和实干中甲法的规定执行。

6.9 附着力

应按 GB/T 9286 有关规定执行,划格间距为 2 mm。

6.10 铅笔硬度

应按照 GB/T 6739 有关规定执行,所用铅笔为中华牌101绘图铅笔。

6.11 遮盖力

应按照 GB/T 1726—1979 甲法的规定执行。

6.12 打磨性

饰面实干后,应在(60±2)℃条件下干燥 1 h 取出,冷却至室温,用320#砂纸手工打磨后评定。

6.13 回黏性

应按照 GB/T 1762 有关规定执行。

6.14 柔韧性

应按照 GB/T 1731 有关规定执行。

6.15 耐冲击性

应按照 GB/T 1732 有关规定执行。

6.16 光泽

应按照 GB/T 9754 有关规定执行。

6.17 耐水性

应按 GB/T 4893.1 有关规定执行。试液应为蒸馏水,试验区域取每块板的中间部位,在每个试验区域上分别放上 5 层滤纸片,试验过程中需保持滤纸湿润,必要时在玻璃罩和试板接触部位涂上凡士林加以密封。24 h 后去掉滤纸,吸干,放置 2 h 后在日光下目测,如 3 块试板中有 2 块未出现起泡、开裂、剥落等饰面病态现象,但允许出现轻微变色和轻微光泽变化,则评为"无异常"。如出现以上饰面病态现象,应按 GB/T 1766 进行描述。

6.18 耐酸性

试液为 5％硫酸溶液。试验 48 h 后去掉滤纸,用水冲洗后吸干,放置 1 h 后观察。测评方法同耐水性。

6.19　耐碱性

试液为 50 g/L NaHCO₃ 溶液,试验 1 h 后去掉滤纸,用水冲洗后吸干,放置 1 h 后观察。测评方法同耐水性。

6.20　耐干热性

应按 GB/T 4893.3 有关规定执行。试验温度为(70±2)℃,试验时间为 15 min。

6.21　贮存稳定性

6.21.1　结皮性

按以下方式检验:

a)　将试样约 90 mL 倒入 120 mL 带盖广口瓶中,立即盖好瓶盖并密封好。将瓶放在(23±2)℃的环境条件下的暗处 24 h 后,取出瓶,打开瓶盖目视检查。

b)　检查方法:将瓶倾斜,并用玻璃棒触及试样的表面,检查表层的流动性。如表层保持液态时,可评为"不结皮"。

6.21.2　沉降性

将约 0.5 L 的样品装入密封良好的铁罐中,罐内留有约 10% 的空间,密封后放入(50±2)℃恒温干燥箱中,7 d 后取出在(23±2)℃下放置 3 h,如有结皮,应小心去除结皮,然后按照 6.2 检查"在容器中状态",如果搅拌后均匀无硬块,则认为"无异常"。

6.22　人工气候老化(168 h)

应按照 GB/T 1865—2009 中方法 1:循环 A 模式的规定执行,结果评定应按 GB/T 1766 有关规定执行。

6.23　耐盐雾性(平板试样,72 h)

应按照 GB/T 1771 有关规定执行。

6.24　防霉抗菌性

应按照 GB/T 1741 有关规定执行。

6.25　游离甲醛、挥发性有机化合物、游离二异氰酸酯及重金属含量

应按照 GB 18581 和 GB 18582 的有关规定执行。

7　检验规则

7.1　检验分类

产品检验分为出厂检验和型式检验。

7.2　抽样及结果判定

由生产企业的质检部门按 GB/T 2828.1 的规定抽样检验,检验结果的判定按 GB/T 8170 中修约值

比较法进行。

7.3 出厂检验

7.3.1 产品出厂检验合格后方可出厂。

7.3.2 出厂检验项目包括:在容器中状态、细度、不挥发物含量、黏度、干燥时间、涂膜外观、光泽。

7.3.3 应检项目的检验结果均达到第 5 章要求时,则判定为该批产品检验合格。

7.3.4 合格产品应出具质量合格证。

7.4 型式检验

7.4.1 产品遇有下列情况之一时,应进行型式检验:

    a) 新产品的试制定性鉴定;

    b) 产品结构、工艺、材料有重大改变时;

    c) 连续生产中的产品每年进行一次;

    d) 产品间隔半年及以上再次生产时。

7.4.2 型式检验项目包括表 1 所列的全部要求。

7.4.3 型式检验中有不合格项目时,应进行双倍抽样复检;如仍不合格,则判定该批产品不合格。

8 标志、包装、运输和贮存

8.1 标志

按 GB/T 9750 的规定执行。

8.2 包装

按 GB/T 13491 中一级包装要求的规定执行。

8.3 运输

按 HG/T 2458 的规定执行。

8.4 贮存

产品贮存时应保持通风、干燥,防止日光直接照射并应隔绝火源,远离热源。产品应根据类型确定贮存期,并在包装标志上明示。

———————————————

ICS 01.075
B 71

中华人民共和国林业行业标准

LY/T 1925—2010

防腐木材产品标识

Brands of preservative-treated wood

2010-02-09 发布   2010-06-01 实施

国家林业局   发布

前　言

本标准由全国木材标准化技术委员会提出并归口。

本标准负责起草单位：中国林业科学研究院木材工业研究所。

本标准参加起草单位：广东省林业科学研究院、北京诚信锦林装饰材料有限公司。

本标准主要起草人：蒋明亮、苏海涛、金重为、方务新、林兴付、马守华。

防腐木材产品标识

1 范围

本标准规定了水载型及有机溶剂型防腐剂处理材的产品标识,不包括木材防腐油处理材的标识。

本标准适用于国内防腐木材的生产、销售、施工、使用及质量监督。

2 规范性引用文件

下列文件中的条款通过本标准的引用而成为本标准的条款。凡是注日期的引用文件,其随后所有的修改单(不包括勘误的内容)或修订版均不适用于本标准,然而,鼓励根据本标准达成协议的各方研究是否可使用这些文件的最新版本。凡是不注日期的引用文件,其最新版本适用于本标准。

GB/T 14019 木材防腐术语

LY/T 1635 木材防腐剂

LY/T 1636 防腐木材的使用分类和要求

SB/T 10383 商用木材及其制品标志

3 术语和定义

GB/T 14019 中确立的术语和定义适用于本标准。

4 防腐木材产品标识内容

4.1 生产厂家编号或商标

在生产厂家编号实施前,可使用汉字商标、英文商标替代生产厂家编号。

4.2 所使用的防腐剂

标注防腐剂的简称,常用防腐剂对应的简称如下:

铜铬砷:CCA-C;

烷基铵化合物:AAC;

二癸基二甲基氯化铵:DDAC;

十二烷基苄基二甲基氯化铵:BAC;

硼化合物:B;

季铵铜:ACQ-1、ACQ-2、ACQ-3、ACQ-4;

铜唑:CuAz-1、CuAz-2;

酸性铬酸铜:ACC;

柠檬酸铜:CC;

戊唑醇:TEB;

丙环唑:PPZ;

环丙唑醇:CYP;

百菌清:CTL;

8-羟基喹啉铜:Cu8 或 Cu oxine;

环烷酸铜:CuN 或 Cu naphthenate;

氯菊酯:PMT 或 permethrin;

联苯菊酯:BFT 或 bifenthrin;

氯氰菊酯:CPMT 或 cypermethrin。

其他水载型及有机溶剂型防腐剂可以按照防腐剂主要成分英文通用名标注。

4.3 防腐木材适用的使用分类等级

根据 LY/T 1636 的规定,防腐木材适用的使用分类等级分为 C1、C2、C3、C4A、C4B、C5。

4.4 防腐木材树种

防腐木材树种标识代码一般为 3 个字母,树种属名拉丁文第一个和最后一个字母,第三个字母为种名的第一字母;若有变种,第四个字母为变种的第一字母;若不能确定种名,只能确定属名,应标注属名2 字母以及 SP 共 4 个字母。举例如下:

ASSP　冷杉:*Abies spp.*

CAL　杉木:*Cunninghamia lanceolata*

LXSP　落叶松:*Larix spp.*

PASP　云杉:*Picea spp.*

PSC　扭叶松:*Pinus contora*

PSE　湿地松:*Pinus elliottii*

PSK　红松:*Pinus koraiensis*

PSM　马尾松:*Pinus massoniana*

PSP　长叶松:*Pinus palustris*

PSR　辐射松:*Pinus radita*

PSS　欧洲赤松:*Pinus sylvestris*

PSSM　樟子松:*Pinus sylvestris* var. *mongolica*

PST　火炬松:*Pinus taeda*

TAH　西部铁杉:*Tsuga heterophylla*

TAC　东部铁杉:*Tsuga canadensis*

TAM　高山铁杉:*Tsuga mertensiana*

ESSP　桉树:*Eucalyptus spp.*

HAB　橡胶木:*Hevea brasiliensis*

4.5 防腐剂登记号

此登记号为防腐木材所使用的防腐剂在国家主管部门的登记号。在防腐剂登记制度建立之前,可不标注。

4.6 防腐剂载药量

防腐剂载药量单位为千克/立方米(kg/m³),一般保留 2 位有效数字,如果超过 10,则保留 3 位有效数字。

4.7 防腐木材生产时间

防腐木材生产时间以生产年份标注。

4.8 干燥方法

防腐处理后的干燥方法,窑干燥:KD;气干:AD 或不标注。

5 标注内容、示例、尺寸大小及要求

5.1 标注内容

防腐木材应标注的标识为 4.1、4.2、4.3、4.4 共 4 项,在防腐剂登记制度建立之后,应增加 4.5,其他 3 项 4.6、4.7、4.8 由防腐木材生产单位自愿选择标注。

5.2 标注位置及示例

JINLIN	—— 生产厂家商标
ACQ-3	—— 所使用防腐剂的简称
C3	—— 防腐木材的使用分类等级
PSSM	—— 防腐木材树种
4.0	—— 防腐剂载药量
2006	—— 防腐木材生产年份
KD	—— 干燥方法

5.3 标注尺寸大小及方法

标识字体应清晰,标注尺寸≥2.0 cm×3.0 cm。CCA 及 ACC 处理材,每块(根)均需标注。

除 CCA 及 ACC 之外,其他防腐剂处理材,厚度 4.5 cm 及以上的板材,每块(根)均需标注;厚度 4.5 cm 以下的板材,每包均需标注,如果无包装,每块(根)均需标注。

除 CCA 及 ACC 之外,其他防腐剂处理材,如果在室内使用,可使用纸质标签标注。

若防腐木材产品在室外使用,应使用耐久性标注,例如使用耐久性油墨标注或塑料标签,或者使用烙铁将标识烙印在木材表面。

6 其他防腐木材产品的标识

如果使用 LY/T 1635 及 LY/T 1636 中未包括的室外用木材防腐剂,生产厂家应在国内典型气候条件下进行野外耐久试验,确定适用的使用分类等级时合理的载药量及透入度,标识中应包括此防腐剂的载药量及透入度。

ICS 79.060
B 70

中华人民共和国林业行业标准

LY/T 2230—2013

人造板防霉性能评价

Standard method of evaluating the resistance of wood-based panels to mold

2013-10-17 发布
2014-01-01 实施

国 家 林 业 局 发布

前　言

本标准按照 GB/T 1.1—2009 给出的规则起草。

请注意本文件的某些内容可能涉及专利。本文件的发布机构不承担识别这些专利的责任。

本标准由全国人造板标准化技术委员会(SAC/TC198)提出并归口。

本标准起草单位：中国林业科学研究院木材工业研究所、罗宾有限公司、德华兔宝宝装饰新材股份有限公司、浙江升华云峰新材股份有限公司。

本标准主要起草人：马星霞、付跃进、夏静弟、余钢、詹先旭、顾水祥。

人造板防霉性能评价

1 范围

本标准规定了人造板的防霉性能检验方法和人造板防霉质量分级。

本标准适用于人造板的防霉性能检验和评价。

2 规范性引用文件

下列文件对于本文件的应用是必不可少的。凡是注日期的引用文件，仅注日期的版本适用于本文件。凡是不注日期的引用文件，其最新版本（包括所有的修改单）适用于本文件。

GB/T 1741 漆膜耐霉菌性测定法

GB/T 18261—2013 防霉剂对木材霉菌及变色菌防治效力的试验方法

3 术语和定义

GB/T 1741 和 GB/T 18261—2013 界定的以及下列术语和定义适用于本文件。

3.1

防霉人造板 mold-resistant wood-based panels

人造板材表面霉菌生长分级为 0 级或 1 级的人造板。

4 人造板防霉性能检验方法

4.1 仪器设备与器皿

4.1.1 蒸汽高压灭菌器：最高设计温度 138 ℃，最高设计压力 0.25 MPa。

4.1.2 超净工作台：洁净等级不低于 100 级。

4.1.3 恒温恒湿培养箱：控温范围（0～65）℃，控湿范围 60%～90%。

4.1.4 天平：感量 0.01 g。

4.1.5 移液器：1 000 μL。

4.1.6 离心机：转速≥5 000 r/min。

4.1.7 生物光学显微镜：40×～400×。

4.1.8 血球计数板：医学和微生物学实验用。

4.1.9 培养皿：直径 90 mm。

4.1.10 酒精灯、烧杯、镊子等。

4.2 主要材料及准备

4.2.1 无菌滤纸

定性试纸，尺寸为（25±1）mm×（25±1）mm，置于 121℃、0.1 MPa 压力蒸汽灭菌器中保持 30 min 灭菌后备用。

4.2.2 灭菌处理

培养皿、试管和移液器枪头等需要灭菌的用品,使用前需用普通报纸或牛皮纸袋包装好后,置于压力蒸汽灭菌器中,用温度 121℃、压力 0.1 MPa,灭菌 30 min。

4.3 试剂和培养基

4.3.1 消毒剂:75%乙醇溶液。

4.3.2 润湿剂:吐温 80、N-甲基乙磺酸(N-methyltaurine)、二辛磺化丁二酸钠(Dioctyl Sodium Sulphosuccinate)中任选一。

4.3.3 察氏(Czapek)培养基:

——硝酸钠($NaNO_3$),2.0 g;

——磷酸氢二钾(K_2HPO_4),1.0 g;

——氯化钾(KCl),0.5 g;

——硫酸镁($MgSO_4 \cdot 7H_2O$),0.5 g;

——硫酸亚铁($FeSO_4$),0.01 g;

——蔗糖,30 g。

取上述成分加入 1 000 mL 0.05%润湿剂水溶液中,加热溶解后,用 0.1 mol/L NaOH 溶液调节 pH 使其在(25±1)℃时 pH 为 6.5,分装后置压力蒸汽灭菌器内 121 ℃、0.1 MPa 压力灭菌 30 min。

上述 1 000 mL 培养液中加入 15 g 琼脂,加热熔化,用 0.1 mol/L NaOH 溶液调节 pH 使其在(25±1)℃时 pH 为 6.5,配制固体培养基,分装后置压力蒸汽灭菌器内 121 ℃、0.1 MPa 压力灭菌 30 min。

4.3.4 马铃薯-葡萄糖培养基(PDA):

——去皮马铃薯,200 g;

——蔗糖,(20~30)g;

——琼脂,(15~20)g;

——蒸馏水,1000 mL。

洗净去皮马铃薯 200 g,切成小块,加水适量煮沸 30 min 后过滤,在过滤液中加入葡萄糖 20 g、琼脂(20~25)g,加水定容至 1 000 mL,再加热,待琼脂溶化后分装在 3 个 500 mL 细口三角瓶内,瓶口加棉花塞并包防水纸,置于蒸汽灭菌器中,压力 0.1 MPa,温度 121 ℃,灭菌 30 min。灭菌后的培养基先放于无菌室或超净台上冷却至不烫手时,倒入已灭菌的培养皿(直径 10 cm)中,每个培养皿(15~20)mL,制成平板培养基备用。

4.4 检验菌种

人造板防霉性能检验菌种见表 1。

表 1 人造板的防霉性能检验菌种

序 号	菌 种 名 称
1	黑曲霉 *Aspergillus niger* V. Tiegh
2	黄曲霉 *Aspergillus flavus* LK.
3	桔青霉 *Penicillam citrinum* Thom

表 1（续）

序　号	菌　种　名　称
4	绿色木霉　*Trichoderma viride* Pers. ex Fr.
5	出芽短梗霉　*Aureobasidium pullulans*（de Bary）Arn.
6	球毛壳菌　*Chaetomium globosum* Kunze ex Fr.
注：根据用户要求，还可适当增加其他菌种作为检验菌种，但所用菌种均需由国家级菌种保藏管理中心提供。	

4.5　试件制作与处理

与受检样品试件相同的材料、相同的加工工艺制成的空白对照人造板，裁制尺寸为（50±1）mm×（50±1）mm，厚度为公称厚度，编号为 A。受检人造板试件尺寸与 A 相同，编号为 B。以上各类试件数量均不少于 6 个。检验前应在超净工作台进行表面消毒，用 75％乙醇溶液擦拭样品表面，1 min 后用无菌水冲洗，自然干燥后备用。

4.6　检验步骤

4.6.1　菌种活化

将保藏菌种接种在 PDA 培养基中，培养（7～14）d，在菌丝长满皿之前制备孢子悬浮液。每次制备孢子悬浮液必须使用新培养的霉菌孢子。

4.6.2　混合孢子悬浮液的制备

按 GB/T 18261—2013 中 4.5.3 的规定进行。

4.6.3　平板培养基的制备

培养皿中注入查氏琼脂培养基，厚度（3～6）mm，凝固后 48 h 内使用。

4.6.4　霉菌活性控制

无菌滤纸铺在平板培养基上，用装有新制备的混合孢子悬浮液的喷雾器喷孢子悬浮液 1.0 mL，使其充分均匀地喷在培养基和滤纸上。在温度（28±2）℃，相对湿度（80±5）％的条件下培养 14 d，滤纸上应明显有菌生长，否则应重新制备孢子悬浮液。

4.6.5　试件检验

4.6.5.1　将空白对照试件（A）和受检试件（B）同时分别铺在培养基上，每一培养皿放置一块试件。喷孢子悬浮液 1.0 mL，使其充分均匀地喷在培养基和样品上。每组 3 个试件。在温度（28±2）℃，相对湿度（80±5）％的条件下培养 28 d。

4.6.5.2　观测试件上表面霉菌生长状况，空白对照样（A）长霉面积应大于等于整个上表面积的 10％，否则不能作为该检验的空白对照样品，整个检验需重做。

4.6.5.3　表面未见霉点的样品取出时需立即在生物光学显微镜下进行观察。

4.6.6　二次检验

按 4.6.1～4.6.5 重复进行二次检验。

4.7 检验结果

取两次检验每组试件上霉菌感染面积的平均值作为霉菌感染的分级值。霉菌感染分级见表2。

表 2 人造板试件表面霉菌生长分级表

分级值	霉菌生长描述	霉菌生长情况
0	未长	表面没有霉菌生长,低倍(50×)生物光学显微镜下观察也未见霉菌生长
1	痕迹生长	试件表面有少许菌丝,但感染面积≤10%
2	轻微生长	霉菌菌丝轻微生长,试件表面感染面积>10%但≤30%
3	中度生长	霉菌菌丝中度生长,试件表面感染面积>30%但≤60%
4	严重生长	霉菌菌丝严重生长,试件表面感染面积>60%

5 人造板防霉质量分级

人造板防霉质量分级见表3。表面霉菌生长分级0级或1级的人造板为防霉人造板。

表 3 人造板防霉质量分级

质 量 分 级	霉菌生长分级值
0级(强防霉级)	0
1级(防霉级)	1

ICS 71.100.50
B 71
备案号：21287—2007

中华人民共和国国内贸易行业标准

SB/T 10432—2007

木材防腐剂　铜氨（胺）季铵盐（ACQ）

Wood preservatives—Ammonical Copper Quat（ACQ）

2007-07-24 发布

2007-12-01 实施

中华人民共和国商务部　　发布

SB/T 10432—2007

前　言

本标准由中华人民共和国商务部提出并归口。

本标准负责起草单位：木材节约发展中心。

本标准参加起草单位：木材节约发展中心、东莞天保木材防护科技有限公司、长春市新阳光防腐木业有限公司、上海大不同木业有限公司、广州市天河新恺木材防腐厂。

本标准主要起草人：金重为、喻逦秋、马守华、陶以明、张祖雄、邱伟建。

本标准为首次发布。

木材防腐剂　铜氨(胺)季铵盐(ACQ)

1 范围

本标准规定了铜氨(胺)季铵盐(ACQ)木材防腐剂的要求、试验、标志、包装、运输和贮存等。

本标准适用于以非水溶性的二价铜化合物、季铵盐为原料,在氨(胺)溶液中制得的水载型复合木材防腐剂。

ACQ木材防腐剂适用于处理建筑用材、园林景观用材、矿用木材以及其他与土壤和淡水接触的木材以达到防腐、防虫(蚁)危害的目的。

2 规范性引用文件

下列文件中的条款通过本标准的引用而成为本标准的条款。凡是注日期的引用文件,其随后所有的修改单(不包括勘误的内容)或修订版均不适用于本标准,然而,鼓励根据本标准达成协议的各方研究是否可使用这些文件的最新版本。凡是不注日期的引用文件,其最新版本适用于本标准。

SB/T 10404—2006　水载型防腐剂和阻燃剂主要成分的测定

3 要求

3.1　外观:深蓝色清澈液体,无沉淀物。

3.2　有效成分应符合表1要求。

表1　ACQ木材防腐剂有效成分表

有效成分	指　　标[c]			
	ACQ-A	ACQ-B	ACQ-C	ACQ-D
铜(以CuO计)/%	45.5~54.5(50.0)	62.0~71.0(66.7)	62.0~71.0(66.7)	62.0~71.0(66.7)
季铵盐(以DDAC计)[a]/%	45.5~54.5(50.0)	29.0~38.0(33.3)	—	29.0~38.0(33.3)
或季铵盐(以BAC计)[b]/%	—	—	29.0~38.0(33.3)	—

　　a　DDAC为双癸基二甲基氯化铵或双癸基二甲基碳酸铵。

　　b　BAC为十二烷基二甲基苄基氯化铵或十二烷基二甲基苄基碳酸铵。

　　c　括号内的数值为代表性值。

3.3　pH值:8~11。

3.4　二价铜化合物原料应该是纯度超过95%(无水基)的碱式碳酸铜、氧化铜等,不能用硫酸铜、氯化铜等水溶性铜盐。

3.5　在以DDAC计的季铵盐中,双癸基二甲基氯化铵或双癸基二甲基碳酸铵的含量应不少于90%;在以BAC计的季铵盐中,烷基链长为C12和C14的烷基二甲基苄基氯化铵或十二烷基二甲基苄基碳酸铵的含量应不少于80%。

3.6　ACQ-B采用氨水作溶剂,ACQ-D采用乙醇胺作溶剂,其他型号可以采用氨水或乙醇胺作溶剂。在用乙醇胺作溶剂时,乙醇胺的质量应为氧化铜的2.75±0.25倍。在用氨水作溶剂时,氨的质量至少为氧化铜的1倍。

4 试验

4.1 取样

4.1.1 组批

每批产品的最小取样数量符合表2要求。

表 2 每批产品的最小取样数量表

一批产品的总件数	取样的件数
≤10	1
11~20	2
21~260	每增加20件增抽1件，不到20件按20件计
≥261	15

4.1.2 取样

采用随机取样的方法取样，先将选中的产品桶中的防腐剂搅拌均匀后，用清洁干燥的取样器从每桶产品的上、中、下部（即从产品高度的1/4、1/2、3/4处）等量采样，所取试样总量不得少于300 mL。

将取得的所有试样混合均匀后，等量装入两个清洁干燥密封良好的磨口瓶中，瓶上标签注明产品名称、批次、取样日期和取样人员姓名。一瓶用于分析检验，另一瓶留样备查。留样保存期为两个月。

4.1.3 样品制备

称取经充分混合的ACQ木材防腐剂样品4 g（精确至0.001 g）（A溶液）至锥形瓶中，用水稀释至100 g（精确至0.01 g）（B溶液）。

4.2 试验方法

4.2.1 试剂

检验中所使用的水除特别注明外均为蒸馏水或去离子水。所用的化学试剂除特别注明外，均为分析纯级的化学试剂。

4.2.2 铜的含量测定

4.2.2.1 碘量法

按GB/T 10404—2006第10章规定执行。

4.2.2.2 EDTA滴定法

4.2.2.2.1 试剂

　　a) 10％醋酸水溶液；

　　b) 0.1％甲基百里酚蓝指示剂；

　　c) 0.05 mol/L EDTA标准溶液。

4.2.2.2.2 测定

称取B溶液10 g（精确至0.001 g）（C溶液），放入250 mL的锥形瓶中，加40 mL水和3 mL 10％醋酸溶液，加入1 mL甲基百里酚蓝指示剂溶液，混合均匀，此时，溶液呈深蓝色。慢慢用EDTA溶液滴定至颜色从蓝色变成浅绿色。记录所用去的EDTA溶液的体积。

4.2.2.2.3 计算

样品的稀释倍数，按式（1）计算：

$$DF = \frac{m_B}{m_A} \qquad \cdots\cdots\cdots\cdots\cdots\cdots\cdots (1)$$

式中：

DF——样品的稀释倍数；

m_A——A溶液质量，单位为克（g）；

m_B——B 溶液质量,单位为克(g)。

样品中铜的含量,以氧化铜计,按式(2)计算:

$$w_{CuO} = \frac{V \times c_{EDTA} \times 7.955 \times DF}{m_C} \qquad\qquad (2)$$

式中:

w_{CuO}——样品中氧化铜的百分含量,%;

V——滴定所用 EDTA 标准溶液的体积,单位为毫升(mL);

c_{EDTA}——EDTA 标准溶液的摩尔浓度,单位为摩尔每升(mol/L);

m_C——C 溶液质量,单位为克(g)。

4.2.3 季铵盐(DDAC、BAC)的含量测定

4.2.3.1 仪器装置

a) 50 mL A 级滴定管;

b) 125 mL 锥形瓶;

c) 分析天平,灵敏度为 0.000 1 g;

d) 5 mL 移液管;

e) 250 mL 容量瓶和 1 000 mL 容量瓶;

f) 25 mL 量筒。

4.2.3.2 试剂

a) 0.002 5 mol/L 的四苯硼钠溶液;

b) 0.1% 2′,7′-二氯荧光黄指示剂溶液;

c) 0.004 mol/L 的海明1622(Hyamine)溶液:在 105℃ 的温度下将海明 1622 烘干至恒重,然后称取 1.75 g~1.85 g(精确至 0.1 mg),溶解在水中,转移到容量瓶中并稀释到 1 000 mL;

d) 20% 磷酸溶液。

4.2.3.3 四苯硼钠溶液的标定

a) 准确吸取 10 mL 的海明 1622 溶液,置于 125 mL 的锥形瓶中;

b) 加入 25 mL 水和 7 滴 2′,7′-二氯荧光黄指示剂溶液;

c) 用四苯硼钠溶液慢慢滴定;

d) 溶液呈柠檬绿色时即为终点,通常在终点前会有沉淀出现。

4.2.3.4 分析步骤

a) 称取含 0.01 g 季铵盐的样品(精确到 0.000 1 g),放入 125 mL 锥形瓶中;

b) 加入 25 mL 水;

c) 用滴加法加入 20% 磷酸溶液,将溶液中和至 pH≈7,这可以通过溶液颜色从深蓝色变为浅蓝色的沉淀判断,并用 pH 试纸检测,以确保溶液已经中和,避免加酸过量;

d) 向溶液中加 14 滴 2′,7′-二氯荧光黄指示剂溶液,该溶液将呈浅粉红色;

e) 用四苯硼钠(STPB)溶液滴定至出现柠檬绿色,即达终点。记录下四苯硼钠(STPB)溶液的用量(mL)。

4.2.3.5 计算

海明 1622 标准溶液浓度,按式(3)计算:

$$c_1 = \frac{m}{448.1} \qquad\qquad (3)$$

式中:

c_1——海明 1622 标准溶液的摩尔浓度,单位为摩尔每升(mol/L);

m——海明 1622 的质量,单位为克(g);

448.1——海明 1622 的相对分子质量,单位为克每摩尔(g/mol)。

四苯硼钠标准溶液浓度,按式(4)计算:

$$c_2 = \frac{c_1 \times v_1}{v_2} \quad\quad\cdots\cdots\cdots\cdots\cdots\cdots\cdots\cdots\cdots (4)$$

式中:

c_2——四苯硼钠标准溶液的浓度,单位为摩尔每升(mol/L);

c_1——海明 1622 标准溶液的摩尔浓度,单位为摩尔每升(mol/L);

v_1——滴定时吸取海明标准溶液的体积,单位为毫升(mL);

v_2——滴定时四苯硼钠溶液的用量,单位为毫升(mL)。

试样中二癸基二甲基氯化铵(DDAC)或烷基二甲基苄基氯化铵(BAC)的质量分数,以%表示,按式(5)计算:

$$w = \frac{v \times c \times Mw}{10 \times m} \quad\quad\cdots\cdots\cdots\cdots\cdots\cdots\cdots\cdots (5)$$

式中:

w——样品中 DDAC 或 BAC 的质量分数,%;

v——滴定所用四苯硼钠标准溶液的体积,单位为毫升(mL);

c——滴定所用四苯硼钠标准溶液的浓度,单位为摩尔每升(mol/L);

m——样品质量,单位为克(g);

Mw——季铵盐相对分子质量,单位为克每摩尔(g/mol)。

        DDAC(二癸基二甲基氯化铵)的 $Mw = 362.1$(g/mol)

        BAC(烷基二甲基苄基氯化铵)的 $Mw = 354.0$(g/mol)

4.2.4 pH 值的测定

用蒸馏水将 ACQ 木材防腐剂稀释成含 2%有效成分的稀溶液,用玻璃电极酸度计、自动电位滴定仪或其他等效的方法测定,精确至小数点后一位。

5 标志、包装、运输和贮存

5.1 ACQ 木材防腐剂包装桶上标签应清楚地标明:生产厂名、厂址、产品名称、型号、有效成分含量、注册商标、净重、生产日期、生产批号、产品标准号和产品简要说明。

5.2 ACQ 木材防腐剂用塑料桶或其他符合相应标准要求的材料包装。

5.3 运输过程中应防漏、防火、防潮,不应与食物、饲料等混合装运。

5.4 贮存在清洁、阴凉、干燥和通风的仓库中,不应与食物、饲料等混合存放。

ICS 71.100.50
B 71
备案号:21288—2008

中华人民共和国国内贸易行业标准

SB/T 10433—2007

木材防腐剂 铜铬砷(CCA)

Wood preservatives—Chromated Copper Arsenate(CCA)

2007-07-24 发布

2007-12-01 实施

中华人民共和国商务部 发 布

前　言

本标准由中华人民共和国商务部提出并归口。

本标准负责起草单位:木材节约发展中心。

本标准参加起草单位:木材节约发展中心、铁道部鹰潭木材防腐厂、广州市天河新恺木材防腐厂、长春市新阳光防腐木业有限公司、东莞市瑞和防腐木材有限公司。

本标准主要起草人:喻迺秋、马守华、陶以明、范良森、钱晓航、徐云辉。

本标准为首次发布。

木材防腐剂　铜铬砷(CCA)

1　范围

本标准规定了铜铬砷(CCA)木材防腐剂的要求、采样、检验方法、标志、包装、运输和贮存等。

本标准适用于以铜、铬、砷的化合物为原料制得的水载型复合防腐剂。

CCA 木材防腐剂适用于建筑用材、园林景观用材、矿用木材、铁道枕木、船用木材、海洋用材及其他工业用材和农用木材等的防腐、防虫(蚁)、防海生钻孔动物处理。

2　规范性引用文件

下列文件中的条款通过本标准的引用而成为本标准的条款。凡是注日期的引用文件,其随后所有的修改单(不包括勘误的内容)或修订版均不适用于本标准,然而,鼓励根据本标准达成协议的各方研究是否可使用这些文件的最新版本。凡是不注日期的引用文件,其最新版本适用于本标准。

SB/T 10404—2006　水载型防腐剂和阻燃剂主要成分的测定

3　要求

3.1　外观:棕黄色膏状体或深棕色液体。

3.2　CCA 木材防腐剂可分为 A、B、C 三类,有效成分含量应符合表 1 要求。

表 1　CCA 木材防腐剂有效成分表

有效成分	指　　标[a]		
	A 型	B 型	C 型
氧化铜(CuO)/%	16.0~20.9 (18.1)	18.0~22.0 (19.6)	17.0~21.0 (18.5)
三氧化铬(CrO₃)/%	59.4~69.3 (65.5)	33.0~38.0 (35.3)	44.5~50.5 (47.5)
五氧化二砷(As₂O₅)/%	14.7~19.7 (16.4)	42.0~48.0 (45.1)	30.0~38.0 (34.0)

^{a}　括号内的数值为代表性值。

3.3　pH 值:A 型为 1.6~2.7,B 型和 C 型为 1.6~2.5(有效成分浓度为 2.0%,20℃)。

3.4　原料纯度≥95%(无水基)。

3.5　二价铜化合物原料可用:硫酸铜、碱式碳酸铜、氧化铜或氢氧化铜。六价铬化合物原料可用:重铬酸钾、重铬酸钠或三氧化铬。五价砷化合物原料可用:五氧化二砷、砷酸、砷酸钠或焦砷酸钠。但不允许使用硫酸铜-铬酸-五氧化二砷组合来配制 CCA 木材防腐剂。

4　试验

4.1　取样

4.1.1　组批

每批产品的最小取样数量符合表 2 要求。

表 2　每批产品的最小取样数量表

一批产品的总件数	取样的件数
≤10	1
11~20	2
21~260	每增加 20 件增抽 1 件,不到 20 件按 20 件计
≥261	15

4.1.2　取样

采用随机取样的方法取样,先将选中的产品桶中的防腐剂搅拌均匀后,用清洁干燥的取样器从每桶产品的上、中、下部(即从产品高度的 1/4、1/2、3/4 处)等量取样,所取试样总量不得少于 300 mL。

将取得的所有试样混合均匀后,等量装入两个清洁干燥密封良好的磨口瓶中,瓶上标签注明产品名称、批次、取样日期和取样人员姓名。一瓶用于分析检验,另一瓶留样备查,留样保存期为两个月。

4.1.3　样品制备

容量法测定铜、铬、砷含量时的样品制备方法,按照 SB/T 10404—2006 第 5 章规定执行。

4.2　试验方法

4.2.1　容量法测定铜、铬、砷含量

分别按照 SB/T 10404—2006 第 10 章、第 9 章、第 8 章规定执行。

4.2.2　X 射线荧光能谱仪测定铜、铬、砷含量

4.2.2.1　试剂

a)　氧化铜,分析纯;

b)　三氧化铬,分析纯;

c)　五氧化二砷,分析纯;

d)　蒸馏水或去离子水。

4.2.2.2　仪器设备

a)　X 射线荧光能谱仪;

b)　实验用高剪切乳化机;

c)　分析天平,灵敏度为 0.000 1 g。

4.2.2.3　标准曲线制定

按标准配方分别准确称取氧化铜、三氧化铬、五氧化二砷,配制成有效成分含量分别为 1%、2%、3%、4%、5% 的 CCA 标准溶液。

将标准溶液装入样品杯至 3/4 容积。分析仪设置分析状态,用分析仪分别测定上述 CCA 标样的浓度,制定标准曲线。

4.2.2.4　样品的测定

将样品稀释至有效成分浓度约为 3%,摇匀,装入样品杯至 3/4 容积。

分析仪设置分析状态,用分析仪测定上述 CCA 的浓度,打印出铜、铬、砷元素测定结果。

4.2.2.5　计算

有效成分的含量,用式(1)计算。

$$w = (w_{CuO} + w_{CrO_3} + w_{As_2O_5}) \times DF \quad \cdots\cdots (1)$$

式中:

w——有效成分总含量,%;

w_{CuO}——打印结果中读出的氧化铜含量,%;

w_{CrO_3}——打印结果中读出的氧化铬含量,%;

$w_{As_2O_5}$——打印结果中读出的五氧化二砷含量,%;

DF——样品稀释倍数。

4.3 pH 值的测定

CCA 木材防腐剂应用蒸馏水稀释至约 2% 有效成分含量的稀溶液进行测定,可用玻璃电极酸度计、自动电位滴定仪或其他等效的方法测定,精确至小数点后一位。

5 标志、包装、运输和贮存

5.1 CCA 木材防腐剂包装桶上标签应清楚地标明:生产厂名、厂址、产品名称、型号、有效成分含量、注册商标、净重、生产日期、生产批号、产品标准号和产品简要说明。

5.2 CCA 木材防腐剂用塑料桶或其他符合相应标准要求的材料包装。

5.3 运输过程中应防漏、防火、防潮,不应与食物、饲料等混合装运。

5.4 贮存在清凉、阴凉、干燥和通风的仓库中,不应与食物、饲料等混合存放。

ICS 71.100.50
B 71
备案号：21289—2007

中华人民共和国国内贸易行业标准

SB/T 10434—2007

木材防腐剂 铜硼唑-A 型（CBA-A）

Wood preservative—Copper Boron Azole-Type A(CBA-A)

2007-07-24 发布　　　　　　　　　　　　2007-12-01 实施

中华人民共和国商务部　　发 布

前　言

本标准由中华人民共和国商务部提出并归口。

本标准负责起草单位：木材节约发展中心。

本标准参加起草单位：木材节约发展中心、东莞天保木材防护科技有限公司、考伯斯-奥麒木材保护有限公司、长春市新阳光防腐木业有限公司、上海大不同木业有限公司。

本标准主要起草人：金重为、喻迺秋、马守华、陶以明、张祖雄、邱伟建。

本标准为首次发布。

木材防腐剂　铜硼唑-A 型（CBA-A）

1 范围

本标准规定了铜硼唑-A 型（CBA-A）木材防腐剂的要求、试验、标识、包装、运输和贮存等。

本标准适用于以非水溶性的二价铜化合物、硼化合物和唑类化合物为主要活性成分,溶解在乙醇胺和表面活性剂中制得的水载型复合木材防腐剂。

CBA-A 木材防腐剂适用于处理建筑用材、园林景观用材、矿用木材以及其他与土壤和淡水接触的木材,以达到防腐、防虫(蚁)的目的。

2 要求

2.1 外观:深蓝色液体,无沉淀物。

2.2 有效成分应符合表 1 要求。

表 1　CBA-A 木材防腐剂有效成分表

有效成分	指　　标[a]
铜(以 Cu 计)/(%)	44.0～54.0(49)
硼(以 H_3BO_3 计)/(%)	44.0～54.0(49)
唑(以戊唑醇计)/(%)	1.8～2.8(2)
[a]　括号内的数值为代表性值。	

2.3 pH 值:8～11。

2.4 二价铜化合物原料应该是纯度高于 95%(无水基)的碱式碳酸铜、氧化铜等,不能用硫酸铜、氯化铜等水溶性铜盐。戊唑醇(无水基)原料的纯度应高于 95%。硼酸(无水基)的纯度应高于 99.5%。

2.5 配制 CBA-A 防腐剂时,乙醇胺质量应为铜质量的(3.8±0.2)倍。

3 试验

3.1 取样

3.1.1 组批

每批产品的最小取样数量符合表 2 要求。

表 2　每批产品的最小取样数量

一批产品的总件数	取样的件数
≤10	1
11～20	2
21～260	每增加 20 件增抽 1 件,不到 20 件按 20 件计
≥261	15

3.1.2 取样

采用随机取样的方法取样,先将选中的产品桶中的防腐剂搅拌均匀后,用清洁干燥的取样器从每桶产品的上、中、下部(即从产品高度的 1/4、1/2、3/4 处)等量取样,所取试样总量不得少于 300 mL。

将取得的所有试样混合均匀后,等量装入两个清洁干燥密封良好的磨口瓶中,瓶上标签注明产品名称、批次、取样日期和取样人员姓名。一瓶用于分析检验,另一瓶留样备查,留样保存期为两个月。

3.1.3 样品制备

3.1.3.1 测定铜的含量时,称取经充分混合的 CBA-A 木材防腐剂样品 4 g(精确至 0.001 g)(A 溶液)至锥形瓶中,用水稀释至 100 g(精确至 0.01 g)(B 溶液)。

3.1.3.2 测定硼酸的含量时,称取 1.0 g～1.1 g 样品于烧杯中,精确至 0.000 1 g。用水冲洗烧杯壁,并稀释至 40 mL,最终体积应足以使 pH 电极淹没于液面以下,并能得到充分的搅拌。加入 2.0 mL 0.5 mol/L 的盐酸,并搅拌 60 s。

3.1.3.3 测定戊唑醇的含量时,准确称取 0.125 g(精确至 0.000 1 g)的样品于 250 mL 容量瓶中,记录所加的样品的质量,加少量碳酸钠(约 0.25 g),用高效液相色谱级甲醇稀释至刻度,混合均匀,使稀释后的试样溶液的浓度在 15 mg/L～20 mg/L 的范围内。试样溶液应通过 SAX 固相萃取柱过滤器组合的净化。

3.2 试验方法

3.2.1 试剂

本标准中所使用的水除特别注明外,均为蒸馏水或去离子水。所用的化学试剂除特别注明外,均为分析纯级的化学试剂。

3.2.2 铜的含量测定

3.2.2.1 试剂

a) 10％乙酸;

b) 0.1％甲基百里酚蓝指示剂;

c) 0.05 mol/L EDTA 标准溶液。

3.2.2.2 仪器和设备

a) 分析天平,灵敏度 0.000 1 g;

b) 酸式滴定管,最小刻度 0.1 mL。

3.2.2.3 测定

称取 B 溶液 10 g(精确至 0.001 g)(C 溶液),放入 250 mL 的锥形瓶中,加 40 mL 水和 3 mL 10％乙酸溶液,加入 1 mL 甲基百里酚蓝指示剂溶液,混合均匀,此时,溶液呈深蓝色。慢慢用 EDTA 溶液滴定至颜色从蓝色变成浅绿色。记录所用去的 EDTA 溶液的体积。

3.2.2.4 计算

样品的稀释倍数,按式(1)计算。

$$DF = \frac{m_B}{m_A} \qquad \qquad \cdots\cdots\cdots\cdots\cdots\cdots\cdots (1)$$

式中:

DF——样品的稀释倍数;

m_A——A 溶液质量,单位为克(g);

m_B——B 溶液质量,单位为克(g)。

样品中铜含量,按式(2)计算。

$$w = \frac{V \times c_{EDTA} \times 6.354 \times DF}{m_C} \qquad \qquad \cdots\cdots\cdots\cdots\cdots\cdots (2)$$

式中:

w——试样中铜的含量,％;

V——滴定所用 EDTA 标准溶液的体积,单位为毫升(mL);

c_{EDTA}——EDTA 标准溶液摩尔浓度,单位为摩尔每升(mol/L);

m_C——C 溶液质量,单位为克(g)。

3.2.3 硼酸的含量测定

3.2.3.1 试剂

a) 0.1 mol/L 氢氧化钠标准溶液;

b) 缓冲溶液,pH 值分别为 4、7、9;

c) 甘露糖醇(>98%);

d) 0.5 mol/L 盐酸。

3.2.3.2 设备和仪器

a) 自动电位滴定仪系统:包括复合玻璃电极、磁力搅拌器、滴定装置;

b) 分析天平,灵敏度为 0.000 1 g;

c) 滴定容器,100 mL 烧杯。

3.2.3.3 操作步骤

3.2.3.3.1 试样制备好后,立即用 0.1 mol/L 氢氧化钠标准溶液来滴定到第一等量点(pKa~2.1)以中和过量的盐酸,记录到达第一等量点时所用 0.1 mol/L 氢氧化钠标准溶液的体积,以 V_1 表示。

3.2.3.3.2 向烧杯中加入约 6 g 甘露糖醇,并搅拌 60 s,使其形成硼酸甘露糖醇酯。继续用 0.1 mol/L 氢氧化钠标准溶液滴定至第二等量点(pKa~5.4)。记录下从开始滴定起(即从 3.2.3.4 的滴定起)到第二等量点止所用去 0.1 mol/L 氢氧化钠标准溶液的总体积,以 V_2 表示。

3.2.3.4 计算

样品中硼酸的百分含量,以 $H_3BO_3\%$ 计,按式(3)计算:

$$w_{H_3BO_3} = \frac{(V_2 - V_1) \times c_{NaOH} \times 6.183}{m} \quad\cdots\cdots\cdots\cdots\cdots\cdots\cdots (3)$$

式中:

$w_{H_3BO_3}$——样品中硼酸的百分含量,%;

V_1——滴定至第一等量点时所用去氢氧化钠标准溶液的体积,单位为毫升(mL);

V_2——滴定至第二等量点时所用去氢氧化钠标准溶液的总体积,单位为毫升(mL);

c_{NaOH}——氢氧化钠标准溶液的摩尔浓度,单位为摩尔每升(mol/L);

m——样品的质量,单位为克(g)。

3.2.4 戊唑醇的含量测定

3.2.4.1 试剂

a) 乙腈(高效液相色谱级);

b) 水(高效液相色谱级);

c) 甲醇(高效液相色谱级);

d) 磷酸氢二胺;

e) 碳酸钠;

f) 戊唑醇分析标准物(粉末,由供应商标明已知质量分数,≥98%);

g) 高效液相色谱校准-标准液(含 20 mg/L 戊唑醇的甲醇标准溶液)。

3.2.4.2 仪器及设备

a) 高效液相色谱系统:包括具有可调波长紫外检测仪,自动进样器;

b) 数据收集和处理系统:包括微电脑和软件;

c) 分析天平,灵敏度为 0.000 1 g;

d) 色谱柱：Inertsil ODS-3，150×46 mm(内径)，3 μm；

e) SAX 固相萃取柱：500 mg，4 mL 管；

f) 3 mL 塑料一次性注射器；

g) 13 mm×0.45 μm 尼龙针筒过滤器。

3.2.4.3 仪器参数

a) 柱温：35℃；

b) 流速：1.00 mL/min；

c) 流动相：乙腈/磷酸氢二铵缓冲液(55∶45，体积分数)；

d) 检测波长：UV@195 nm；

e) 进样量：10 μL；

f) 数据收集时间：12 min；

g) 积分形式：面积。

3.2.4.4 操作步骤

3.2.4.4.1 乙腈/磷酸氢二铵缓冲液(55∶45，体积分数)流动相的制备

称取 1.30 g 磷酸氢二铵，溶解于约 300 mL 高效液相色谱级的水中，转移至 1 000 mL 容量瓶中，并用高效液相色谱级水稀释至 1 000 mL 将该溶液通过 0.45 μm 薄膜过滤。该滤液即为磷酸氢二铵缓冲溶液。用量筒量取 450 mL 磷酸氢二铵缓冲液和 550 mL 乙腈，混合均匀，备用。

3.2.4.4.2 20 mg/L 高效液相色谱校准-标准液的制备

称取 0.100 0 g 100％的戊唑醇分析标准品或 0.102 0 g 98％的戊唑醇分析标准品于 250 mL 的容量瓶中，用高效液相色谱级甲醇溶解后，稀释至 250 mL，该溶液即为 400 mg/L 的戊唑醇贮存溶液。用容量移液管吸取 400 mg/L 的戊唑醇贮存液 10 mL 放入 200 mL 容量瓶中，用高效液相色谱级甲醇稀释至刻度，并混合均匀，备用。

3.2.4.5 测定

在上述操作条件下，待仪器基线稳定后，连续注入数针标样溶液，直至相邻两针戊唑醇相对响应值变化小于 2.5％后，按照标样溶液、试样溶液、试样溶液、标样溶液的顺序进行测定。

3.2.4.6 计算

将测得的两针试样溶液以及试样溶液前后两针标样溶液中戊唑醇峰面积分别进行平均。样品中戊唑醇的含量 X(％)按式(4)计算：

$$X = \frac{r_2 \times m_1 \times p}{r_1 \times m_2} \quad\quad\quad\quad\cdots\cdots\cdots\cdots\cdots\cdots (4)$$

式中：

X——样品中戊唑醇的含量，％；

r_1——标样溶液中戊唑醇峰面积的平均值；

r_2——试样溶液中戊唑醇峰面积的平均值；

m_1——标样的质量，单位为克(g)；

m_2——试样的质量，单位为克(g)；

p——标样中戊唑醇的质量分数，％。

3.2.5 pH 值的测定

CBA-A 木材防腐剂应用水稀释至约 2％有效成分含量的稀溶液进行测定，可用玻璃电极酸度计、自动电位滴定仪或其他等效的方法测定，精确至小数点后一位。

4 标志、包装、运输和贮存

4.1 CBA-A木材防腐剂的包装桶上应清楚地标明:生产厂名、厂址、产品名称、型号、有效成分含量、注册商标、净重、生产日期、生产批号、产品标准号和产品简要说明。

4.2 CBA-A木材防腐剂用塑料桶或其他符合相应标准要求的材料包装。

4.3 运输过程中应防漏、防火、防潮,不得与食物、饲料等混合包装。

4.4 贮存在阴凉、干燥和通风良好的仓库中,不得与食物、饲料等混合装运。

ICS 71.100.50
B 71
备案号：21290—2007

中华人民共和国国内贸易行业标准

SB/T 10435—2007

木材防腐剂　铜唑-B 型（CA-B）

Wood preservative—Copper Azole-Type B（CA-B）

2007-07-24 发布

2007-12-01 实施

中华人民共和国商务部　发 布

241

前　言

本标准由中华人民共和国商务部提出并归口。

本标准负责起草单位：木材节约发展中心。

本标准参加起草单位：木材节约发展中心、东莞天保木材防护科技有限公司、上海大不同木业有限公司、考伯斯-奥麒木材保护有限公司、长春市新阳光防腐木业有限公司。

本标准主要起草人：金重为、喻酒秋、马守华、陶以明、张祖雄、邱伟建。

本标准为首次发布。

木材防腐剂　铜唑-B型(CA-B)

1 范围

本标准规定了铜唑-B型(CA-B)木材防腐剂的要求、试验、标识、包装、运输和贮存等。

本标准适用于以非水溶性的二价铜化合物和唑类化合物为主要活性成分,溶解在乙醇胺和表面活性剂中制得的水载型复合木材防腐剂。

CA-B木材防腐剂适用于处理建筑用材、园林景观用材、矿用木材以及其他与土壤和淡水接触的木材,以达到防腐、防虫(蚁)的目的。

2 要求

2.1 外观:深蓝色液体,无沉淀物。

2.2 有效成分应符合表1要求。

表 1　CA-B木材防腐剂有效成分表

有效成分	指　　标[a]
铜(以Cu计)/%	95.4～96.8(96.1)
唑(以戊唑醇计)/%	3.2～4.6(3.9)
[a]　括号内的数值为代表性值。	

2.3 pH值:9～12。

2.4 二价铜化合物原料应该是纯度高于95%(无水基)的碱式碳酸铜、氧化铜等,不能用硫酸铜、氯化铜等水溶性铜盐。戊唑醇(无水基)原料的纯度应高于95%。

2.5 配置CA-B防腐剂时,乙醇胺的质量应为铜质量的3.8±0.2倍。

3 试验

3.1 取样

3.1.1 组批

每批产品的最小取样数量符合表2要求。

表 2　每批产品的最小取样数量

一批产品的总件数	取样的件数
≤10	1
11～20	2
21～260	每增加20件增抽1件,不到20件按20件计
≥261	15

3.1.2 取样

采用随机取样的方法取样,先将选中的产品桶中的防腐剂搅拌均匀后,用清洁干燥的取样器从每桶产品的上、中、下部(即从产品高度的1/4、1/2、3/4处)等量取样,所取试样总量不得少于300 mL。

将取得的所有试样混合均匀后,等量装入两个清洁干燥密封良好的磨口瓶中,瓶上标签注明产品名称、批次、取样日期和取样人员姓名。一瓶用于分析检验,另一瓶留样备查,留样保存期为两个月。

3.1.3 样品制备

3.1.3.1 测定铜的含量时,称取经充分混合的 CA-B 木材防腐剂样品 4 g(精确至 0.001 g)(A 溶液)至锥形瓶中,用水稀释至 100 g(精确至 0.01 g)(B 溶液)。

3.1.3.2 测定戊唑醇的含量时,准确称取 0.125 g(精确至 0.000 1 g)的样品于 250 mL 容量瓶中,记录所加的样品的质量,加少量碳酸钠(约 0.25 g),用高效液相色谱级甲醇稀释至刻度,混合均匀,使稀释后的试样溶液的浓度在 15 mg/L~20 mg/L 的范围内。试样溶液应通过 SAX 固相萃取柱过滤器组合的净化。

3.2 试验方法

3.2.1 试剂

本标准中所使用的水除特别注明外,均为蒸馏水或去离子水。所用的化学试剂除特别注明外,均为分析纯级的化学试剂。

3.2.2 铜的含量测定

3.2.2.1 试剂

    a) 10%乙酸;

    b) 0.1%甲基百里酚蓝指示剂;

    c) 0.05 mol/L EDTA 标准溶液。

3.2.2.2 仪器和设备

    a) 分析天平,灵敏度 0.000 1 g;

    b) 酸式滴定管,最小刻度 0.1 mL。

3.2.2.3 测定

称取 B 溶液 10 g(精确至 0.001 g)(C 溶液),放入 250 mL 的锥形瓶中,加 40 mL 水和 3 mL 10%乙酸溶液,加入 1 mL 甲基百里酚蓝指示剂溶液,混合均匀,此时,溶液呈深蓝色。慢慢用 EDTA 溶液滴定至颜色从蓝色变成浅绿色。记录所用去的 EDTA 溶液的体积。

3.2.2.4 计算

样品的稀释倍数,按式(1)计算。

$$DF = \frac{m_B}{m_A} \qquad\qquad\cdots\cdots\cdots\cdots\cdots\cdots(1)$$

式中:

DF——样品的稀释倍数;

m_A——A 溶液质量,单位为克(g);

m_B——B 溶液质量,单位为克(g)。

样品中铜含量,按式(2)计算。

$$w = \frac{V \times c_{EDTA} \times 6.354 \times DF}{m_C} \qquad\qquad\cdots\cdots\cdots\cdots\cdots\cdots(2)$$

式中:

w——试样中铜的含量,%;

V——滴定所用 EDTA 标准溶液的体积,单位为毫升(mL);

c_{EDTA}——EDTA 标准溶液摩尔浓度,单位为摩尔每升(mol/L);

m_C——c 溶液质量,单位为克(g)。

3.2.3 戊唑醇的含量测定

3.2.3.1 试剂

    a) 乙腈(高效液相色谱级);

    b) 水(高效液相色谱级);

c) 甲醇(高效液相色谱级);

d) 磷酸氢二铵;

e) 碳酸钠;

f) 戊唑醇分析标准物(粉末,由供应商标明已知质量分数,≥98%);

g) 高效液相色谱校准-标准液(含 20 mg/L 戊唑醇的甲醇标准溶液)。

3.2.3.2 仪器及设备

a) 高效液相色谱系统:包括具有可调波长紫外检测仪,自动进样器;

b) 数据收集和处理系统:包括微电脑和软件;

c) 分析天平:灵敏度为 0.000 1 g;

d) 色谱柱:Inertsil ODS-3,150×46 mm(内径),3 μm;

e) SAX 固相萃取柱:500 mg,4 mL 管;

f) 3 mL 塑料一次性注射器;

g) 13 mm×0.45 μm 尼龙针筒过滤器。

3.2.3.3 仪器参数

a) 柱温:35℃;

b) 流速:1.00 mL/min;

c) 流动相:乙腈/磷酸氢二铵缓冲液(55∶45,体积分数);

d) 检测波长:UV@195 nm;

e) 进样量:10 μL;

f) 数据收集时间:12 min;

g) 积分形式:面积。

3.2.3.4 操作步骤

3.2.3.4.1 乙腈/磷酸氢二铵缓冲液(55∶45,体积分数)流动相的制备

称取 1.30 g 磷酸氢二铵,溶解于约 300 mL 高效液相色谱级的水中,转移至 1 000 mL 容量瓶中,并用高效液相色谱级水稀释至 1 000 mL,将该溶液通过 0.45 μm 薄膜过滤。该滤液即为磷酸氢二铵缓冲溶液。用量筒量取 450 mL 磷酸氢二铵缓冲液和 550 mL 乙腈,混合均匀,备用。

3.2.3.4.2 20 mg/L 高效液相色谱校准-标准液的制备

称取 0.100 0 g 100% 的戊唑醇分析标准品或 0.102 0 g 98% 的戊唑醇分析标准品于 250 mL 的容量瓶中,用高效液相色谱级甲醇溶解后,稀释至 250 mL,该溶液即为 400 mg/L 的戊唑醇贮存溶液。用容量移液管吸取 400 mg/L 的戊唑醇贮存液 10 mL 放入 200 mL 容量瓶中,用高效液相色谱级甲醇稀释至刻度,并混合均匀,备用。

3.2.3.5 测定

在上述操作条件下,待仪器基线稳定后,连续注入数针标样溶液,直至相邻两针戊唑醇相对响应值变化小于 2.5% 后,按照标样溶液、试样溶液、试样溶液、标样溶液的顺序进行测定。

3.2.3.6 计算

将测得的两针试样溶液以及试样溶液前后两针标样溶液中戊唑醇峰面积分别进行平均。样品中戊唑醇的含量 $X(\%)$ 按式(3)计算:

$$X = \frac{r_2 \times m_1 \times p}{r_1 \times m_2} \qquad\qquad\cdots\cdots\cdots\cdots\cdots\cdots (3)$$

式中:

X——样品中戊唑醇的含量,%;

r_1——标样溶液中戊唑醇峰面积的平均值;

r_2——试样溶液中戊唑醇峰面积的平均值;

m_1——标样的质量,单位为克(g);

m_2——试样的质量,单位为克(g);

p——标样中戊唑醇的质量分数,%。

3.2.4 pH 值的测定

CA-B 木材防腐剂应用水稀释至约 2%有效成分含量的稀溶液进行测定,可用玻璃电极酸度计、自动电位滴定仪或其他等效的方法测定,精确至小数点后一位。

4 标志、包装、运输和贮存

4.1 CA-B 木材防腐剂的包装桶上应清楚地标明:生产厂名、厂址、产品名称、型号、有效成分含量、注册商标、净重、生产日期、生产批号、产品标准号和产品简要说明。

4.2 CA-B 木材防腐剂用塑料桶或其他符合相应标准要求的材料包装。

4.3 运输过程中应防漏、防火、防潮,不得与食物、饲料等混合包装。

4.4 贮存在阴凉、干燥和通风良好的仓库中,不得与食物、饲料等混合装运。

ICS 23.020.30
J 74
备案号：21775—2007

中华人民共和国国内贸易行业标准

SB/T 10440—2007

真空和(或)压力浸注(处理)用
木材防腐设备机组

Wood preservative-treating
vacuum/pressure injection equipment set

2007-09-10 发布　　　　　　　　　　　　　　2008-03-01 实施

中华人民共和国商务部　　发 布

前　言

本标准由中华人民共和国商务部提出并归口。

本标准负责起草单位：木材节约发展中心。

本标准参加起草单位：木材节约发展中心、铁道部鹰潭木材防腐厂、广州市天河新恺木材防腐厂。

本标准主要起草人：喻迺秋、马守华、陶以明、范良森、钱晓航、徐云辉。

本标准为首次发布。

真空和(或)压力浸注(处理)用
木材防腐设备机组

1 范围

本标准规定了真空和(或)压力浸注(处理)用木材防腐设备机组的定义、技术要求、检验、标志、包装、运输、安装及调试。

本标准适用于水载型防腐剂对木材进行真空和(或)压力浸注(处理)的固定式设备机组。

2 规范性引用文件

下列文件中的条款通过本标准的引用而成为本标准的条款。凡是注日期的引用文件,其随后所有的修改单(不包括勘误的内容)或修订版均不适用于本标准,然而,鼓励根据本标准达成协议的各方研究是否可使用这些文件的最新版本。凡是不注日期的引用文件,其最新版本适用于本标准。

GB 150　钢制压力容器

GB/T 14019　木材防腐术语

JB 4730　承压设备无损检测

压力容器安全技术监察规程　质技监局锅发[1999]154号

3 术语和定义

GB 150 和 GB/T 14019 中确定的以及下列术语和定义适用于本标准。

3.1

真空和(或)压力浸注(处理)用木材防腐设备机组 **wood preservative - treating vacuum/pressure injection equipment set**

用于采取真空和(或)加压法对木材进行防腐处理的成套设备。主要由压力浸注(处理)罐、加压系统、真空系统、吸排液系统、配液系统、储液系统、电控系统及木材装运系统等组成。

3.2

工作压力 **working pressure**

在正常操作情况下,压力浸注(处理)罐内允许使用的最高压力。

4 技术要求

4.1 基本要求

设备机组应按批准的设计图纸和技术文件制造和组装。

4.2 压力浸注(处理)罐

4.2.1　压力浸注(处理)罐的结构设计、制造、检验应符合《压力容器安全技术监察规程》和 GB 150 的有关规定。

4.2.2　罐体材料的选用应符合《压力容器安全技术监察规程》第 2 章和 GB 150 的有关规定,使用防腐蚀性能不低于低合金钢的材料。

4.2.3　罐体的工作压力不小于 1.5 MPa。

4.2.4　罐体内壁应有防腐层,外壁应涂饰防腐蚀的涂料。

4.2.5　罐体内应设防装载小车浮起装置。

4.2.6 罐口应采用整体锻打件,不应采用浇铸件及拼焊形式。

4.2.7 罐门采用快开门结构。

4.3 真空系统

4.3.1 真空系统应保证压力浸注(处理)罐内真空度不小于 0.090 MPa。

4.3.2 真空泵抽真空时间应符合表 1 的相关要求。

表 1 压力浸注(处理)罐基本参数

序号	罐体容积/m³	抽真空时间/min (0 MPa~0.090 MPa)	加压时间/min (0 MPa 至工作压力)	吸排液时间/min
1	≤10	<8	<2	<8
2	10~20	<10	<2	<10
3	20~30	<10	<2	<12
4	≥30	<12	<2	<15

4.3.3 压力浸注罐与真空泵之间应设置金属缓冲罐。缓冲罐的容积应不小于压力浸注罐容积的1/40,且高度(含上下两侧封头高度)应不低于压力浸注罐的直径,以避免在抽入防腐剂时,将防腐剂或防腐剂气泡吸入真空泵。可将处理罐和缓冲罐连通管从缓冲罐外面的下部侧面进入,将阀门安装在垂直方向的任何方便操作的位置。

4.4 加压系统

4.4.1 加压系统最大工作压力应小于罐体的设计压力。

4.4.2 达到工作压力所需时间(加压时间)应符合表 1 相关要求。

4.5 吸排液系统

4.5.1 吸排液时间应符合表 1 相关要求。

4.5.2 应配备余液回收装置。

4.6 配液系统

配液系统应设置搅拌罐,满足药剂稀释配制的要求。

4.7 储液系统

4.7.1 储液系统应设置储液罐(槽)。储液罐(槽)应安装液位计及排污装置,容积应不小于压力浸注罐总容量的 1.2 倍。

4.7.2 储液罐(槽)应使用耐腐性金属材料。

4.8 电控系统

电控系统应设置电气集中控制台(箱),控制所有电气设备的工作状态,应满足加压系统、真空泵、循环泵、搅拌器开停机,罐门开与关及过压、零压、电气保护。

4.9 木材装运系统

4.9.1 木材装运系统应配备足够的装载小车和进出罐牵引装置,满足木材防腐处理装运需要。

4.9.2 装载小车和轨道在使用过程中应能承受足够重量而不变形,需要经过防腐蚀处理。

4.10 安全装置

4.10.1 设备机组应安装全启弹簧式安全阀,安全阀的整定压力为工作压力加 0.2 MPa,不应大于压力容器的设计压力。

4.10.2 快开门结构应设计安全联锁装置,其功能应符合《压力容器安全技术监察规程》要求。

5 其他

5.1 压力表

压力表的选用应符合下列规定:

a) 选用两只相同量程、相同精度等级的压力表；

b) 表盘刻度极限值应为试验压力的 1.5 倍～3.0 倍,最好选用 2 倍；

c) 精确度不小于 2.5 级；

d) 表盘直径不小于 100 mm；

e) 与罐体之间应安装存水弯管及三通阀门。

5.2 真空表

真空表的选用应符合下列规定：

a) 选用两只相同量程、相同精度等级的真空表；

b) 精确度不小于 1.0 级；

c) 表盘直径不小于 100 mm；

d) 与罐体之间应安装存水弯管及三通阀门。

5.3 阀门

阀门均采用不锈钢材料。

6 检验

6.1 产品焊缝外观检查方法按《压力容器安全技术监察规程》中第 76 条规定进行。

6.2 焊缝无损探伤按 JB/T 4730 进行,探伤结果应符合 JB/T 4730 中的规定。

6.3 压力浸注(处理)罐应通过技术监督部门的液压试验并取得监检证书。

7 标志、包装和运输

7.1 标志

7.1.1 每台设备机组明显位置装有固定的金属铭牌,铭牌上应有下列标志：

a) 制造厂名称；

b) 产品名称和型号；

c) 主要技术性能参数；

d) 产品出厂编号；

e) 产品容积；

f) 制造日期。

7.1.2 每套设备机组均应有产品合格证、产品使用说明书、电路图、压力容器质量证明书、安全阀、压力表等重要外购合格证及其使用说明书、装箱清单等有关文件资料,一并随设备机组交付验收。

7.2 包装

7.2.1 设备机组包装前应进行清洁处理。各部件应清洁、干燥,易锈部件应涂防锈漆。

7.2.2 设备机组接口应封住,以免进入杂质。

7.2.3 易损件等零部件采用装箱形式。

7.3 运输

7.3.1 运输要求按订货合同的有关规定。

7.3.2 设备机组应牢固固定在运输车辆上,严禁窜动现象产生。

8 安装及调试

8.1 生产厂家应向用户提供基础设计图纸。

8.2 设备机组的基础应满足承重及设备运转的要求。

8.3 设备基础应进行防渗漏处理,以防止药剂泄漏污染环境。

8.4 管道走向应合理,并在恰当处加刚性支撑,机组上各设备及配件应布置得紧凑、合理、便于操作。

8.5 安装单位应是已取得相应安装资格的单位。安装人员应具备压力容器安装资格。

8.6 设备机组安装完毕后,应进行整体试压并验收,其指标应符合表1要求。设备机组验收应包括:密封性(罐体及管路)测定,各机械部分运转状况测定,整机性能效率测定(应符合表1中的规定)。工作压力及真空度应保持30 min不变。

8.7 设备机组调试完毕后应进行试生产,检验是否符合设计要求,并进行验收交接记录。

ICS 65.020
B 71
备案号：25148—2008

中华人民共和国国内贸易行业标准

SB/T 10502—2008

铜铬砷(CCA)防腐剂加压处理木材

Chromated copper arsenate(CCA)preservative pressure-treated wood

2008-09-27 发布

2009-03-01 实施

中华人民共和国商务部 发 布

前　言

　　本标准由中华人民共和国商务部提出并归口。

　　本标准起草单位：木材节约发展中心、东莞市瑞和防腐木材有限公司、东莞市天保木材防护科技有限公司。

　　本标准主要起草人：金重为、喻迺秋、邱伟建、马守华、陶以明、张少芳、黄裕成。

铜铬砷(CCA)防腐剂加压处理木材

1 范围

本标准规定了以铜铬砷(CCA)为防腐剂加压处理木材的技术条件、检验方法与规则和标识要求。

本标准适用于用 CCA 防腐剂加压处理的防腐、防虫(蚁)、防海洋钻孔动物木材。

2 规范性引用文件

下列文件中的条款通过本标准的引用而成为本标准的条款。凡是注日期的引用文件,其随后所有的修改单(不包括勘误的内容)或修订版均不适用于本标准,然而,鼓励根据本标准达成协议的各方研究是否可使用这些文件的最新版本。凡是不注日期的引用文件,其最新版本适用于本标准。

GB/T 144　原木检验

GB/T 153　针叶树锯材

GB 449　锯材材积表

GB 4814　原木材积表

GB/T 4817　阔叶树锯材

GB/T 4822—1999　锯材检验

GB 50005—2003　木结构设计规范

GB/T 50329—2002　木结构试验方法标准

LY/T 1636—2005　防腐木材的使用分类和要求

SB/T 10383　商用木材及其制品标志

SB/T 10404—2006　水载型防腐剂和阻燃剂主要成分的测定

SB/T 10405　防腐木材化学分析前的湿灰化方法

SB/T 10433—2007　木材防腐剂　铜铬砷(CCA)

3 技术条件

3.1 外观尺寸

3.1.1 针叶树锯材尺寸及允许偏差应符合 GB/T 153 的规定,或按供需双方的约定执行。

3.1.2 阔叶树锯材尺寸及允许偏差应符合 GB/T 4817 的规定,或按供需双方的约定执行。

3.1.3 圆木的尺寸及允许偏差按供需双方的约定执行。

3.1.4 CCA 防腐剂加压处理并固着的木材呈浅绿色,表面应洁净,无明显沉积物。

3.2 材质

3.2.1 材质指标

CCA 防腐剂加压处理木材材质指标及缺陷允许限度应符合 GB/T 153 和 GB/T 4817 的规定或按供需双方的约定执行。

3.2.2 承重结构木材材质

承重结构的 CCA 防腐剂加压处理木材应符合 GB 50005—2003 中第 A.1 章的规定。

3.3 防腐处理

3.3.1 CCA 防腐剂有 A、B、C 三种类型,其活性成分含量和有关要求应符合 SB/T 10433—2007 中第 3 章的规定。

3.3.2 CCA 防腐剂加压处理木材的使用环境分级见表 1。

表 1　CCA 防腐剂加压处理木材使用环境分级

使用分类	使用条件	应用环境	主要生物败坏因子	典型用途
C1	户内,不接触土壤	在室内干燥环境中使用,不受气候和水分的影响。	蛀虫	建筑内部及装饰、家具
C2	户内,不接触土壤	在室内环境中使用,有时受潮湿和水分的影响,但不受气候的影响。	蛀虫、白蚁、木腐菌	建筑内部及装饰、家具、地下室、卫生间
C3	户外,不接触土壤	在室外环境中使用,暴露在各种气候中,包括淋湿,但不长期浸泡在水中。	蛀虫、白蚁、木腐菌	(平台、步道、栈道)甲板、户外家具、(建筑)外门窗
C4A	户外,接触土壤或浸在淡水中	在室外环境中使用,暴露在各种气候中,且与地面接触或长期浸泡在淡水中。	蛀虫、白蚁、木腐菌	围栏支柱、支架、木屋基础、冷却水塔、电杆、矿柱(坑木)
C4B	户外,接触土壤或浸在淡水中	在室外环境中使用,暴露在各种气候中,且与地面接触长期浸泡在淡水中。难于更换或关键结构部件。	蛀虫、白蚁、木腐菌	(淡水)码头护木、桩木、矿柱(坑木)
C5	浸在海水(咸水)中	长期浸泡在海水(咸水)中。	海生钻孔动物	海水(咸水)码头护木、桩木、木质船舶

3.3.3　CCA 防腐剂加压处理木材中 CCA 活性成分透入率要求见表 2。

表 2　CCA 防腐剂加压处理木材中 CCA 活性成分透入率

使用环境级别		边材(透入率)/%	心材(透入深度)/mm
C1		≥85	—
C2		≥85	—
C3		≥90	—
C4	A	≥90	—
	B	≥95	—
C5		≥95	≥8[a]
注:"—"不作要求。			
[a] 指外露心材。			

3.3.4　在各类条件下使用的 CCA 防腐剂加压处理木材中,CCA 活性成分的最低保持量的具体要求见表 3。

表 3 CCA 活性成分最低保持量 单位为千克每立方米

使用类别	规定的总活性成分保持量	CCA-A			CCA-B			CCA-C			各活性成分总和的最低值
		CuO	CrO₃	As₂O₅	CuO	CrO₃	As₂O₅	CuO	CrO₃	As₂O₅	
C1	NR										NR
C2	NR										NR
C3	4.0	0.66	2.4	0.59	0.72	1.3	1.7	0.67	1.7	1.2	4.0
C4A	6.4	1.0	3.8	0.95	1.2	2.1	2.9	1.1	2.7	2.0	6.4
C4B	9.6	1.6	5.7	1.4	1.7	3.2	4.0	1.6	4.2	2.9	9.6
C5	24.0	3.9	14.0	3.5	4.3	7.9	10.1	4.0	10.0	7.4	24.0

NR:不推荐使用。

4 检验方法与规则

4.1 尺寸检量

按 GB/T 4822 和 GB/T 144 的有关规定执行,以防腐后检量的尺寸为准,或按委托方和检验检测方的约定执行。

4.2 材积计算

按 GB 449 和 GB 4814 的规定计算,或按其体积计算公式计算。

4.3 材质等级评定

按 GB/T 4822—1999 中第 6 章的规定执行,以防腐评定的等级为准,或按委托方和检验检测方的约定执行。

4.4 防腐质量检验

4.4.1 取样

用于检验 CCA 防腐剂活性成分保持量和透入率木材样本的取样方法和数量按 LY/T 1636—2005 中 5.1.3 和 5.1.4 的规定执行。

4.4.2 CCA 防腐剂加压处理木材中 CCA 防腐剂活性成分保持量测定

检测 CCA 防腐剂加压处理木材中 CCA 活性成分保持量可用容量法,也可用仪器法。

4.4.2.1 容量法

4.4.2.1.1 CCA 防腐剂加压处理木材化学分析前的湿灰化方法参照 SB/T 10405 的相关规定执行。

4.4.2.1.2 CCA 防腐剂加压处理木材的湿灰化液中 CCA 防腐剂的活性成分五氧化二砷(As₂O₅)、三氧化铬(CrO₃)、氧化铜(CuO)测定所用的试剂和测定步骤分别按 SB/T 10404—2006 的 8.1、8.2;9.1、9.2;10.1、10.2 的规定执行。

4.4.2.1.3 CCA 防腐剂加压处理木材中活性成分保持量的计算

① 五氧化二砷(As₂O₅)保持量按式(1)计算:

$$R_{As_2O_5} = \frac{0.574\ 6 \times V \times V_1 \times d}{m \times V_2} \times 10 \quad \cdots\cdots\cdots\cdots\cdots(1)$$

式中:

$R_{As_2O_5}$——CCA 防腐剂加压处理木材样品中 As₂O₅ 的保持量,单位为千克每立方米(kg/m³);

V——溴酸钾标准溶液的滴定用量,单位为毫升(mL);

V_1——CCA 防腐剂加压处理木材湿灰化后稀释定容体积,单位为毫升(mL);

V_2——测定时所取湿灰化后稀释液体积,单位为毫升(mL);

m——湿灰化所取的 CCA 防腐剂加压处理木粉的质量,单位为克(g);

d——CCA 防腐剂加压处理木材的基本密度,单位为克每立方厘米(g/cm³);

0.574 6——换算系数。

② 三氧化铬(CrO₃)保持量按式(2)计算:

$$R_{CrO_3} = \frac{0.666\,8 \times (v_2 - v_1) \times V_1 \times d}{m \times V_2} \times 10 \quad\cdots\cdots\cdots\cdots\cdots\cdots (2)$$

式中:

R_{CrO_3}——CCA 防腐剂加压处理木材样品中 CrO₃ 的保持量,单位为千克每立方米(kg/m³);

v_1——滴定试样溶液时所用的重铬酸钾标准溶液体积,单位为毫升(mL);

v_2——滴定空白溶液时所用重铬酸钠标准溶液体积,单位为毫升(mL);

V_1——CCA 防腐剂加压处理木材湿灰化后稀释定容体积,单位为毫升(mL);

V_2——测定时所取湿灰化后稀释液体积,单位为毫升(mL);

m——湿灰化所取的 CCA 防腐剂加压处理木粉的质量,单位为克(g);

d——CCA 防腐剂加压处理木材的基本密度,单位为克每立方厘米(g/cm³);

0.666 8——换算系数。

③ 氧化铜(CuO)保持量按式(3)计算:

$$R_{CuO} = \frac{7.96 \times v \times C \times V_1 \times d}{m \times V_2} \times 10 \quad\cdots\cdots\cdots\cdots\cdots\cdots (3)$$

式中:

R_{CuO}——CCA 防腐剂加压处理木材样品中 CuO 的保持量,单位为千克每立方米(kg/m³);

v——滴定时所用硫代硫酸钠标准溶液的体积,单位为毫升(mL);

C——硫代硫酸钠标准溶液的摩尔浓度,单位为摩尔每升(mol/L);

V_1——CCA 防腐剂加压处理木材湿灰化后稀释定容体积,单位为毫升(mL);

V_2——测定时所取湿灰化后稀释液体积,单位为毫升(mL);

m——湿灰化所取的 CCA 防腐剂加压处理木粉的质量,单位为克(g);

d——CCA 防腐剂加压处理木材的基本密度,单位为克每立方厘米(g/cm³);

7.96——换算系数。

④ CCA 防腐剂加压处理木材中 CCA 总活性成分保持量按式(4)计算:

$$R_{a.i.} = R_{As_2O_5} + R_{CrO_3} + R_{CuO} \quad\cdots\cdots\cdots\cdots\cdots\cdots (4)$$

式中:

$R_{a.i.}$——CCA 防腐剂加压处理木材中 CCA 总活性成分保持量,单位为千克每立方米(kg/m³)。

4.4.2.2 仪器法

用 X-射线荧光能谱仪法测定 CCA 防腐剂加压处理木材中 CCA 活性成分的保持量按下述步骤进行。

a) 干燥:将 4.4.1 中所取得的样品在 103 ℃±2 ℃的烘箱中干燥至恒重。

b) 粉碎:将恒重的样品尽快粉碎到通过 30 目标准筛的粉末。

c) 压饼:样品粉末经充分混合均匀后,放到专用样品杯中,用专用的压实器将样品压实。注意:样品的含水率不得超过 3%～5%,样品饼要均匀并有足够的厚度,否则会影响检测结果。

d) 检测:将盛有样品饼的样品杯放到已经安装调试标准化、校正好的 X-射线荧光分析仪的检测窗口,按仪器商提供的操作说明的检测程序检测。

e) 计算:根据检测得到的样品中 CuO、CrO₃、As₂O₅ 的百分含量和处理木材的基本密度,按式(5)计算 CCA 防腐剂加压处理木材中 CCA 防腐剂活性成分的保持量:

$$R = w \times d \times 10 \qquad\qquad \cdots\cdots\cdots\cdots\cdots\cdots\cdots\cdots (5)$$

式中：

R——CCA 防腐剂加压处理木材中 CCA 防腐剂活性成分保持量，单位为千克每立方米（kg/m³）；

w——CCA 防腐剂加压处理木材样品中 CCA 防腐剂活性成分的百分含量总和，%；

d——CCA 防腐剂加压处理木材的基本密度，单位为克每立方厘米（g/cm³）；

10——单位换算系数。

4.4.3 CCA 防腐剂透入率测定

4.4.3.1 心、边材的辨别

心、边材可以用目测法辨别的 CCA 防腐剂加压处理木材，用目测法辨别。

心、边材之间的颜色无明显界限的情况下，有些松木可以借助心、边材辨别指示剂辨别。松木心、边材指示剂是由以下两种溶液等体积混合组成的混合液：

溶液 A：邻氨基苯甲醚（邻茴香胺）盐酸盐溶液——称取 8.5 g 浓盐酸（37%），用水稀释到 495 g，加 5 g 邻氨基苯甲醚，搅拌到完全溶解，备用。

溶液 B：10% 亚硝酸钠溶液——将 50 g 亚硝酸钠溶解在 450 g 水中而成。

溶液 A 和溶液 B 分别在冰箱中或阴凉处贮存，贮存期可长达 1 个月以上。将溶液 A、B 等体积混合后，尽快使用，且使用前必须过滤。

使用时，将指示剂混合液涂布在需辨别心、边材的木材切面或木芯上，几分钟后，心材部分就变成红色，或黄红色，颜色明亮，而边材则保持均匀的浅橙黄色。这样就可以区别心、边材。

4.4.3.2 CCA 防腐剂透入率的测定

显色法测定：按 GB/T 50329—2002 中附录中 E3 的有关规定执行。

锯切法测定：在样品的横切面上使用求积分仪分别测出边材总面积和 CCA 防腐剂活性成分在边材中透入面积，两个面积值相比即为 CCA 防腐剂活性成分在 CCA 防腐剂加压处理木材中的边材透入率。

外露心材透入深度按 CCA 防腐剂活性成分透入到外露心材中离表面最小的距离计算。

4.5 出厂检验

4.5.1 产品出厂前由质检员按本标准或合同规定抽样检验，检验项目为外观尺寸、材质、防腐处理质量等。

4.5.2 对不合格项目应加倍复检，复检符合要求为合格品，否则判为不合格品。防腐质量的判定按 LY/T 1636—2005 规定执行。

4.5.3 尺寸超过偏差时应改锯或其供需双方协商解决。

4.5.4 材质指标或缺陷超过允许限度时，可降等处理。

4.5.5 防腐处理质量不合格，应重新处理，经复检合格后才允许出厂。

4.5.6 合格产品应出具质量合格证。

4.6 型式检验

4.6.1 型式检验包括本标准中规定的全部技术要求。产品遇有下列情况之一时，应进行型式检验。

 a) 新产品的试制定型鉴定；

 b) 产品结构、工艺、材料有重大改变时；

 c) 连续生产中的产品每年进行一次；

 d) 产品间隔半年再次生产时；

 e) 国家技术监督机构提出进行型式检验的要求时。

4.6.2 用作型式检验的产品应从出厂检验合格的产品中抽取。抽样数量按 LY/T 1636—2005 中 5.1.4 规定执行。若抽检产品防腐质量或尺寸检量中出现不合格项目，应双倍抽样复检，如仍不合格，则判该批产品为不合格。

4.6.3 型式检验应选择具有承检资格的检验中心进行。

5 标识

出厂的经 CCA 防腐剂加压处理木材应按 SB/T 10383 标识,并应有使用分类代码、储运图示等。

———————————

ICS 65.020
B 71
备案号:25149—2008

中华人民共和国国内贸易行业标准

SB/T 10503—2008

铜氨(胺)季铵盐(ACQ)防腐剂 加压处理木材

Ammonical copper quat(ACQ)preservative pressure-treated wood

2008-09-27 发布   2009-03-01 实施

中华人民共和国商务部   发 布

前　言

本标准由中华人民共和国商务部提出并归口。

本标准起草单位：木材节约发展中心、东莞市瑞和防腐木材有限公司、东莞市天保木材防护科技有限公司。

本标准主要起草人：金重为、喻迺秋、邱伟建、马守华、陶以明、张少芳、黄裕成。

铜氨(胺)季铵盐(ACQ)防腐剂
加压处理木材

1 范围

本标准规定了以铜氨(胺)季铵盐(ACQ)为防腐剂加压处理木材的技术条件、检验方法与规则和标识要求。

本标准适用于用 ACQ 防腐剂加压处理的防腐、防虫(蚁)木材。

2 规范性引用文件

下列文件中的条款通过本标准的引用而成为本标准的条款。凡是注日期的引用文件,其随后所有的修改单(不包括勘误的内容)或修订版均不适用于本标准,然而,鼓励根据本标准达成协议的各方研究是否可使用这些文件的最新版本。凡是不注日期的引用文件,其最新版本适用于本标准。

GB/T 144　原木检验

GB/T 153　针叶树锯材

GB 449　锯材材积表

GB 4814　原木材积表

GB/T 4817　阔叶树锯材

GB/T 4822—1999　锯材检验

GB 50005—2003　木结构设计规范

GB/T 50329—2002　木结构试验方法标准

LY/T 1636—2005　防腐木材的使用分类和要求

SB/T 10383　商用木材及其制品标志

SB/T 10404—2006　水载型防腐剂和阻燃剂主要成分的测定

SB/T 10405　防腐木材化学分析前的湿灰化方法

SB/T 10432—2007　木材防腐剂　铜氨(胺)季铵盐(ACQ)

3 技术条件

3.1 外观尺寸

3.1.1 针叶树锯材尺寸及允许偏差应符合 GB/T 153 规定,或按供需双方的约定执行。

3.1.2 阔叶树锯材尺寸及允许偏差应符合 GB/T 4817 规定,或按供需双方的约定执行。

3.1.3 圆木的尺寸及允许偏差按供需双方的约定执行。

3.1.4 ACQ 防腐剂加压处理并固着的木材呈青绿色至浅褐色,表面应洁净,无明显沉积物。

3.2 材质

3.2.1 材质指标

ACQ 防腐剂加压处理木材材质指标及缺陷允许限度应符合 GB/T 153 和 GB/T 4817 的规定或按供需双方的约定执行。

3.2.2 承重结构木材材质

承重结构的 ACQ 防腐剂加压处理木材应符合 GB 50005—2003 中第 A.1 章的规定。

3.3 防腐处理

3.3.1 ACQ 防腐剂有 A、B、C、D 四种类型,其活性成分含量和有关要求应符合 SB/T 10432—2007 中第 3 章的规定。

3.3.2 ACQ 防腐剂加压处理木材的使用环境分级见表1。

表 1　ACQ 防腐剂加压处理木材使用环境分级

使用分类	使用条件	应用环境	主要生物败坏因子	典型用途
C1	户内，不接触土壤	在室内干燥环境中使用，不受气候和水分的影响。	蛀虫	建筑内部及装饰、家具
C2	户内，不接触土壤	在室内环境中使用，有时受潮湿和水分的影响，但不受气候的影响。	蛀虫、白蚁、木腐菌	建筑内部及装饰、家具、地下室、卫生间
C3	户外，不接触土壤	在室外环境中使用，暴露在各种气候中，包括淋湿，但不长期浸泡在水中。	蛀虫、白蚁、木腐菌	（平台、步道、栈道）的甲板、户外家具、（建筑）外门窗
C4A	户外，接触土壤或浸在淡水中	在室外环境中使用，暴露在各种气候中，且与地面接触或长期浸泡在淡水中。	蛀虫、白蚁、木腐菌	围栏支柱、支架、木屋基础、冷却水塔、电杆、矿柱（坑木）
C4B	户外，接触土壤或浸在淡水中	在室外环境中使用，暴露在各种气候中，且与地面接触或长期浸泡在淡水中。难于更换或关键结构部件。	蛀虫、白蚁、木腐菌	（淡水）码头护木、桩木、矿柱（坑木）

3.3.3 ACQ 防腐剂加压处理木材中 ACQ 活性成分透入率要求见表2。

表 2　ACQ 防腐剂加压处理木材中 ACQ 活性成分透入率

使用环境级别	边材透入率/%
C1	≥85
C2	≥85
C3	≥90
C4A	≥90
C4B	≥95

3.3.4 在各级使用环境中使用的 ACQ 防腐剂加压处理木材中，ACQ 活性成分的最低保持量的具体要求见表3。

表 3　ACQ 活性成分的最低保持量　单位为千克每立方米

使用环境级别	规定的总活性成分保持量	ACQ-A		ACQ-B		ACQ-C		ACQ-D		各活性成分总和的最低值
		CuO	DDAC	CuO	DDAC	CuO	BAC	CuO	DDAC	
C1	4.0	1.6	1.6	2.1	1.1	2.1	1.1	2.1	1.1	4.0
C2	4.0	1.6	1.6	2.1	1.1	2.1	1.1	2.1	1.1	4.0
C3	4.0	1.6	1.6	2.1	1.1	2.1	1.1	2.1	1.1	4.0
C4A	6.4	2.6	2.6	3.4	1.8	3.4	1.8	3.4	1.8	6.4
C4B	9.6	3.8	3.8	5.1	2.6	5.1	2.6	5.1	2.6	9.6

4　检验方法与规则

4.1　尺寸检量

按 GB/T 4822 和 GB/T 144 的规定执行，以防腐后检量的尺寸为准，或按委托方和检验检测方的约定执行。

4.2　材积计算

按 GB 449 和 GB 4814 中的规定计算,或按其体积计算公式计算。

4.3　材质等级评定

按 GB/T 4822—1999 中第 6 章的规定执行,以防腐评定的等级为准,或按委托方和检验检测方的约定执行。

4.4　防腐质量检验

4.4.1　取样

用于检验 ACQ 防腐剂活性成分保持量和透入率木材样本的取样方法和数量按 LY/T 1636—2005 中 5.1.3 和 5.1.4 的规定执行。

4.4.2　ACQ 防腐剂加压处理木材中 ACQ 防腐剂活性成分保持量测定

4.4.2.1　ACQ 防腐剂加压处理木材中氧化铜(CuO)保持量的测定

4.4.2.1.1　湿灰化处理

ACQ 防腐剂加压处理木材在测定氧化铜(CuO)保持量之前需进行湿灰化处理,按 SB/T 10405 中的规定执行。

4.4.2.1.2　氧化铜(CuO)保持量的测定

ACQ 防腐剂加压处理木材中氧化铜(CuO)保持量测定所用的试剂和步骤按 SB/T 10404—2006 中 10.1 和 10.2 执行。

4.4.2.1.3　氧化铜(CuO)保持量的计算

ACQ 防腐剂加压处理木材中氧化铜(CuO)保持量按式(1)计算:

$$R_{CuO} = \frac{7.96 \times v \times C \times V_1 \times d}{m \times V_2} \times 10 \quad\cdots\cdots\cdots\cdots(1)$$

式中:

R_{CuO}——ACQ 防腐剂加压处理木材中氧化铜(CuO)的保持量,单位为千克每立方米(kg/m³);

v——滴定时所用硫代硫酸钠标准溶液的体积,单位为毫升(mL);

C——硫代硫酸钠标准溶液的浓度,单位为摩尔每升(mol/L);

V_1——ACQ 防腐剂加压处理木材湿灰化后稀释定容体积,单位为毫升(mL);

V_2——测定时所取湿灰化后稀释液体积,单位为毫升(mL);

m——湿灰化时所取 ACQ 防腐剂加压处理木材样本质量,单位为克(g);

d——ACQ 防腐剂加压处理木材的基本密度,单位为克每立方厘米(g/cm³);

7.96——换算系数。

4.4.2.2　ACQ 防腐剂加压处理木材中季铵盐(DDAC、BAC)保持量的测定

4.4.2.2.1　仪器

a)　10 mL 微量滴定管。

b)　100 mL 具塞量筒。

c)　超声波水浴。

d)　25 mL 具塞聚四氟乙烯萃取瓶。

4.4.2.2.2　试剂

a)　0.004 mol/L 的十二烷基硫酸钠溶液。称取 1.14 g～1.16 g 十二烷基硫酸钠,置于 250 mL 烧杯中,用蒸馏水(约 100 mL)溶解,加入 1 滴三乙醇胺后,全部转入 1 L 容量瓶中,用蒸馏水稀释至刻度。

b)　0.004 mol/L 海明 1622 溶液。称取 1.75 g～1.85 g(精确至 0.1 mg)在 105 ℃的烘箱中干燥至恒重的海明 1622,置于 250 mL 烧杯中,用蒸馏水溶解后,全部转入 1 L 容量瓶中,用蒸馏水稀释至刻度。

(海明 1622:苄基二甲基-2-[2-对-(1,1,3,3-四甲丁基)苯氧-乙氧基]-乙基氯化铵单水合物)

c) 酸性蓝-1(4,4'-双(二乙氨基)三苯基脱水甲醇-2",4"-二磺酸单钠)。

d) 溴化底米鎓(3,8-二氨基-5-甲基-6-苯溴化氮杂菲)。

e) 95%乙醇(试剂级)。

f) 混合酸性指示剂贮存液:称取 0.50 g 溴化底米鎓和 0.25 g 酸性蓝-1 置于 100 mL 烧杯中,加 50mL 50:50 的乙醇水溶液使其溶解后,倒入 250 mL 容量瓶中,用乙醇水溶液淋洗烧杯,洗液一并倒入容量瓶中,再用该乙醇水溶液稀释至刻度。

g) 混合酸性指示剂溶液:加 50 mL 蒸馏水和 20 mL 混合酸性指示剂贮存液于 500 mL 容量瓶中,再加 20 mL 2.5 mol/L 硫酸溶液,用蒸馏水稀释至刻度,倒入棕色试剂瓶中,避光贮存。

h) 三氯甲烷(试剂级)。

i) 浓盐酸(试剂级)。

j) 2.5 mol/L 硫酸溶液。

k) 0.1 mol/L 盐酸-乙醇萃取剂:加 8.33 g 浓盐酸到 1 L 容量瓶中,用 95%乙醇稀释至刻度。

4.4.2.2.3 试样萃取

用植物粉碎机将待测的 ACQ 防腐剂加压处理木材样品粉碎至通过 30 目标准筛。将上述木粉在 105 ℃的烘箱中干燥至恒重,称取 1.5 g(精确至 0.001 g)(以 m 表示),置于 30 mL 的具塞聚四氟乙烯萃取瓶中,用移液管准确加入 25 mL 0.1 mol/L 盐酸-乙醇萃取剂(以 V_1 表示)。塞紧盖子,放入超声波浴中萃取 3 h,其间每隔半小时取出一次萃取瓶,摇匀后重新放入超声波水浴继续萃取。萃取结束后,取出,静置冷却,在测定前要使木粉沉降下来(必要时可用离心机分离)。

4.4.2.2.4 分析步骤

① 试样检测:

用移液管准确吸取 5 mL 试样萃取液(以 V_2 表示),加到盛有 20 mL 蒸馏水的 100 mL 具塞量筒中,再用量筒加入 15 mL 三氯甲烷和 10 mL 混合酸性指示剂溶液。

再用移液管准确加入 5 mL 0.004 mol/L 十二烷基硫酸钠溶液,充分混合后,三氯甲烷层应呈粉红色,如果三氯甲烷层呈蓝色,则说明所加的十二烷基硫酸钠溶液的数量不够和萃取液中的季铵盐反应,需再加 5 mL 0.004 mol/L 的十二烷基硫酸钠溶液。

过量的十二烷基硫酸钠用标准的 0.004 mol/L 海明 1622 溶液滴定。滴定开始时,每加 2 mL 海明 1622 溶液后,都要塞上盖子充分混合,然后打开盖子,用蒸馏水淋洗盖子,淋洗液流回到量筒中,以免试样损失。待静置分层后,如三氯甲烷层呈粉红色,继续重复上述步骤滴定。

当三氯甲烷/水乳浊液破乳分层加快,三氯甲烷层呈现胭脂红色时,表明滴定终点快要到来,这时要格外小心,要逐滴滴定,充分混合,直到三氯甲烷层的红色完全褪去,变成浅灰蓝色时,即达终点。

记录滴定所耗用的海明 1622 标准溶液的体积(以 V 表示)。当海明 1622 过量时,三氯甲烷层呈蓝色。

② 空白试验:

用 5 mL 0.1 mol/L 盐酸-乙醇萃取剂替代 5 mL 试样萃取液,按上述试样检测的步骤做空白试验(所加的十二烷基硫酸钠溶液的体积和试样检测时相同)。

记录至滴定终点时所消耗的 0.004 mol/L 海明标准溶液的体积(以 V_0 表示)。

4.4.2.2.5 结果计算

ACQ 防腐剂加压处理木材试样中季铵盐的保持量按式(2)计算:

$$R_{QAC} = \frac{(V_0 - V) \times c \times M_W \times V_1 \times d}{m \times V_2} \quad \cdots\cdots\cdots\cdots\cdots\cdots\cdots\cdots\cdots\cdots (2)$$

式中:

R_{QAC}——ACQ 防腐剂加压处理木材试样中季铵盐的保持量,单位为千克每立方米(kg/m³);

V_0——空白试验滴定时所耗用的海明 1622 标准溶液的体积,单位为毫升(mL);

V——试样滴定时所耗用的海明 1622 标准溶液的体积,单位为毫升(mL);

c——海明 1622 标准溶液的摩尔浓度(海明的相对分子质量为 448.1),单位为摩尔每升(mol/L);

V_1——萃取 ACQ 防腐剂加压处理木材中季铵盐时所得供分析用提取液总体积,单位为毫升(mL);

V_2——测定时所取提取液体积,单位为毫升(mL);

m——用于萃取的 ACQ 防腐剂加压处理木材试样的质量,单位为克(g);

d——ACQ 防腐剂加压处理木材的基本密度,单位为克每立方厘米(g/cm^3);

M_W——季铵盐的分子质量,单位为克每摩尔(g/mol)

$M_W(DDAC) = 362.1 g/mol$,

$M_W(BAC) = 354.0 g/mol$(注:BAC 由 80% 的十二烷基二甲基苄基氯铵和 20% 的十四烷基二甲基苄基氯化铵组成)。

4.4.3 ACQ 防腐剂透入率测定

4.4.3.1 心、边材的辨别

心、边材可以用目测法辨别的 ACQ 防腐剂加压处理木材,用目测法辨别。

心、边材之间的颜色无明显界限的情况下,有些松木可以借助心、边材辨别指示剂辨别。松木心、边材指示剂是由以下两种溶液等体积混合组成的混合液:

溶液 A:邻氨基苯甲醚(邻茴香胺)盐酸盐溶液——称取 8.5 g 浓盐酸(37%),用水稀释到 495 g,加 5 g 邻氨基苯甲醚,搅拌到完全溶解,备用。

溶液 B:10% 亚硝酸钠溶液——将 50 g 亚硝酸钠溶解在 450 g 水中而成。

溶液 A 和溶液 B 分别在冰箱中或阴凉处贮存,贮存期可长达 1 个月以上。将溶液 A、B 等体积混合后,尽快使用,且使用前必须过滤。

使用时,将指示剂混合液涂布在需辨别心、边材的木材切面或木芯上,几分钟后,心材部分就变成红色,或黄红色,颜色明亮,而边材则保持均匀的浅橙黄色。这样就可以区别心、边材。

4.4.3.2 ACQ 防腐剂边材透入率的测定

显色法测定:按 GB/T 50329—2002 中附录 E3 的有关规定执行。

锯切法测定:在样品的横切面上使用求积分仪分别测出边材总面积和 ACQ 防腐剂活性成分在边材中透入面积,两个面积值相比即为 ACQ 防腐剂活性成分在 ACQ 防腐剂加压处理木材中的边材透入率。

4.5 出厂检验

4.5.1 产品出厂前由质检员按本标准或合同规定抽样检验,检验项目为外观尺寸、材质、防腐处理质量等。

4.5.2 对不合格项目应加倍复检,复检符合要求为合格品,否则判为不合格品。防腐质量的判定按 LY/T 1636—2005 规定执行。

4.5.3 尺寸超过偏差时应改锯或其供需双方协商解决。

4.5.4 材质指标或缺陷超过允许限度时,可降等处理。

4.5.5 防腐处理质量不合格,应重新处理,经复检合格后才允许出厂。

4.5.6 合格产品应出具质量合格证。

4.6 型式检验

4.6.1 型式检验包括本标准中规定的全部技术要求。产品遇有下列情况之一时,应进行型式检验。

 a) 新产品的试制定型鉴定;

 b) 产品结构、工艺、材料有重大改变时;

 c) 连续生产中的产品每年进行一次;

d)　产品间隔半年再次生产时；

e)　国家技术监督机构提出进行型式检验的要求时。

4.6.2　用作型式检验的产品应从出厂检验合格的产品中抽取。抽样数量按 LY/T 1636—2005 中 5.1.4 规定执行。若抽检产品防腐质量或尺寸检量中出现不合格项目，应双倍抽样复检，如仍不合格，则判该批产品为不合格。

4.6.3　型式检验应选择具有承检资格的检验中心进行。

5　标识

出厂的经 ACQ 防腐剂加压处理木材应按 SB/T 10383 标识，并应有使用分类代码、储运图示等。

ICS 79.100.50
B 71
备案号：27091—2010

中华人民共和国国内贸易行业标准

SB/T 10558—2009

防腐木材及木材防腐剂取样方法

Sampling method for preservative-treated wood and wood preservatives

2009-12-25 发布　　　　　　　　　　　2010-07-01 实施

中华人民共和国商务部　　发 布

前　言

本标准的附录 A、附录 B 为资料性附录。

本标准由中华人民共和国商务部提出并归口。

本标准起草单位：木材节约发展中心、中国物流与采购联合会木材保护质量监督检验测试中心。

本标准主要起草人：唐镇忠、喻迺秋、沈长生、韩玉杰、马守华、陶以明、张少芳。

防腐木材及木材防腐剂取样方法

1 范围

本标准规定了防腐木材(包括锯材、圆木、木制品)和木材防腐剂的批的选择、取样、取样前的准备、取样方法、取样记录的要求以及安全注意事项。

本标准适用于以检验该批防腐木材的透入率和载药量及木材防腐剂的质量为目的取样。

2 规范性引用文件

下列文件中的条款通过本标准的引用而成为本标准的条款。凡是注日期的引用文件,其随后所有的修改单(不包括勘误的内容)或修订版均不适用于本标准,然而,鼓励根据本标准达成协议的各方研究是否可使用这些文件的最新版本。凡是不注日期的引用文件,其最新版本适用于本标准。

GB/T 2828.1—2003 计数抽样检验程序 第1部分:按接收质量限(AQL)检索的逐批检验抽样计划(ISO 2859-1:1999,IDT)

GB/T 14019 木材防腐术语

3 术语和定义

GB/T 2828.1—2003 和 GB/T 14019 确立的以及下列术语和定义适用于本标准。

3.1

接收质量限 acceptance quality limit(AQL)

当一个连续系列批被提交验收抽样时,可允许的最差过程平均质量水平。以不合格品百分数或每百单位产品不合格数表示。

[注:引用自 GB/T 2828.1—2003,定义 3.1.26]

3.2

批 lot

汇集在一起的一定数量防腐木材或木材防腐剂的总和。

[注:改写 GB/T 2828.1—2003,定义 3.1.13]

3.3

批量 lot size

某批中产品的数量。

[注:引用自 GB/T 2828.1—2003,定义 3.1.14]

3.4

样本 sample

取自一个批并且提供有关该批的信息的一个或一组产品。

[注:引用自 GB/T 2828.1—2003,定义 3.1.15]

3.5

样本量 sample size

样本中产品的数量。

[注:引用自 GB/T 2828.1—2003,定义 3.1.16]

4 批的选择

4.1 所选批应具有代表性;当该批中包含不同工厂生产的同一规格产品时,选取的样本应能代表各个工厂的产品。

4.2 同一批样本不应包含不同规格的产品。

5 防腐木材取样

5.1 取样要求

5.1.1 所取的样本应在树种、规格、含水率和心、边材比例等方面具有代表性。除特别说明外,都应任意选取整根防腐木材作为一个样本。但是,如果出现下列情况之一,可以随机选取若干根半截防腐木材作为一个样本。

    a) 这些半截木材在该取样批中随机分布,并具有代表性;

    b) 针叶材的端头用非渗透性油漆进行了涂刷;

    c) 阔叶材的长度不小于 1.2 m;或者一端用非渗透性油漆进行了涂刷,而长度不小于 0.75 m。

5.1.2 如果防腐处理的目的是预防钻孔生物的侵害,应选用较易受侵害的树种作为样本。

5.1.3 取样应避开木节、裂缝、应力木等可见缺陷。

5.1.4 当取样的批里包含几个树种时,应从最难被浸注处理的树种取样。

5.1.5 如果测定某批防腐木材的平均载药量时,应适当考虑心、边材的取样比例。

5.1.6 当直接从防腐木结构上取样时,应确保取样后不会导致结构件的强度降低或影响木结构的完整性。

5.1.7 如果从经过防腐处理而又经过油漆或胶合等二次加工的木材上取样时,或者防腐木材表面已被污染时,应去除油漆或胶粘剂等,以保证分析结果不受外来物质的干扰。

5.1.8 如果测定载药量和透入率能利用一份样品完成,原则上每个样本只取一份样品。否则应取两份样品分别用于测定载药量和透入率。

5.1.9 取样前应根据接收质量限(AQL),制定正常检验一次取样方案。如果所抽取的样品将用于关键的结构件时,应适当降低可接收质量限和选用更严的检验水平。表 1 列出了常用的特殊检验水平S-3条件下的取样方案。

表 1 特殊检验水平的 S-3 条件下的取样方案

批量	取样方案(从一定批量的样品中应抽取的样本量/样本中允许的不合格样品的最大值)				
	接收质量限 1%	接收质量限 4%	接收质量限 10%	接收质量限 15%	接收质量限 25%
16～25	13/0	3/0	5/1	3/1	3/2
26～50	13/0	3/0	5/1	3/1	3/2
51～90	13/0	3/0	5/1	5/2	5/3
91～150	13/0	3/0	5/1	5/2	5/3
151～280	13/0	13/1	8/2	8/3	8/5
281～500	13/0	13/1	8/2	8/3	8/5
501～1 200	13/0	13/1	13/3	13/5	13/7
1 201～3 200	13/0	13/1	13/3	13/5	13/7
3 201～10 000	13/0	20/2	20/5	20/7	20/10
10 001～35 000	13/0	20/2	20/5	20/7	20/10
35 001～150 000	50/1	32/3	32/7	32/10	32/14
150 001～500 000	50/1	32/3	32/7	32/10	32/14
注:如果批量少于16,则所有的包装均需抽样。					

5.2 取样方法

取样时可以根据实际情况,采用锯切木块、薄片或用空心钻钻取木芯的方法。样品可以粉碎、混合后检测,也可以分别检测。

5.2.1 空心钻取样

5.2.1.1 空心钻取样主要用于圆木或半圆木和大规格的锯材的横向透入率的测定。不应用于轴向透入率的测定。

5.2.1.2 钻取木芯时,钻取点应相对集中于所选定的取样位置。

5.2.1.3 空心钻所取的木芯直径应不小于5 mm。

5.2.1.4 如果木芯的任何部分缺失,则该木芯应舍弃,并重新取样。

5.2.1.5 取样完毕,应用原防腐剂的浓缩液或其他合适防腐剂处理的木芯填充好取样留下的小孔。

5.2.1.6 对于圆木,空心钻取样时应垂直材面,并指向髓心(或几何髓心)。空心钻取样示意图见图1～图4。

5.2.1.7 如果对渗透深度有要求,则钻取的深度应大于要求的渗透深度。

5.2.1.8 如果圆木或半圆木要求完全渗透,则钻取时应到达截面的几何中心。

注:用空心钻取样原则上只适用于圆材(如防腐木杆和木桩等)和大规格的锯材(如铁道枕木等)。

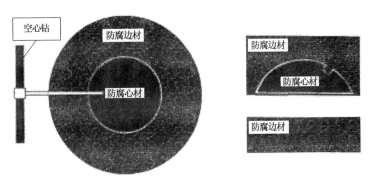

图 1　空心钻取样图例

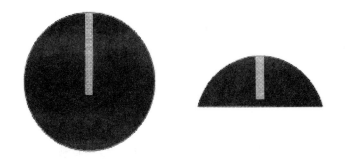

图 2　空心钻取样(圆木)图例

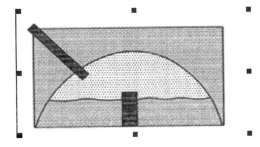

图 3　空心钻取样(对心材有透入度要求)图例

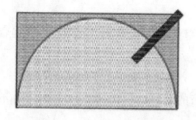 

图 4 空心钻取样(对心材无透入度要求)图例

5.2.1.9 对于煤杂酚油处理防腐木材取样时,样品的颗粒度大小应满足索氏抽提器的要求。如果样品不能马上分析,应将其储存于带有螺旋口盖的玻璃瓶内,环境温度不超过 10 ℃。

注:杂酚油处理木材的防腐剂载药量通常占 10%(按质量计),因此,防腐木材取样量至少为 20 g。

5.2.2 锯切木块法取样

5.2.2.1 样本表面应无可见的防腐剂沉积物、纹理通直,取样时应避开印章、裂纹以及人为的切口、钻孔等,并距木节至少沿纹理方向 100 mm 以上。

5.2.2.2 考虑到"端部透入"的影响,除非特殊说明或供求双方同意,木块样品应从样本中部或至少距样本端头 300 mm 以上的位置截取。锯切法取样如图 5 所示。

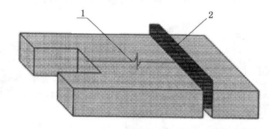

1——距离端头的位置(要求 300 mm 以上);
2——锯切的木块。

图 5 锯切木块法取样图例

5.2.2.3 取样完毕,应用原防腐剂的浓缩液或其他合适防腐剂在新暴露的木材表面进行涂覆处理,以封闭新暴露的木材表面。

5.2.2.4 当锯切木块的方法不太适用时,例如经济上考虑不可行时,可采用空心钻取样。

6 木材防腐剂取样

6.1 取样要求

6.1.1 所有的样品瓶应保证能清楚、持久地标示样品的有关信息。样品分析前,应存放于阴凉、避光处。

6.1.2 取样量应不少于 500 mL。装样品的容器应留有至少 10%的剩余空间。在装好样品后,立即密封样品瓶,并检验其是否渗漏。

6.1.3 将采得的所有试样混合均匀后,等量装入两个清洁干燥密封良好的磨口瓶中,一瓶用于分析检验,另一瓶留样备查,留样保存期为两个月。

6.1.4 对于木材防腐剂(不管是液体状、膏状或粉末状),某批中的样本量应尽可能接近该批批量一半的平方根(见表 2),所抽取的样本应具有任意性以保证抽取样品的代表性。

表 2 木材防腐剂的取样方案

批量 x	$\sqrt{\dfrac{x}{2}}$	样 本 量
10	2.24	2
20	3.16	3

表 2（续）

批量 x	$\sqrt{\dfrac{x}{2}}$	样 本 量
30	3.87	4
50	5.00	5
100	7.07	7

6.2 取样前的准备

6.2.1 防腐剂应充分搅拌，保证混合均匀；对于杂酚油等油类防腐剂，如有需要可适当加热。

6.2.2 所有与取样有关的工具和容器，或利用管道阀门取样时所用管道，应用待测木材防腐剂彻底地冲洗，冲洗液应被回收至指定的容器或储液池（罐）。

6.2.3 抽样涉及的各种容器应清洁、干燥、无锈，具有良好密闭性。并保证不与所取防腐剂发生反应。例如，含碳氢化合物溶剂的防腐剂不应使用聚乙烯材料的容器盛装，建议用玻璃容器；含氟和硼的木材防腐剂，建议用聚乙烯材料的容器盛装。

6.3 固体防腐剂的取样方法

6.3.1 取样枪适用于桶装的固体状木材防腐剂的取样，取样枪的内径大约 30 mm，并应足够长，以保证能插入包装桶的底部。

6.3.2 为了尽可能减少在取样过程中将水分引入样品中，取样动作应尽可能地快捷、简单。共取 5 次，混合 5 次所取的样品，置于清洁、干燥、气密性好的容器内混合均匀。将所取的样品按圆锥四分法进行缩分：即把样品堆集成圆锥体，将其顶部坦成平面，然后于此平面上划交叉对角线，将样体分成四等分，弃去两个对角的部分，然后将剩下的样品研磨成通过孔径为 2.0 mm 的筛子后，再进行缩分，反复多次进行至适量的样品为止。

6.4 膏状防腐剂的取样方法

6.4.1 取样工具为容积为 500 mL 左右的宽口取样罐，并配有长手柄，罐的开口由一个副手柄控制，当取样罐伸入容器内，浸入防腐剂溶液后才开启罐口。

6.4.2 每桶取样 3 份，第 1 份在防腐剂的表面附近，第 2 份在中部取样，第 3 份在底部附近取样。3 份样品都倒入同一样品瓶中，并混合均匀。

6.5 液体状防腐剂取样方法

6.5.1 管线取样方法

6.5.1.1 取样前，要彻底冲洗取样管线和阀门等连接件，确保除去管线中的存留物。取样时，管线出口应伸到样品瓶底部附近。

6.5.1.2 管线取样建议采用流量比例样，因为它和管线内的流量成比例。管线取样装置如图 6 所示。

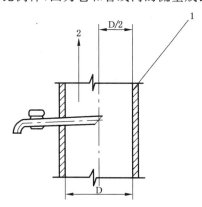

1——防腐剂输送管道；

2——防腐剂的流动方向。

图 6 管线取样装置图例

6.5.1.3 把所采取的样品以相等的体积混合成一份组合样。

6.5.2 桶装防腐剂取样方法

6.5.2.1 取样前,充分混合容器内防腐剂,将桶口朝上放置。打开盖子,把盖子湿侧朝上放在塞孔旁边。取样工具为厚壁玻璃管,内径约 20 mm,长度适当;为了保证取样过程中,当玻璃管从容器内抽出时,防腐剂不从玻璃管内流出,玻璃管的末端应为小口,小口内径约 5 mm。桶装防腐剂取样管如图 7 所示。

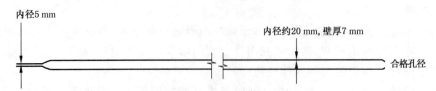

内径5 mm　　内径约20 mm,壁厚7 mm　　合格孔径

图 7　桶装防腐剂取样管图例

6.5.2.2 用拇指按住清洁干燥的取样管的上端开口,把管子插进防腐剂中约 300 mm 深度,移去拇指,让防腐剂流入管子,再用拇指按住取样管上开口,取出管子。用已吸入到取样管内的防腐剂来洗涤取样管的内壁,然后排净管内的防腐剂,这样重复三次,即可视为以后再取出的样品可以代表容器内的防腐剂了。不要触摸已沾有防腐剂的取样管外壁,以免污染人体。

6.5.2.3 按 6.5.2.2 的方法用取样管取出所需量的防腐剂,然后将取样管的下端放入样品瓶内,放开拇指,使防腐剂沿瓶壁流入样品瓶中。

7　安全注意事项

7.1 在对防腐木材取样时,尤其当防腐木材是湿的或木材表面有防腐剂时,应戴好防护手套、眼镜和口罩;并在取样完毕和进餐、抽烟之前及时洗手。

7.2 当通过木工机械如锯床、砂光机等切削机床进行取样时,操作人员应佩戴防尘口罩。

8　取样记录

取样完成,取样人员应及时填写取样记录,其内容至少应包括:

——取样依据的有关标准;

——样品识别标志,例如样品名称、状态、数量、规格型号、批号等;

——样品生产单位;

——取样地点、日期;

——取样时的环境温、湿度(针对固体防腐剂而言);

——取样基数的大小;

——取样双方人员签字;

——任何其他需要特殊说明的事宜。

附 录 A

（资料性附录）

心、边材区分方法

A.1 鉴别针叶材心、边材的方法

心、边材可以用目测法辨别的 CCA 防腐剂加压处理木材，用目测法辨别。如果心、边材之间的颜色无明显界限，如有些松木可以利用显色剂喷洒或涂抹在新锯切的截面上，心、边材呈现不同颜色的异常变化，区分针叶材树种的心、边材。

A.1.1 方法一

A.1.1.1 试剂

　　a) 变胺蓝盐 RT 溶液（VBRT）：0.2 g 对氨基二苯胺（N-phenyl-p-phenylenediamine）溶于 100 mL 水（该试剂对温度比较敏感，应储存于冰箱）。

　　b) 4％氨水溶液：稀释 1 体积的浓氨水（密度 D：0.880）于 5 体积的水。

　　c) 2％盐酸溶液：稀释 20 mL 浓盐酸于 1 000 mL 水中。

A.1.1.2 试验步骤

喷洒或者涂抹 VBRT 溶液于新锯截的防腐木材端头，稍等片刻，待 VBRT 溶液被木材吸收。

在端头涂抹 4％氨水溶液，观察颜色变化，边材将变成黄色，而心材将变成红色或紫红色。

如果是南洋杉木，在喷洒或者涂抹 VBRT 溶液和 4％氨水溶液后，等待足够时间，涂抹 2％盐酸溶液后，心材部分将呈现蓝黑色。

A.1.2 方法二

A.1.2.1 试剂

溶液 A：邻氨基苯甲醚（邻茴香胺）盐酸盐溶液——称取 8.5 g 浓盐酸（37％），用水稀释到 495 g，加 5 g 邻氨基苯甲醚，觉拌到完全溶解，备用。

溶液 B：10％亚硝酸钠溶液——将 50 g 亚硝酸钠溶解在 450 g 水中而成。

溶液 A 和溶液 B 分别在冰箱中或阴凉处贮存，贮存期可长达 1 个月以上。将溶液 A、B 等体积混合后，尽快使用，且使用前必须过滤。

A.1.2.2 试验步骤

使用时，将指示剂混合液涂布在需辨别心、边材的木材切面或木芯上，几分钟后，心材部分就变成红色，或黄红色，颜色明亮，而边材则保持均匀的浅橙黄色。

A.2 鉴别阔叶材心、边材的方法

主要依据在酸性条件下，将显色剂喷洒或涂抹在新锯切的截面上，心材部分呈现红色的异常变化，区分阔叶材树种的心、边材。

该方法适用于桉树等树种的心、边材的区分。

A.2.1 试剂

甲氨基苯甲醛（钠盐）溶液（分析纯）：0.1 g 甲氨基苯甲醛（钠盐）溶入 100 mL 甲醇。

A.2.2 试验步骤

喷洒或者涂抹 0.1％甲氨基苯甲醛（钠盐）溶液于新锯截的防腐木材端头，稍等片刻，观察颜色变化，边材将保持为桔黄色，而心材将变成红色。

附 录 B

（资料性附录）

防腐木材含水率测定方法

B.1 样品选择

适用于测定防腐木材的平均含水率，离两端头距离不小于 300 mm，截取完整横切面，厚度为 10 mm～20 mm 的试块；如果截取完整横切面不太现实，可以利用空心钻离两端头距离不小于 300 mm 的位置钻取木心，自边材材面开始，试材的中心位置方向或钻取到规定深度（如大规格材）。要求木心的质量不少于 8 g。

用于测定防腐木材活性成分的试件与测定含水率的试件应分别开来，不能合二为一。

截取试件后，应立即称重，否则应将试件置于恒重瓶或者气密性很好的干燥器内。

B.2 仪器

实验室常用仪器以及以下仪器：

——电热干燥箱；

——干燥器；

——分析天平。

B.3 步骤

样品钻（截）取后，立即进行称重，置于烘箱内进行干燥（103±2）℃，定期从烘箱内取出样品，置于干燥器内冷却，并进行称重，直至 24 h 内，前后两次称重质量差不超过 0.1 g；对于超过 20 g 的样品，在 24 h 内前后两次称重质量差不超过 0.5%。

注：此方法应注意在干燥过程中由于防腐剂的挥发或降解，而导致测定的含水率值偏高。

B.4 计算

试样含水率以 W_m 表示，按式（B.1）计算：

$$W_m = \frac{100(m - m_1)}{m_1} \qquad \cdots\cdots\cdots\cdots\cdots\cdots\cdots\cdots\cdots (B.1)$$

式中：

W_m——试样含水率，%；

m——试样干燥前质量，单位为克（g）；

m_1——试样干燥后质量，单位为克（g）。

ICS 03.080.01
A 20
备案号：33182—2011

中华人民共和国国内贸易行业标准

SB/T 10605—2011

木材防腐企业分类与评价指标

Specification for grading of wood preservation enterprise

2011-07-07 发布

2011-11-01 实施

中华人民共和国商务部   发布

前　言

本标准按照 GB/T 1.1—2009 给出的规则起草。

本标准由中华人民共和国商务部提出并归口。

本标准起草单位：木材节约发展中心、中国木材与木制品流通协会木材防腐专业委员会。

本标准主要起草人：陶以明、喻迺秋、马守华、张少芳、唐镇忠、沈长生、党文杰、韩玉杰、王倩。

木材防腐企业分类与评价指标

1 范围

本标准规定了木材防腐企业的等级划分、等级划分依据和等级划分指标。

本标准适用于从事防腐木材、木材防腐剂的生产经营企业。

2 规范性引用文件

下列文件对于本文件的应用是必不可少的。凡是注日期的引用文件,仅注日期的版本适用于本文件。凡是不注日期的引用文件,其最新版本(包括所有的修改单)适用于本文件。

GB/T 12801 生产过程安全卫生要求总则

GB 15603 常用化学危险品贮存通则

GB 22280—2008 防腐木材生产规范

SB/T 10440 真空和(或)压力浸注(处理)用木材防腐设备机组

危险化学品安全管理条例(中华人民共和国国务院令第 591 号)

国家危险废物名录(中华人民共和国环境保护部、中华人民共和国国家发展和改革委员会第 1 号令)

3 术语和定义

下列术语和定义适用于本文件。

3.1

木材防腐企业 wood preservation enterprise

从事木材防腐剂、防腐木材生产经营的经济组织。

4 等级划分

木材防腐企业划分为四个等级:特级、一级、二级、三级。其中,特级为最高等级。

5 等级划分依据

木材防腐企业的等级划分主要依据企业的经营状况、资产、设备设施、管理及服务、产品质量、人员素质、信息化水平等因素。

6 等级划分指标

6.1 各等级防腐木材生产企业的生产、安全和设备应符合 GB 22280、GB/T 12801、GB 15603 和 SB/T 10440 的规定和要求。

6.2 各等级木材防腐剂生产企业的生产、经营和管理应符合 GB 22280、GB/T 12801、GB 15603、《危险化学品安全管理条例》和《国家危险废物名录》的规定和要求。

6.3 木材防腐企业生产的产品应符合相关标准。产品应经具有国家计量认证资质认定的专业检测机构进行检测,并出具合法的抽检检测报告。

6.4 各等级防腐木材生产企业的其他评定指标应符合表 1 的相关规定和要求。

表 1 防腐木材生产企业等级评价指标

评价指标		级 别			
		特级	一级	二级	三级
经营状况	*上年主营业务收入/万元	10 000	5 000	3 000	1 000
	企业工商注册登记时间	五年以上	三年以上	两年以上	
资产	上年底资产总额/万元	2 000	1 000	500	200
	资产负债率	不高于 75%			
设备设施	*年生产能力/m³	50 000	30 000	10 000	5 000
	生产加工场地占地面积/m³ ≥	20 000	10 000	5 000	3 000
	生产加工车间	有,建筑物结构良好			
	*木材防腐设备机组	有			
	实验室及相应的仪器设备	有		—	
管理及服务	管理制度	有健全的生产、财务、统计、技术、产品质量的机构和相应的管理制度,相应的用工制度和劳动保护应符合 GB 22280 的要求			
	质量管理	有企业标准并在当地质检部门备案,按标生产,并建立相应的质量记录、跟踪、改进制度			
	*安全、消防、卫生管理	应符合国家有关法规和标准要求			
	*环境保护	应符合 GB 22280—2008 中第 11 章的要求			
人员素质	具有大专及以上学历人员数量 ≥	5	3	2	1
	具有中级及以上职称人员数量 ≥	3	2	1	—
	经过专业技术培训的质检人员数量 ≥	2	2	1	1
	岗位培训和岗位技能	各岗位人员应有岗位培训经历和熟练的岗位技能			
信息化水平	运用计算机系统和软件进行原料、产品收、发、库存管理及销售核算	有			
	能建立客户数据库并提供客户服务热线	有			
其他要求ᵃ		至少满足 5 项	至少满足 4 项	至少满足 3 项	至少满足 2 项

注 1:标注 * 的指标为企业达到评估等级的必备指标项目,其他为参考指标项目。

注 2:特级木材防腐企业如在申请企业等级划分评价前三年连续获得省级以上或全国行业综合性荣誉,其资产总额及企业年收入最低要求可向下浮动 20%。

ᵃ 见 6.6。

6.5 各等级木材防腐剂生产企业的其他评定指标应符合表 2 的相关规定和要求。

表 2 木材防腐剂生产企业等级评价指标

评价指标		级别			
		特级	一级	二级	三级
经营状况	*上年主营业务收入/万元	3 000	1 000	500	300
	企业工商注册登记时间	五年以上	三年以上	两年以上	
资产	上年底资产总额/万元	1 000	500	300	150
	*资产负债率	不高于75%			
设备设施	*年生产能力/t	5 000	3 000	2 000	1 000
	厂房建筑面积/m² ≥	1 200	800	500	500
	木材防腐剂专用反应釜、搅拌机	有			
	实验室及相应的仪器设备	有			
管理及服务	管理制度	有健全的生产、财务、统计、技术、产品质量的机构和相应的管理制度,相应的用工制度和劳动保护应符合GB 22280的要求			
	质量管理	有企业标准并在当地质检部门备案,按标生产,并建立相应的质量记录、跟踪、改进制度			
	*安全、环保、消防、卫生管理	应符合国家有关法规和标准要求			
人员素质	具有大专以上学历人员数量 ≥	5	3	2	1
	具有中级及以上职称人员数量 ≥	3	2	1	—
	经过专业技术培训的质检人员数量 ≥	2	2	1	1
	岗位培训和岗位技能	各岗位人员应有岗位培训经历和熟练的岗位技能			
信息化水平	运用计算机系统和软件进行原料、产品收、发、库存管理及销售核算	有			
	能建立客户数据库并提供客户服务热线	有			
其他要求ᵃ		至少满足4项	至少满足3项	至少满足2项	至少满足1项
注1:标注 * 的指标为企业达到评估等级的必备指标项目,其他为参考指标项目。					
注2:特级木材防腐企业如在申请企业等级划分评价前三年连续获得省级以上或全国行业综合性荣誉,其资产总额及企业年收入最低要求可向下浮动20%。					
ᵃ 见6.6。					

6.6 其他要求

其他要求包括如下选择项目:

a) 有省级或全国行业评定的综合性荣誉。

b) 有两个以上的经营网点。

c) 有高级职称的管理人员。

d) 能提供售后服务。

e) 有注册商标。

f) 承担过国家或省级重点工程的产品供应。

g) 采用固定合同文本。

h) 已通过 ISO 14000 认证或 ISO 9000 认证。

i) 参与过国家标准或行业标准起草工作。

j) 有木材干燥设备(设施)。

k) 有自主创新成果或技术专利。

ICS 65.020
B 71
备案号：33699—2011

中华人民共和国国内贸易行业标准

SB/T 10628—2011

建筑用加压处理防腐木材

Preservative-treated wood by pressure processes for construction uses

2011-08-10 发布   2011-12-01 实施

中华人民共和国商务部   发 布

前　言

本标准按照 GB/T 1.1—2009 给出的规则起草。

本标准由中华人民共和国商务部提出并归口。

本标准起草单位:木材节约发展中心、中国物流与采购联合会木材保护质量监督检验测试中心。

本标准主要起草人:沈长生、喻遒秋、唐镇忠、韩玉杰、马守华、陶以明、张少芳、党文杰。

建筑用加压处理防腐木材

1 范围

本标准规定了建筑用加压处理防腐木材的技术条件、检验规则与方法以及标识要求。

本标准适用于建造房屋、桥梁、景观、园林等建筑物使用的加压处理防腐木材。

2 规范性引用文件

下列文件对于本文件的应用是必不可少的。凡是注日期的引用文件,仅注日期的版本适用于本文件。凡是不注日期的引用文件,其最新版本(包括所有的修改单)适用于本文件。

GB/T 144 原木检验

GB/T 153 针叶树锯材

GB 449 锯材材积表

GB 4814 原木材积表

GB/T 4817 阔叶树锯材

GB/T 4822 锯材检验

GB/T 22102 防腐木材

GB 50005 木结构设计规范

GB/T 50329—2002 木结构试验方法标准

SB/T 10383 商用木材及其制品标志

SB/T 10558 防腐木材及木材防腐剂取样方法

3 技术条件

3.1 外观和尺寸

3.1.1 针叶树锯材尺寸及允许偏差应符合 GB/T 153 规定,或按 GB 50005 中结构规格材的允许尺寸规定执行,或按供需双方约定执行。

3.1.2 阔叶树锯材尺寸及允许偏差应符合 GB/T 4817 规定,或按 GB 50005 中结构规格材的允许尺寸规定执行,或按供需双方约定执行。

3.1.3 原木的尺寸及允许偏差按供需双方的约定执行。

3.1.4 防腐木材表面洁净,无明显沉积物,不能有刺激性气味散发。

3.2 材质

3.2.1 非承重结构防腐木材材质要求

非承重结构防腐木材材质指标及缺陷允许限度应符合 GB/T 153 和 GB/T 4817 的规定或按照供需双方的约定执行。

3.2.2 承重结构防腐木材材质要求

承重结构防腐木材材质指标及缺陷允许限度应满足 GB 50005 的相关规定。

3.3 涂覆封闭处理

木材应在加工成最终规格之后,再进行防腐处理。如果需对防腐木材进行切割、钻孔、开榫、开槽、雕刻等加工时,应使用原防腐剂的浓溶液或其他适当的防腐剂在新加工面进行涂覆处理,以封闭新暴露的木材表面。

3.4 含水率

对含水率有要求的防腐木,应进行二次干燥。干燥后的各种防腐木材含水率要求为:原木和方木不应大于25%;板材和规格材不应大于20%;受拉构件的连接板不应大于18%;连接件、层板胶合木不应大于15%。

3.5 金属连接件要求

用于连接防腐处理木材的金属连接件应根据所用防腐剂对金属腐蚀性的不同,采用耐腐蚀的产品。

3.6 防腐剂最低保持量

防腐剂有效成分的最低保持量应达到表1的要求。

表 1 防腐剂最低保持量　　　　　　　　单位为千克每立方米

材料及使用		无机硼化合物 a	铜氨(胺)季铵盐		铜唑(CuAz)			氨溶砷酸铜锌 ACZA	酸性铬酸铜 ACC	铜铬砷 CCA	唑醇啉 PTI	8-羟基喹啉铜 Cu8 b	二甲基二硫代氨基甲酸铜 CDDC b	是否二次干燥	使用环境等级分类 c
			ACQ-A ACQ-B	ACQ-C ACQ-D	CBA-A	CA-B	CA-C								
楼板		NR	4.0	4.0	3.3	1.7	1.0	4.0	4.0	4.0	0.29	0.32	1.6	否	C3
墙骨柱		4.5	4.0	4.0	3.3	1.7	1.0	4.0	4.0	4.0	0.21	0.32	1.6	是	C3
屋面板	锯材	NR	4.0	4.0	3.3	1.7	1.0	4.0	4.0	4.0	0.29	0.32	1.6	是	C3
	胶合木	NR	4.0	4.0	3.3	1.7	1.0	4.0	4.0	4.0	0.29	0.32	NR	是	C3
户外用地板	地面以上使用	NR	4.0	4.0	3.3	1.7	1.0	4.0	4.0	4.0	0.29	0.32	1.6	否	C3
	与土壤或淡水接触	NR	6.4	6.4	6.5	3.3	2.4	6.4	8.0	6.4	NR	NR	3.2	否	C4A
企口板	地面以上使用	NR	4.0	4.0	3.3	1.7	1.0	4.0	4.0	4.0	0.29	0.32	1.6	是	C3
	与土壤或淡水接触	NR	6.4	6.4	6.5	3.3	2.4	6.4	8.0	6.4	NR	NR	3.2	是	C4A
室内地板	锯材	4.5	4.0	4.0	3.3	1.7	1.0	NR	NR	NR	0.29	0.32	1.6	是	C2
	胶合板	4.5	4.0	4.0	3.3	1.7	1.0	NR	NR	NR	0.29	0.32	NR	是	C2
地坪	锯材	NR	4.0	4.0	3.3	1.7	1.0	4.0	4.0	4.0	0.29	0.32	1.6	是	C3
	胶合板	NR	4.0	4.0	3.3	1.7	1.0	4.0	4.0	4.0	0.29	0.32	NR	是	C3
垫板、垫条		4.5	4.0	4.0	3.3	1.7	1.0	4.0	4.0	4.0	0.29	0.32	1.6	否	C3
搁栅/龙骨		NR	4.0	4.0	3.3	1.7	1.0	4.0	4.0	4.0	0.29	0.32	1.6	是	C3
外墙挂板		NR	4.0	4.0	3.3	1.7	1.0	4.0	4.0	4.0	0.29	0.32	1.6	是	C3
永久性木基础		NR	9.6	NR	NR	NR	NR	9.6	NR	9.6	NR	NR	NR	是	C4B

表 1（续）

材料及使用	无机硼化合物[a]	铜氨(胺)季铵盐		铜唑(CuAz)			氨溶砷酸铜锌 ACZA	酸性铬酸铜 ACC	铜铬砷 CCA	唑醇啉 PTI	8-羟基喹啉铜 Cu8[b]	二甲基二硫代氨基甲酸铜 CDDC[b]	是否二次干燥	使用环境等级分类[c]
		ACQ-A ACQ-B	ACQ-C ACQ-D	CBA-A	CA-B	CA-C								
门槛、窗槛、地槛	4.5	4.0	4.0	3.3	1.7	1.0	NR	NR	NR	0.29	0.32	1.6	是	C2
建筑木线材	NR	4.0	4.0	3.3	1.7	1.0	4.0	4.0	4.0	0.29	0.32	1.6	是	C3
嵌角板条	NR	4.0	4.0	3.3	1.7	1.0	4.0	4.0	4.0	0.29	0.32	1.6	是	C3
表面涂饰的柱、桩	NR	6.4	6.4	6.5	3.3	2.4	6.4	8.0	6.4	NR	NR	3.2	否	C4A
建筑结构用桩、柱	NR	9.6	9.6	NR	NR	NR	9.6	NR	9.6	NR	NR	NR	否	C4B
方材、方柱形围栏	NR	6.4	6.4	6.5	3.3	2.4	6.4	8.0	6.4	NR	NR	3.2	否	C4A
板条围栏、板条形支柱等	NR	6.4	6.4	6.5	3.3	2.4	6.4	8.0	6.4	NR	0.32	3.2	否	C4A
景观用枕木	NR	6.4	6.4	6.5	3.3	2.4	6.4	8.0	6.4	NR	NR	3.2	否	C4A

注：“NR”表示不推荐使用。

[a] 无机硼化合物：包括硼酸（H_3BO_3）、氧化硼（B_2O_3）、（四）硼酸钠，或硼砂[$Na_2B_4O_7 \cdot nH_2O$），$n=1\sim10$]、八硼酸二钠（$Na_2B_8O_{13} \cdot 4H_2O$）等及其混合物。

[a] 其中有效成分以铜含量计。

[b] 使用环境与 GB/T 22102 标准的规定保持一致。

3.7 透入度的要求

建筑用防腐木材防腐剂的边材透入率应满足 GB/T 22102 的要求。

4 检验方法与规则

4.1 尺寸检验

按 GB/T 4822 和 GB/T 144 中有关规定执行。以防腐处理后的尺寸为准，来料加工按双方约定执行。

4.2 材积计算

按 GB 449 和 GB 4814 中的要求确定，或按其材积公式计算。

4.3 材质等级评定

以防腐处理后评定的等级为准，按 GB/T 4822 的有关规定和要求执行，来料加工按双方约定执行。

4.4 检验规则

4.4.1 取样

防腐木材的取样方法，按照 SB/T 10558 执行。

4.4.2 透入度检验

检测样本数量的确定，以每罐防腐处理中相同树种、相同厚度的木材为一批。每批木材处理量
<5 m³，抽取 10 个样本。每批木材处理量≥5 m³，抽取 20 个样本。检测样本应在木材长度方向的中部
取样，确定具体位置时应避开节疤、开裂和应力木。透入度检测应在木材的横截面或木芯的长度方向进
行，检测结果的合格率应≥80%。透入度检测方法按 GB/T 50329—2002 中 E3 的有关规定执行。

4.4.3 保持量检验

检测样本数量的确定，以每罐防腐处理中相同树种、相同厚度的木材为一批。每批木材处理量
<5 m³，抽取 10 个样本。每批木材处理量≥5 m³，抽取 20 个样本。

4.4.4 出厂检验

4.4.4.1 产品出厂前应由生产企业的质检部门按本标准或合同规定抽样检验。并依据检测结果，出具
尺寸偏差、材质及防腐质量等级证书。

4.4.4.2 尺寸超过偏差时应改锯或由供需双方协定解决。

4.4.4.3 材质指标或缺陷超过允许限度时，可降等处理。

4.4.4.4 防腐质量未达到本标准或合同规定的使用环境等级要求，应重新处理，经复检合格后方可
出厂。

4.4.5 型式检验

4.4.5.1 型式检验包括本标准第 4 章规定的全部技术条件要求。产品遇有下列情况之一时，应进行型
式检验：

    a) 新产品的试制定型鉴定；

    b) 产品结构、工艺、材料有重大改变时；

    c) 连续生产中的产品每年进行一次；

    d) 产品间隔半年再次生产时；

    e) 国家技术监督机构提出进行型式检验的要求时。

4.4.5.2 用作型式检验的产品应从出厂检验合格的产品中抽取。抽样数量按 SB/T 10558 执行。若
抽检产品在防腐质量或尺寸测量中出现不合格项目，应双倍抽样复检；如仍不合格，则判该批产品为不
合格。

4.4.5.3 型式检验应选择具有承检资格的检验中心进行。

5 标识

出厂的建筑用加压处理防腐木材应按 SB/T 10383 标识，并应有使用分类代码、储运图示等。

三、 木材阻燃类

ICS 79.060.10
B 70

中华人民共和国国家标准

GB/T 18101—2013
代替 GB 18101—2000

难 燃 胶 合 板

Difficult-flammble plywood

2013-12-31 发布

2014-06-22 实施

中华人民共和国国家质量监督检验检疫总局
中国国家标准化管理委员会 发布

前　言

本标准按照 GB/T 1.1—2009 给出的规则起草。

本标准代替 GB 18101—2000《难燃胶合板》。本标准与 GB 18101—2000 相比主要技术内容变化如下：

——修改了难燃胶合板的分类（见第 5 章，2000 版第 4 章）；

——增加了难燃胶合板燃烧性能等级的划分（见 5.2）；

——增加了产烟特性、产烟毒性和燃烧滴落物/微粒的性能指标（见 6.6.2）；

——修改了标准性质（2000 版为强制性标准，本标准为推荐性标准）。

请注意本文件的某些内容可能涉及专利。本文件的发布机构不承担识别这些专利的责任。

本标准由国家林业局提出。

本标准由全国人造板标准化技术委员会（SAC/TC 198）归口。

本标准起草单位：中国林业科学研究院木材工业研究所、公安部四川消防研究所、千年舟投资集团有限公司、美亚环球木业（佛山）有限公司、北京盛大华源科技有限公司、久盛地板有限责任公司、德华兔宝宝装饰新材股份有限公司、广西丰林木业集团股份有限公司、安信伟光（上海）木材有限公司、书香门地（上海）新材料科技有限公司。

本标准主要起草人：陈志林、赵成刚、陆铜华、黎志恒、任华、孙伟圣、王晓辉、林国利、卢伟光、卜立新、李双昌。

本标准所代替标准的历次版本发布情况为：

——GB 18101—2000

难 燃 胶 合 板

1 范围

本标准规定了难燃胶合板的术语和定义、符号与缩略语、分类、要求、测量和试验方法、检验规则以及标签、包装、运输和贮存。

本标准适用于难燃普通胶合板和难燃装饰单板贴面胶合板。

2 规范性引用文件

下列文件对于本文件的应用是必不可少的。凡是注日期的引用文件,仅注日期的版本适用于本文件。凡是不注日期的引用文件,其最新版本(包括所有的修改单)适用于本文件。

GB/T 8626 建筑材料可燃性试验方法

GB/T 9846.2—2004 胶合板 第2部分:尺寸公差

GB/T 9846.3—2004 胶合板 第3部分:普通胶合板通用技术条件

GB/T 9846.4—2004 胶合板 第4部分:普通胶合板外观分等技术条件

GB/T 9846.5—2004 胶合板 第5部分:普通胶合板检验规则

GB/T 9846.7—2004 胶合板 第7部分:试件的锯制

GB/T 9846.8—2004 胶合板 第8部分:试件尺寸的测量

GB/T 15104—2006 装饰单板贴面人造板

GB/T 17657 人造板及饰面人造板理化性能试验方法

GB 18580 室内装饰装修材料 人造板及其制品中甲醛释放限量

GB/T 20284 建筑材料或制品的单体燃烧试验

GB/T 20285 材料产烟毒性危险分级

3 术语和定义

下列术语和定义适用于本文件。

3.1

难燃胶合板 difficult-flammble plywood

经过阻燃处理,燃烧性能达到难燃等级的胶合板。

3.2

燃烧性能 burning behavior

当材料、产品和(或)构件燃烧或遇火时,所发生的一切物理和(或)化学变化。

[GB 5907—1986,定义1.4]

3.3

产烟毒性 smoke toxicity

材料燃烧时产生的烟气,通过呼吸或者部分感官接触,对人或动物引起的危害的程度。

注:改写GB/T 24509—2009,定义3.5。

3.4

燃烧滴落物/微粒　flaming droplets/particles

在燃烧试验过程中,脱离试样并继续燃烧的材料。

注:改写 GB/T 8626—2007,定义 3.3。

4　符号与缩略语

下列符号与缩略语适用于本文件。

F_s　　　　　燃烧长度,单位为毫米(mm)

$FIGRA$　　　用于分级的燃烧增长速率指数

LFS　　　　火焰横向蔓延长度,单位为米(m)

THR_{600s}　　时间为 600 s 内的总放热量,单位为兆焦(MJ)

$SMOGRA$　　烟气生成速率指数,单位为平方米每二次方秒(m^2/s^2)

TSP_{600s}　　试验 600 s 总烟气生成量,单位为平方米(m^2)

ZA_3　　　　准安全三级

5　分类

5.1　按结构分:

　　a)　难燃三层胶合板;

　　b)　难燃多层胶合板。

5.2　按燃烧性能等级分:

　　a)　难燃 B1—B 级胶合板;

　　b)　难燃 B1—C 级胶合板。

5.3　按表面加工状况分:

　　a)　难燃普通胶合板,包括难燃未砂光胶合板和难燃砂光胶合板;

　　b)　难燃装饰单板贴面胶合板。

5.4　按耐久性能分:

　　a)　干燥条件下使用;

　　b)　潮湿条件下使用;

　　c)　室外条件下使用。

6　要求

6.1　规格尺寸和偏差

6.1.1　难燃普通胶合板的幅面尺寸、长度和宽度公差、厚度公差、边缘直度公差、垂直度公差和翘曲度应符合 GB/T 9846.2—2004 的相关规定。

6.1.2　难燃装饰单板贴面胶合板的规格尺寸及其偏差应符合 GB/T 15104—2006 中 5.2 的规定。

6.2　板的结构

6.2.1　难燃胶合板的结构应符合 GB/T 9846.3—2004 中第 3 章的规定。

6.2.2　难燃胶合板内层单板的特征应符合 GB/T 9846.3—2004 中第 6 章的规定。

6.2.3　难燃装饰单板贴面胶合板的基材和装饰单板应符合 GB/T 15104—2006 中 5.1 的规定。

6.3 树种

难燃普通胶合板面板树种为该板的树种。

6.4 外观质量

6.4.1 难燃普通胶合板依据外观质量分为优等品、一等品和合格品,应符合 GB/T 9846.4—2004 的相关规定。

6.4.2 难燃装饰单板贴面胶合板外观质量分为优等品、一等品和合格品,应符合 GB/T 15104—2006 中5.3 的规定。

6.4.3 难燃胶合板的表板对阻燃剂的渗析应符合表 1 的规定。

表 1 难燃胶合板表板对阻燃剂渗析要求

等　级	要　求
优等品、一等品	不允许
合格品	轻微

6.5 理化性能

6.5.1 难燃普通胶合板含水率应符合 GB/T 9846.3—2004 中 8.1.1 的规定。

6.5.2 难燃普通胶合板胶合强度应符合 GB/T 9846.3—2004 中 8.2.1 的规定。

6.5.3 难燃普通胶合板甲醛释放量应符合 GB 18580 中的规定。

6.5.4 难燃装饰单板贴面胶合板的理化性能除甲醛释放量按 GB 18580 中的相关规定外,其他应符合GB/T 15104—2006 中 5.4 的规定。

6.6 燃烧性能

6.6.1 难燃 B1—B 级胶合板和难燃 B1—C 级胶合板的燃烧性能检测项目及指标见表 2。

表 2 燃烧性能检测项目及指标

燃烧性能等级	试验标准	分级判据
难燃 B1—B 级	GB/T 20284	$FIGRA_{0.2\ MJ} \leqslant 120\ W/s$ $LFS <$ 试样边缘 $THR_{600\ s} \leqslant 7.5\ MJ$
	GB/T 8626 点火时间 $=30\ s$	60 s 内 $F_s \leqslant 150\ mm$ 无燃烧滴落物引燃滤纸
难燃 B1—C 级	GB/T 20284	$FIGRA_{0.4\ MJ} \leqslant 250\ W/s$ $LFS <$ 试样边缘 $THR_{600\ s} \leqslant 15\ MJ$
	GB/T 8626 点火时间 $=30\ s$	60 s 内 $F_s \leqslant 150\ mm$ 无燃烧滴落物引燃滤纸

6.6.2 难燃胶合板产烟特性、产烟毒性和燃烧滴落物、微粒指标应达到表 3 中的规定要求。

表 3 产烟特性、产烟毒性和燃烧滴落物、微粒指标

检测项目	试验标准	技术要求
产烟特性	GB/T 20284	$SMOGRA \leqslant 30$ m²/s²
		$TSP_{600\,s} \leqslant 50$ m²
产烟毒性	GB/T 20285	达到 ZA_3
燃烧滴落物、微粒	GB/T 20284	600 s 内燃烧滴落物、微粒,持续时间不超过 10 s

7 测量和试验方法

7.1 规格尺寸和偏差

7.1.1 难燃普通胶合板的幅面尺寸、长度和宽度公差、厚度公差、边缘直度公差、垂直度公差、翘曲度按照 GB/T 9846.2—2004 中规定进行。

7.1.2 难燃装饰单板贴面胶合板的幅面尺寸、厚度尺寸、相邻边垂直度、边缘直度、翘曲度按照 GB/T 15104—2006 中 6.1 的规定进行。

7.2 外观质量

采用目测和检量工具对难燃普通胶合板和难燃装饰单板贴面胶合板表面的外观质量要求进行逐项检量,并判定其等级。

7.3 理化性能

7.3.1 试件锯制

7.3.1.1 难燃普通胶合板按照 GB/T 9846.7—2004 中的规定进行。

7.3.1.2 难燃装饰单板贴面胶合板按照 GB/T 15104—2006 中 6.3.1 的规定进行。

7.3.2 试件尺寸的测量

7.3.2.1 难燃普通胶合板按照 GB/T 9846.8—2004 中的规定进行。

7.3.2.2 难燃装饰单板贴面胶合板按照 GB/T 15104—2006 中 6.3.1 的规定进行。

7.3.3 含水率测定

按照 GB/T 17657 中的相关规定进行。

7.3.4 胶合强度测定

难燃普通胶合板按照 GB/T 9846.3—2004 中 8.2.2~8.2.6 规定进行。

7.3.5 表面胶合强度测定

难燃装饰单板贴面胶合板表面胶合强度测定按照 GB/T 15104—2006 中 6.3.4 的规定进行。

7.3.6 浸渍剥离试验

难燃装饰单板贴面胶合板浸渍剥离试验按照 GB/T 15104—2006 中 6.3.3 的规定进行。

7.3.7 冷热循环试验

难燃装饰单板贴面胶合板冷热循环试验按照 GB/T 15104—2006 中 6.3.5 的规定进行。

7.3.8 甲醛释放量的测定

按照 GB 18580 中的相关规定进行。

7.3.9 耐光色牢度的测定

难燃装饰单板贴面胶合板耐光色牢度的测定按照 GB/T 15104—2006 中 6.3.7 的规定进行。

7.4 燃烧性能的测定

7.4.1 难燃胶合板 $FIGRA$ 试验按 GB/T 20284 规定进行。

7.4.2 难燃胶合板 LFS 试验按 GB/T 20284 规定进行。

7.4.3 难燃胶合板 $THR_{600\,s}$ 试验按 GB/T 20284 规定进行。

7.4.4 难燃胶合板 F_s 试验按 GB/T 8626 规定进行。

7.4.5 难燃胶合板产烟特性试验按 GB/T 20284 规定进行。

7.4.6 难燃胶合板产烟毒性试验按 GB/T 20285 规定进行。

7.4.7 难燃胶合板燃烧滴落物/微粒试验按 GB/T 20284 规定进行。

8 检验规则

8.1 检验分类

8.1.1 产品检验分出厂检验和型式检验。

8.1.2 出厂检验包括以下项目：
    a) 外观质量检验；
    b) 规格尺寸检验；
    c) 理化性能检验：含水率、甲醛释放量，难燃普通胶合板增加胶合强度，难燃装饰单板贴面胶合板增加浸渍剥离和表面胶合强度。

8.1.3 型式检验除包括出厂检验的全部项目外，增加燃烧性能分级、产烟特性、产烟毒性和燃烧滴落物/微粒检测。难燃装饰单板贴面胶合板还应增加冷热循环检验项目。

8.1.4 有下列情况之一时，应进行型式检验：
    a) 当原辅材料及生产工艺发生较大变动时；
    b) 长期停产后恢复生产时；
    c) 在正常生产时，燃烧性能每年检验一次；
    d) 国家质量监督机构或合同规定提出进行型式检验要求时。

8.2 抽样和判定规则

8.2.1 燃烧性能检测的样品应和理化性能检测的样品在同一批产品中抽取，抽样基数不小于 50 m²，共抽三组，每组不小于 12.5 m²（允许拼接）。

8.2.2 难燃胶合板外观质量、规格尺寸、理化性能检测的抽样与判定按 GB/T 9846.5—2004 中的规定进行。

8.2.3 难燃装饰单板贴面胶合板外观质量检验、规格尺寸检验、理化性能检验的抽样与判定按照

GB/T 15104—2006 中 7.2 的规定进行。

8.2.4 燃烧性能的判定,如果第一组测试结果符合难燃 B1—B 级(或 B1—C 级)标准,则判定该批板难燃 B1—B 级(或 B1—C)级合格;如果第一组不合格,第二组和第三组应同时合格才可以判定合格,否则判定该批产品不合格。

8.3 综合判定

同一批抽样产品外观质量、规格尺寸、理化性能、燃烧性能检验结果均符合相应等级要求时,判该产品为合格,否则判为不合格。

8.4 检验报告

出厂检验报告内容包括:被检验产品的类别、外观质量、规格尺寸、理化性能、难燃等级、产烟特性、产烟毒性和燃烧滴落物/微粒、检验依据标准等全部细节。注明检验结果及其结论,且注明检验过程中出现的异常情况和有必要说明的问题。

9 标签、包装、运输和贮存

9.1 产品标签

产品标签应标注生产厂家名称、厂址、注册商标、产品名称、甲醛释放量、难燃等级、本标准编号、规格、生产日期、检验员代号等。

9.2 包装

产品应按不同类型、规格、出厂检验等级和难燃等级分别妥善包装。

9.3 运输和贮存

产品在运输和贮存过程中应平整堆放,注意防潮、防雨、防晒、防变形。

———————————

ICS 79.060.20
B 70

中华人民共和国国家标准

GB/T 18958—2013
代替 GB/T 18958—2003

难燃中密度纤维板

Difficult-flammable medium density fiberboard

2013-12-31 发布
2014-06-22 实施

中华人民共和国国家质量监督检验检疫总局
中国国家标准化管理委员会 发布

前　言

本标准按照 GB/T 1.1—2009 给出的规则起草。

本标准代替 GB/T 18958—2003《难燃中密度纤维板》。本标准与 GB/T 18958—2003 相比主要技术变化如下：

——修改了难燃中密度纤维板的分类（见第 5 章，2003 版第 4 章）；

——增加了难燃中密度纤维板燃烧性能等级的划分（见 5.2）；

——增加了产烟特性、产烟毒性和燃烧滴落物/微粒的性能指标（见 6.5.2）。

请注意本文件的某些内容可能涉及专利。本文件的发布机构不承担识别这些专利的责任。

本标准由国家林业局提出。

本标准由全国人造板标准化技术委员会（SAC/TC 198）归口。

本标准起草单位：中国林业科学研究院木材工业研究所、公安部四川消防研究所、北京盛大华源科技有限公司、东营正和木业有限公司、久盛地板有限责任公司、广西丰林木业集团股份有限公司、柯诺（北京）木业有限公司、大亚人造板集团有限公司、书香门地（上海）新材料科技有限公司、四川升达林业产业股份有限公司、广西三威林产工业有限公司、辽宁德尔新材料有限公司、阳谷森泉板业有限公司。

本标准主要起草人：陈志林、赵成刚、任华、李杰、孙伟圣、林国利、张东升、曾灵、向中华、陈仲炯、卜立新、汝继勇、左广勇、李双昌。

本标准所代替标准的历次版本发布情况为：

——GB/T 18958—2003。

难燃中密度纤维板

1 范围

本标准规定了难燃中密度纤维板的术语和定义、符号与缩略语、分类、要求、测量和试验方法、检验规则以及标签、包装、运输和贮存。

本标准适用于难燃中密度纤维板。本标准的燃烧性能要求也适用于难燃高密度纤维板。

2 规范性引用文件

下列文件对于本文件的应用是必不可少的。凡是注日期的引用文件，仅注日期的版本适用于本文件。凡是不注日期的引用文件，其最新版本（包括所有的修改单）适用于本文件。

GB/T 8626 建筑材料可燃性试验方法

GB/T 11718—2009 中密度纤维板

GB/T 17657 人造板及饰面人造板理化性能试验方法

GB 18580 室内装饰装修材料 人造板及其制品中甲醛释放限量

GB/T 19367 人造板的尺寸测定

GB/T 20284 建筑材料或制品的单体燃烧试验

GB/T 20285 材料产烟毒性危险分级

3 术语和定义

下列术语和定义适用于本文件。

3.1

难燃中密度纤维板 difficult-flammable medium density fiberboard

经过阻燃处理，燃烧性能达到难燃等级的中密度纤维板。

3.2

燃烧性能 burning behavior

当材料、产品和（或）构件燃烧或遇火时，所发生的一切物理和（或）化学变化。

[GB 5907—1986，定义1.4]

3.3

产烟毒性 smoke toxicity

材料燃烧时产生的烟气，通过呼吸或者部分感官接触，对人或动物引起的危害的程度。

注：改写GB/T 24509—2009，定义3.5。

3.4

燃烧滴落物 flaming droplets

在燃烧试验过程中，脱离试样并继续燃烧的材料。

注：改写GB/T 8626—2007，定义3.3。

4 符号与缩略语

下列符号与缩略语适用于本文件。

F_s　　　　　燃烧长度,单位为毫米(mm)

$FIGRA$　　　用于分级的燃烧增长速率指数

LFS　　　　火焰横向蔓延长度,单位为米(m)

$THR_{600 s}$　　时间为600 s内的总放热量,单位为兆焦(MJ)

$SMOGRA$　　烟气生成速率指数,单位为平方米每二次方秒(m^2/s^2)

$TSP_{600 s}$　　试验600 s总烟气生成量,单位为平方米(m^2)

ZA_3　　　　准安全三级

5 分类

5.1 按用途分:

a) 难燃普通型中密度纤维板;

b) 难燃家具型中密度纤维板;

c) 难燃承重型中密度纤维板。

5.2 按燃烧性能等级分:

a) 难燃 B1—B 级中密度纤维板;

b) 难燃 B1—C 级中密度纤维板。

6 要求

6.1 外观质量

6.1.1 难燃中密度纤维板依据外观质量分为优等品和合格品两个等级,应符合 GB/T 11718—2009 中 5.1 规定的要求。

6.1.2 难燃中密度纤维板表面对阻燃剂的渗析应符合表1的规定。

表 1 难燃中密度纤维板表面对阻燃剂渗析要求

等级	要求
优等品	不允许
合格品	轻微

6.2 幅面尺寸、尺寸偏差、密度及偏差和含水率要求

应符合 GB/T 11718—2009 中 5.2 规定的要求。

6.3 物理力学性能

6.3.1 难燃普通型中密度纤维板物理力学性能应符合 GB/T 11718—2009 中 5.3.1 规定的要求。

6.3.2 难燃家具型中密度纤维板物理力学性能应符合 GB/T 11718—2009 中 5.3.2 规定的要求。

6.3.3 难燃承重型中密度纤维板物理力学性能应符合 GB/T 11718—2009 中 5.3.3 规定的要求。

6.4 甲醛释放量

应符合 GB 18580 中相关规定要求。

6.5 燃烧性能

6.5.1 难燃 B1—B 级中密度纤维板和难燃 B1—C 级中密度纤维板的燃烧的性能检测项目及指标见表2。

表 2 燃烧性能检测项目及指标

分级	试验标准	分级判据
难燃 B1—B 级	GB/T 20284	$FIGRA_{0.2MJ} \leqslant 120$ W/s $LFS <$ 试样边缘 $THR_{600\,s} \leqslant 7.5$ MJ
	GB/T 8626 点火时间＝30 s	60 s 内 $F_s \leqslant 150$ mm
难燃 B1—C 级	GB/T 20284	$FIGRA_{0.4\,MJ} \leqslant 250$ W/s $LFS <$ 试样边缘 $THR_{600\,s} \leqslant 15$ MJ
	GB/T 8626 点火时间＝30 s	60 s 内 $F_s \leqslant 150$ mm

6.5.2 难燃中密度纤维板产烟特性、产烟毒性和燃烧滴落物/微粒指标应达到表3中的规定要求。

表 3 产烟特性、产烟毒性和燃烧滴落物/微粒指标

检测项目	试验标准	技术要求
产烟特性	GB/T 20284	$SMOGRA \leqslant 30$ m²/s² $TSP_{600\,s} \leqslant 50$ m²
产烟毒性	GB/T 20285	达到 ZA₃
燃烧滴落物/微粒	GB/T 20284	600 s 内燃烧滴落物/微粒,持续时间不超过 10 s

7 测量和试验方法

7.1 外观质量

一般通过目测难燃胶合板的表面缺陷来判定其外观质量等级。

7.2 幅面尺寸

厚度、宽度、长度和垂直度的测量按 GB/T 19367 中的相关规定进行。

7.3 理化性能

7.3.1 取样和试件制备

按照 GB/T 11718—2009 中 6.2 的规定进行。

7.3.2 密度测定

按照 GB/T 11718—2009 中 6.3 的相关规定进行。

7.3.3 含水率测定

按照 GB/T 17657 中的相关规定进行。

7.3.4 吸水厚度膨胀率测定

按照 GB/T 11718—2009 中 6.6 的相关规定进行。

7.3.5 内结合强度测定

按照 GB/T 17657 中的相关规定进行。

7.3.6 静曲强度和弹性模量测定(三点弯曲)

按照 GB/T 11718—2009 中 6.8 的规定进行。

7.3.7 表面结合强度测定

按照 GB/T 11718—2009 中 6.9 的规定进行。

7.3.8 循环试验条件下防潮性能测定

按照 GB/T 11718—2009 中 6.10 的规定进行。

7.3.9 握螺钉力的测定

按照 GB/T 17657 中的相关规定进行。

7.3.10 尺寸稳定性的测定

按照 GB/T 11718—2009 中 6.16 的规定进行。

7.3.11 甲醛释放量测定

按照 GB 18580 中的相关规定进行。

7.4 燃烧性能测定方法

7.4.1 难燃中密度纤维板 $FIGRA$ 试验按 GB/T 20284 规定进行。
7.4.2 难燃中密度纤维板 LFS 试验按 GB/T 20284 规定进行。
7.4.3 难燃中密度纤维板 THR_{600s} 试验按 GB/T 20284 规定进行。
7.4.4 难燃中密度纤维板 F_s 试验按 GB/T 8626 规定进行。
7.4.5 难燃中密度纤维板产烟特性试验按 GB/T 20284 规定进行。
7.4.6 难燃中密度纤维板产烟毒性试验按 GB/T 20285 规定进行。
7.4.7 难燃中密度纤维板燃烧滴落物/微粒试验按 GB/T 20284 规定进行。

8 检验规则

8.1 检验分类

8.1.1 产品检验分出厂检验和型式检验。
8.1.2 出厂检验包括以下项目:

    a) 外观质量;

b) 规格尺寸；

c) 物理力学性能：静曲强度、内结合强度、表面结合强度、密度、含水率、吸水厚度膨胀率；

d) 甲醛释放量。

8.1.3 型式检验除包括出厂检验的全部项目外，增加抗弯弹性模量、燃烧性能分级、产烟特性、产烟毒性和燃烧滴落物/微粒检测。

8.1.4 有下列情况之一时，应进行型式检验：

a) 当原辅材料及生产工艺发生较大变动时；

b) 长期停产后恢复生产时；

c) 在正常生产时，燃烧性能每年检验一次；

d) 国家质量监督机构或合同规定提出进行型式检验要求时。

8.2 抽样和判定规则

8.2.1 燃烧性能检测的样品应和理化性能检测的样品在同一批产品中抽取，抽样基数不小于 $50\ m^2$，共抽三组，每组不小于 $12.5\ m^2$（允许拼接）。

8.2.2 外观质量、规格尺寸、理化性能检测的抽样与判定，按 GB/T 11718—2009 中 7.2 的规定进行。

8.2.3 燃烧性能的判定，如果第一组测试结果符合难燃 B1—B 级（或 B1—C 级）标准，则判定该批板难燃 B1—B 级（或 B1—C）级合格，如果第一组不合格，第二组和第三组应同时合格，则判定合格，否则判定该批产品不合格。

8.3 综合判定

同一批抽样产品外观质量、规格尺寸、理化性能、燃烧性能检验结果应全部达到相应等级要求，否则判为不合格。

8.4 检验报告

检验报告内容包括：被检验产品的类别、外观质量、规格尺寸、理化性能、难燃等级、产烟特性、产烟毒性和燃烧滴落物/微粒、检验依据标准等全部信息。注明检验结果及其结论，且注明检验过程中出现的异常情况和有必要说明的问题。

9 标签、包装、运输和贮存

9.1 包装标签

包装标签应标注生产厂家名称、厂址、注册商标、产品名称、甲醛释放量、难燃等级、本标准编号、规格、生产日期、检验员代号等标记。

9.2 包装

产品应按不同类型、规格、出厂检验等级和难燃等级分别妥善包装。

9.3 运输和贮存

产品在运输和贮存过程中应平整堆放，注意防潮、防雨、防晒、防变形。

ICS 79.080
B 70

中华人民共和国国家标准

GB/T 24509—2009

阻燃木质复合地板

Composite wood floor of fire retardant

2009-10-30 发布

2010-04-01 实施

中华人民共和国国家质量监督检验检疫总局
中国国家标准化管理委员会　发布

前　言

本标准由国家林业局提出。

本标准由全国人造板标准化技术委员会归口。

本标准负责起草单位：常州格林思宝木业有限公司、中国林科院木材工业研究所、公安部四川消防研究所。

本标准参加起草单位：国家人造板及木竹制品质量监督检验中心、浙江升华云峰新材股份有限公司、新生活家木业制品（中山）有限公司、广东盈然木业有限公司、圣象集团有限公司、江苏肯帝亚木业有限公司、江苏东佳木业有限公司、宜兴狮王木业有限公司、南京罗伦特地板制品有限公司、滁州扬子木业有限公司、四川升达林业产业股份有限公司。

本标准主要起草人：孙和根、陈志林、赵成刚、傅峰、杨帆、刘书渊、朱建民、刘硕真、佘学彬、苗景有、郦海星、王坤明、孙惠文、邵旭强、雷响、向中华、潘海丽、刘红。

阻燃木质复合地板

1 范围

本标准规定了阻燃木质复合地板的术语和定义、分类、要求、检验方法、检验规则以及标志、包装、运输和贮存等。

本标准适用于以纤维板、刨花板、胶合板等为基材,以涂料或浸渍纸为饰面材料,通过阻燃处理,达到一定阻燃等级,具有阻燃功能的木质复合地板。

本标准不适用于塑料、橡胶、金属、无机非金属材料为基材的复合地板。

2 规范性引用文件

下列文件中的条款通过本标准的引用而成为本标准的条款。凡是注日期的引用文件,其随后所有的修改单(不包括勘误的内容)或修订版均不适用于本标准,然而鼓励根据本标准达成协议的各方研究是否可使用这些文件的最新版本。凡是不注日期的引用文件,其最新版本适用于本标准。

GB 8624 建筑材料及制品燃烧性能分级

GB/T 8626 建筑材料可燃性试验方法

GB/T 18102 浸渍纸层压木质地板

GB/T 18103 实木复合地板

GB/T 24507 浸渍纸层压板饰面多层实木复合地板

3 术语和定义

下列术语和定义适用于本标准。

3.1

阻燃 fire retardant

抑制、减缓或终止火焰传播。

3.2

阻燃木质复合地板 composite wood floor of fire retardant

以纤维板、刨花板、胶合板等为基材,以涂料或浸渍纸为饰面材料,通过阻燃处理,达到一定阻燃等级,具有阻燃功能的木质复合地板。

3.3

燃烧性能 burning behavior

材料在特定条件下的燃烧特性。

3.4

可燃性 combustibility

在规定的试验条件下,材料能够被引燃且能持续燃烧的特性。

3.5

产烟毒性 fire effluents hazard

材料燃烧时产生的烟气,通过呼吸或者部分感官接触对人或动物引起的危害程度。

3.6

铺地材料 flooring

铺设在建筑物地面表层的材料,包含表层、基材、夹层及其胶粘剂组成的材料。

3.7

材料产烟率 yield of smoke from material

材料在产烟过程中进入空间的质量相对于材料总质量的百分率。它是一种反映材料热分解或燃烧进行程度的参数。

4 分类

4.1 按木质地板种类分：

a) 阻燃浸渍纸层压木质地板；

b) 阻燃实木复合地板；

c) 阻燃浸渍纸层压板饰面多层实木复合地板；

d) 其他阻燃木质复合地板。

4.2 按燃烧性能分：

a) B_{fl} 级；

b) C_{fl} 级。

5 要求

5.1 通用技术要求

5.1.1 阻燃浸渍纸层压木质地板的规格尺寸及偏差按 GB/T 18102 执行。

5.1.2 阻燃浸渍纸层压木质地板的外观质量按 GB/T 18102 执行。

5.1.3 阻燃浸渍纸层压木质地板的理化性能指标按 GB/T 18102 执行。

5.1.4 阻燃实木复合地板的外观质量按 GB/T 18103 执行。

5.1.5 浸渍纸层压板饰面多层实木复合地板的外观质量按 GB/T 24507 执行。

5.1.6 阻燃实木复合地板的规格尺寸和偏差按 GB/T 18103 执行。

5.1.7 浸渍纸层压板饰面多层实木复合地板的规格尺寸和偏差按 GB/T 24507 执行。

5.1.8 阻燃实木复合地板的理化性能指标按 GB/T 18103 执行。

5.1.9 浸渍纸层压板饰面多层实木复合地板的理化性能指标按 GB/T 24507 执行。

5.2 燃烧性能等级

阻燃木质复合地板燃烧性能分级见表1。

表 1 阻燃木质复合地板燃烧性能等级的划分

序　　号	燃烧性能	产烟毒性	产烟量
1	B_{fl}	t1	s1
2	C_{fl}	t1	s1
注：B_{fl}、C_{fl} 右下标 fl 表示铺地材料，t1 表示产烟毒性等级，s1 表示产烟量等级。			

5.3 可燃性要求

点火 15 s，观察 5 s，总计 20 s 的时间，要求火焰蔓延长度小于或等于 150 mm，并记录火焰蔓延的实际长度。例如：当某一厚度地板，点火 15 s，观察 5 s 后，火焰蔓延长度为 120 mm 时，达到了阻燃木质复合地板的 B_{fl} 和 C_{fl} 级的要求，且记录可燃性检验火焰蔓延长度为 120 mm，其他类似。

6 检验方法

6.1 规格尺寸检验

阻燃浸渍纸层压木质地板的规格尺寸检验按 GB/T 18102 进行；阻燃实木复合地板的规格尺寸检验按 GB/T 18103 进行；浸渍纸层压板饰面多层实木复合地板的规格尺寸检验按 GB/T 24507 进行。

6.2 外观质量检验

阻燃浸渍纸层压木质地板的外观质量检验按 GB/T 18102 进行；阻燃实木复合地板的外观质量检验按 GB/T 18103 进行；阻燃浸渍纸层压板饰面多层实木复合地板的外观质量检验按 GB/T 24507 进行。

6.3 理化性能检验

阻燃浸渍纸层压木质地板的理化性能检验按 GB/T 18102 进行；阻燃实木复合地板的理化性能检验按 GB/T 18103 进行；阻燃浸渍纸层压板饰面多层实木复合地板的理化性能检验按 GB/T 24507 进行。

6.4 燃烧性能检验

按 GB 8624 规定的方法进行。

6.5 阻燃木质复合地板可燃性检验方法

阻燃木质复合地板可燃性检验按照 GB/T 8626 规定的方法进行。

7 检验规则

7.1 检验类型

7.1.1 出厂检验

出厂检验包括以下项目：

a) 外观质量；

b) 规格尺寸；

c) 理化性能；

d) 可燃性。

7.1.2 型式检验

型式检验包括第 5 章全部项目。

有下列情况之一时，应进行型式检验：

a) 当原辅材料及生产工艺发生较大变动时；

b) 长期停产后恢复生产时；

c) 在正常生产时，燃烧性能每两年检验一次；

d) 国家质量监督机构或合同规定提出进行型式检验要求时。

7.2 抽样方案和判定规则

7.2.1 规格尺寸检验抽样和判定规则

阻燃浸渍纸层压木质地板的规格尺寸检验抽样和判定规则按 GB/T 18102 进行；阻燃实木复合地板的规格尺寸检验抽样和判定规则按照 GB/T 18103 进行；阻燃浸渍纸层压板饰面多层实木复合地板的规格尺寸检验抽样和判定规则按照 GB/T 24507 进行。

7.2.2 外观质量检验抽样和判定规则

阻燃浸渍纸层压木质地板的外观质量检验抽样和判定规则按 GB/T 18102 进行；阻燃实木复合地板的外观质量检验抽样和判定规则按照 GB/T 18103 进行；浸渍纸层压板饰面多层实木复合地板的外观质量检验抽样和判定规则按照 GB/T 24507 进行。

7.2.3 理化性能检验抽样和判定规则

阻燃浸渍纸层压木质地板的理化性能检验抽样和判定规则按 GB/T 18102 进行；阻燃实木复合地板的理化性能检验抽样和判定规则按照 GB/T 18103 进行；阻燃浸渍纸层压板饰面多层实木复合地板的理化性能检验抽样和判定规则按 GB/T 24507 进行。

7.2.4 阻燃性能检验抽样和判定规则

7.2.4.1 组批原则

同一班次、同一规格、同一类产品为一批。

7.2.4.2 抽样

在一批产品中随机抽取三块。

7.2.4.3 不同厚度规格判定规则

相同原料和工艺生产的木质复合地板存在多个不同厚度规格时,应每一厚度分别判定级别。

7.3 综合判断

产品外观质量、规格尺寸、理化性能、燃烧性能检验结果全部达到相应等级要求,判定合格。

7.4 检验报告

出厂检验报告内容包括:被检验产品的类别、外观质量、规格尺寸、理化性能、阻燃等级、检验依据标准等全部细节。注明检验结果及其结论,且注明检验过程中出现的异常情况和有必要说明的问题。

8 标志、包装、运输和贮存

8.1 标志

8.1.1 产品标记

在产品适当的部位标记制造厂家名称、厂址、注册商标、产品名称、阻燃等级、标准号、规格、生产日期、检验员代号等。

8.1.2 包装标签

包装标签应标注生产厂家名称、地址、联系方式、出厂日期、注册商标、产品名称、阻燃等级、标准号、规格、数量以及防潮、防晒等标记。

8.2 包装

产品应按不同类型、规格、出厂检验等级和阻燃等级分别妥善包装。

8.3 运输和贮存

产品在运输和贮存过程中应平整堆放,注意防潮、防雨、防晒、防变形。

_____

ICS 79
B 71

中华人民共和国国家标准

GB/T 29407—2012

阻燃木材及阻燃人造板
生产技术规范

Technology specification for production of fire-retardant treated lumber
and wood composite panel products

2012-12-31 发布

2013-07-01 实施

中华人民共和国国家质量监督检验检疫总局
中国国家标准化管理委员会 发布

前　言

本标准按照 GB/T 1.1—2009 给出的规则起草。

本标准由中华人民共和国商务部提出并归口。

本标准负责起草单位：木材节约发展中心、东北林业大学。

本标准参加起草单位：永港伟方（北京）科技股份有限公司、佛山市顺德区沃德人造板制造有限公司、佛山市沃德森板业有限公司、上海大不同木业科技有限公司。

本标准主要起草人：王清文、喻迺秋、王奉强、隋淑娟、许民、程瑞香、张志军、吉发、浦强、李惠明、雷得定、马守华、陶以明。

阻燃木材及阻燃人造板
生产技术规范

1 范围

本标准规定了阻燃木材和阻燃人造板及其制品的素材、阻燃处理设备、木材阻燃剂、阻燃处理、质量、质量检验、产品质量档案、贮存和运输、标识和包装、安全卫生和环境保护的要求。

本标准适用于阻燃木材及阻燃人造板的生产、贸易和管理。

2 规范性引用文件

下列文件对于本文件的应用是必不可少的。凡是注日期的引用文件,仅注日期的版本适用于本文件。凡是不注日期的引用文件,其最新版本(包括所有的修改单)适用于本文件。

GB/T 144 原木检验

GB 3096 声环境质量标准

GB/T 4822 锯材检验

GB/T 4897(所有部分) 刨花板

GB/T 5849 细木工板

GB 8624—2006 建筑材料及制品燃烧性能分级

GB/T 9846(所有部分) 胶合板

GB/T 11718 中密度纤维板

GB/T 12801 生产过程安全卫生要求总则

GB 18580 室内装饰装修材料 人造板及其制品中甲醛释放限量

GB 18583 室内装饰装修材料 胶黏剂中有害物质限量

GB 18584 室内装饰装修材料 木家具中有害物质限量

GB 20286 公共场所阻燃制品及组件燃烧性能要求和标识

LY/T 1068 锯材窑干工艺规程

LY/T 1069 锯材气干工艺规程

SB/T 10383 商用木材及其制品标志

SB/T 10440 真空和(或)压力浸注(处理)用木材防腐设备机组

GA 159 水基型阻燃处理剂通用技术条件

3 术语和定义

下列术语和定义适用于本文件。

3.1

木材阻燃剂 fire retardant for wood

能赋予木材及人造板以难燃性能的化学物质。

3.2

阻燃木材　fire-retardant treated wood

经阻燃处理后,阻燃性能达到相应的阻燃等级要求的木材。

3.3

阻燃人造板　fire-retardant treated wood composite panel products

经阻燃处理后,阻燃性能达到相应的阻燃等级要求的以木材或其他木质纤维材料为原料生产的人造板的统称。典型品种如阻燃胶合板、阻燃中密度纤维板和阻燃刨花板等。

3.4

木材阻燃处理设备　fire-retardant treating equipment for wood

用于木材及人造板阻燃处理的成套设备。采用真空加压浸注法所用的木材阻燃处理设备主要包括压力浸注(处理)罐、真空系统、加压系统、配液系统、贮液系统、电控系统及木材运送系统等。

3.5

载药量　chemical loading/retention

单位体积木材所保持阻燃剂的干物质质量,单位为千克每立方米(kg/m^3)。

3.6

木材吸液量　liquid/chemical uptake

单位体积木材吸收阻燃剂处理液的质量,单位为千克每立方米(kg/m^3)。

3.7

素材　untreated lumber

未经阻燃处理的木材。

3.8

素板　untreated composite panel products

未经阻燃处理的人造板。

4 素材要求

4.1 素材应按 GB/T 144 或 GB/T 4822 或供货合同对其进行质量检验。

4.2 对于难以浸注的木材,在符合相关使用或处理要求时可进行刻痕或打孔。

4.3 真空加压浸注处理前的木材含水率应控制在 20% 以下,若未达到要求,则应按 LY/T 1068 或 LY/T 1069 的规定进行干燥。

4.4 当采用浸注处理法生产阻燃胶合板时,应使用Ⅰ类胶合板。

5 阻燃处理设备

木材阻燃处理设备的有关要求见 SB/T 10440 的有关规定。

6 木材阻燃剂

6.1 应根据阻燃木材及阻燃人造板的性能要求选用木材阻燃剂,由供应商提供产品质量检测报告,注明有效活性成分的含量。

6.2 木材阻燃剂应具有低吸湿性的特点,不危害环境。宜选择一剂多效的木材阻燃剂。

6.3 应根据木材阻燃剂吸收量及所需的阻燃剂载药量确定其配制浓度。

6.4 在使用木材阻燃剂处理液过程中,应对阻燃剂处理液的浓度及成分比例进行检测。当浓度及成分比例低于或高于规定要求时,应调整浓度及成分比例至规定要求范围内。

6.5 常用木材阻燃剂及其质量要求

6.5.1 磷酸胍基脲(GUP)硼酸(H_3BO_3)复合阻燃剂:

a) 活性成分含量范围:

GUP:67%~73%;

H_3BO_3:27%~33%。

b) 阻燃剂溶液 pH 值范围:3.5~5.0。

c) 25 ℃,质量分数为10%的阻燃剂水溶液应无色澄清,硫酸盐和卤化物含量应小于0.1%。

d) 阻燃木材的吸湿增重率应不大于22%[测试条件:载药量100 kg/m³,温度(27±2.5)℃,相对湿度92%,平衡时间72 h,试件尺寸20 mm×20 mm×材料实际厚度]。

e) 抗白蚁有效使用剂量应不高于4%。

6.5.2 磷酸铵盐硼酸复合阻燃剂:

a) 活性成分含量范围:

P_2O_5:54%~61%;

H_3BO_3:15%~21%;

NH_3:21%~27%。

b) 阻燃剂溶液 pH 值范围:6.0~7.4。

c) 阻燃剂处理液中硫酸盐和卤化物含量应小于0.1%。

6.6 木材阻燃剂应分类单独存放,不可与其他物品混放。木材阻燃剂仓库应封闭上锁,建立进出库制度,落实防火、防水、防潮、通风等措施。

7 阻燃处理

7.1 阻燃处理工艺

7.1.1 实木应采用刨光的规格材,并应根据木材渗透性、工厂条件和使用要求制定适当的阻燃处理工艺,宜采用真空加压浸注处理法(满细胞法);对于渗透性好、厚度较小的木材单板,也可以采用常压浸渍法。

7.1.2 胶合板、纤维板和刨花板等人造板材,宜采用原料木材单板、纤维、刨花及其他形态的木质纤维原料进行阻燃处理,然后进行胶合、压制成板的阻燃处理工艺。

7.1.3 采用防水胶粘剂生产的人造板,也可以采用类似实木阻燃处理的方法进行成品人造板的阻燃处理。

7.2 阻燃处理技术要求

7.2.1 生产企业应制定详细的木材阻燃处理操作规程。

7.2.2 应根据素材材种及规格、含水率、阻燃剂的特点、阻燃处理设备以及目标产品阻燃等级等情况,确定具体的工艺参数,用于具体指导阻燃处理作业,确保产品符合标准要求。

7.2.3 阻燃木材及阻燃人造板应具有符合阻燃要求的阻燃剂载药量。

7.2.4 阻燃剂应均匀分布在阻燃木材、阻燃人造板中,或者透入阻燃木材、阻燃人造板的最小深度不低于5 mm。

7.2.5 生产企业应对生产操作人员进行必要的岗前培训。

7.2.6 应按照木材或人造板阻燃处理工艺操作规程和具体的工艺参数进行阻燃木材或阻燃人造板的生产,并做好生产记录。

8 质量要求

8.1 外观

阻燃木材的颜色应与阻燃处理前素材的颜色相当或符合订货合同规定的要求;阻燃人造板的颜色应与阻燃处理前素板的颜色相当或符合订货合同规定的要求。阻燃木材或阻燃人造板应不产生明显的开裂或翘曲。

8.2 吸湿性

用于家具和室内装饰的阻燃木材及阻燃人造板的吸潮率应参照 GA 159 的有关规定执行。

8.3 力学性能损失

阻燃木材的抗弯强度损失率应不大于 35%;作为承重结构的阻燃木材及阻燃人造板的力学性能损失率应达到供需双方的合同规定。

8.4 最终含水率

阻燃木材及阻燃人造板的最终含水率应处于产品目标使用地的平衡含水率范围之内,或满足供需双方订货要求中的规定。

8.5 阻燃性能

阻燃木材及阻燃人造板的燃烧性能,根据其不同的应用场合,应不低于 GB 8624—2006 第 4 章中"非铺地建筑材料"的 C 级和"铺地材料"的 C_{fl} 级的规定。

8.6 环保性能

阻燃木材及阻燃人造板应是环境友好材料,阻燃人造板所用胶粘剂以及阻燃人造板制品挥发性有害物质限量应符合 GB 18583 和 GB 18580 的规定,用于室内装饰装修材料的阻燃木材或阻燃人造板及其制品应符合 GB 18584 的规定。

8.7 其他物理力学性能

阻燃胶合板的物理力学性能应符合 GB/T 9846 的规定;阻燃中密度纤维板的物理力学性能应符合 GB/T 11718 的规定;阻燃刨花板的物理力学性能应符合 GB/T 4897 的规定;阻燃细木工板的物理力学性能应符合 GB/T 5849 的规定。

9 质量检验

9.1 阻燃性能的检验

燃烧性能应按照 GB 8624 及其引用的相关标准方法、GB 20286 中涉及的检验方法进行检验。

9.2 抽检批次的规定

阻燃木材和采用成品人造板浸注处理法生产的阻燃人造板应进行抽样检测,以一罐产品为一检验批次;采用木质纤维原料阻燃处理法生产的阻燃人造板,抽检批次为每一作业班抽检一次。

9.3 出厂检验与型式检验

9.3.1 出厂检验

阻燃木材及阻燃人造板产品出厂检验内容应包括载药量、透入深度和外观,并符合7.2.3、7.2.4和8.1的要求。

9.3.2 型式检验

在正常生产情况下,生产企业应每两年进行一次型式检验,检验内容应包括第8章内容。

出现下列情况之一时,均应进行型式检验:

a) 生产工艺或原材料有较大改变,可能会影响到产品性能时;

b) 企业车间停产时间超过半年后恢复生产时;

c) 出厂检验结果与上次型式检验结果有较大差异时;

d) 国家质量监督机构提出型式检验要求时。

10 产品质量档案

生产企业应对当月产品质量及存在的问题进行简要分析,归档备查。如发生重大产品质量事故,应附专题报告,并将不合格产品妥善处理。

11 贮存和运输

11.1 阻燃木材及阻燃人造板应在干燥平衡至目标含水率后,经检验合格再入库保存或投入使用,在干燥平衡期间应防火、防潮、防晒和防雨。

11.2 阻燃木材及阻燃人造板产品入库保存应堆码整齐,易于搬运,保证通风,严格落实防火、防潮、防晒、防雨等措施。

11.3 对长期存库的阻燃木材及阻燃人造板应定期巡回抽样检查,对于出现异常的产品应立即妥善处理,并填写检查报告单存档,严格防止不合格产品出厂。

11.4 阻燃木材及阻燃人造板产品运输时的堆放应符合11.2的规定,运输过程中应防止产品雨淋、日晒和受潮。

12 标识和包装

12.1 产品标识

阻燃木材及阻燃人造板的产品标识宜参照SB/T 10383和GB 20286的有关规定。

12.2 产品包装

阻燃木材及阻燃人造板产品包装除供需双方另有协议或订货合同要求外,其包装应经济、美观、实用,做到防水、防潮、防晒。

12.3 质量合格证

阻燃木材或阻燃人造板产品应附产品质量合格证和详细的产品说明书,合格证上应注明生产企业名称、产品名称、商标、规格、阻燃等级、生产日期及检验员印章。

13　安全卫生和环境保护

13.1　生产车间和人员的安全卫生要求

13.1.1　生产企业,应按照 GB/T 12801 的要求进行生产车间的安全、卫生等设施的建设。

13.1.2　凡接触阻燃木材、阻燃人造板或木材阻燃剂的生产人员,应穿戴好工作服、手套、口罩等必要的个人防护用品,避免皮肤直接接触和吸入有害粉尘、液滴等,下班时应洗浴、更衣、换鞋。

13.2　生产企业环境保护

13.2.1　生产车间滴液区的地面应进行防渗漏处理,并设立阻燃剂溶液收集装置,保证对其回收使用。生产过程中产生的废液应循环使用。

13.2.2　生产企业,对阻燃木质碎料应采取安全可靠的处理措施。

13.2.3　生产和加工企业,其机械设备必要时宜安装消音装置,厂区机械噪声参照 GB 3096 的要求。

13.2.4　利用阻燃木材或阻燃木质人造板进行机械加工的企业,应按环保要求对加工粉尘集中收集,进行无公害处理。

ICS 65.020
B 71
备案号：38559—2013

中华人民共和国国内贸易行业标准

SB/T 10896—2012

结构木材 加压法阻燃处理

Structural lumber—Fire retardant treatment by pressure processes

2013-01-04 发布

2013-07-01 实施

中华人民共和国商务部 发 布

前　言

本标准按照 GB/T 1.1—2009 给出的规则起草。

本标准由中华人民共和国商务部提出并归口。

本标准起草单位：木材节约发展中心、中国物流与采购联合会木材保护质量监督检验测试中心、中国木材保护工业协会。

本标准主要起草人：韩玉杰、喻迺秋、唐镇忠、沈长生、马守华、陶以明、张少芳、党文杰。

结构木材　加压法阻燃处理

1　范围

本标准规定了结构木材的加压法阻燃处理的材料、阻燃剂、阻燃处理、产品质量、检验及储存运输等要求。

本标准适用于结构木材的加压法阻燃处理的生产和运输。

2　规范性引用文件

下列文件对于本文件的应用是必不可少的。凡是注日期的引用文件，仅注日期的版本适用于本文件。凡是不注日期的引用文件，其最新版本（包括所有的修改单）适用于本文件。

GB/T 144　原木检验

GB/T 4822　锯材检验

GB 8624　建筑材料及制品燃烧性能分级

GB 50206　木结构工程施工质量验收规范

SB/T 10440　真空和（或）压力浸注（处理）用木材防腐设备机组

3　术语和定义

下列术语和定义适用于本文件。

3.1

结构木材　structural lumber

用于建筑结构的圆木、锯材等。

3.2

阻燃剂　fire retardant

能使处理木材对有焰燃烧得到减慢，抑制火焰蔓延，火源撤除后能自行熄灭的化学药剂。

3.3

载药量　retention

阻燃处理后，木材中滞留的阻燃剂有效活性成分的数量。

3.4

阻燃剂工作溶液　fire-retardant working solution

阻燃剂经稀释至一定浓度，可直接用于木材阻燃处理的工作溶液。

4　材料

4.1　木材的树种、材质等级应符合 GB 50206 的规定。

4.2　木材的外观应符合 GB/T 144 和 GB/T 4822 或按供需双方的约定要求。

5　阻燃剂

5.1　阻燃剂应具低吸湿性，并不应危害环境。

5.2　阻燃剂宜采用磷酸胍基脲(GUP)硼酸(H₃BO₃)复合阻燃剂和磷酸铵盐硼酸复合阻燃剂。其质量应符合表1的要求。

表 1　阻燃剂性能指标

指标	活性成分比例		pH 值	硫酸盐和卤化物含量
磷酸胍基脲(GUP)硼酸(H₃BO₃)复合阻燃剂	GUP:67%～73%		3.5～5.0	<0.1%
	H₃BO₃:27%～33%			
磷酸铵盐硼酸复合阻燃剂	P₂O₅:54%～61%		6.0～7.4	<0.1%
	H₃BO₃:15%～21%			
	NH₃:21%～27%			

6　阻燃处理

6.1　处理设备

处理设备应满足 SB/T 10440 的相关要求。

6.2　阻燃剂工作溶液

6.2.1　应根据阻燃剂吸收量确定阻燃剂工作溶液配制浓度。

6.2.2　应对阻燃剂工作溶液的浓度及成分比例进行检测,并做必要调整。

6.3　处理工艺

木材阻燃处理应根据树种、材质和燃烧性能等级要求等条件的不同,确定处理工艺,采取最优化的处理方法。

6.4　处理后干燥

6.4.1　气干

气干应将阻燃处理木材放置于通风、遮雨的场所。

6.4.2　窑干

干燥窑的干球温度不得高于 70 ℃。

7　产品质量

7.1　外观

阻燃木材应表面洁净,无刺激性气味,无明显开裂或翘曲。

7.2　尺寸

阻燃处理后的尺寸应符合 GB 50206、GB/T 144 和 GB/T 4822 的规定。阻燃木材燃烧性能应符合 GB 8624 的规定。

7.3 载药量

阻燃木材载药量应达到燃烧性能相应等级的最低量。

7.4 含水率

阻燃木材含水率应符合 GB 50206 的规定。

7.5 力学性能

结构木材工程应用应考虑阻燃处理对木材力学性能的降低。

7.6 吸湿增重率

吸湿增重率应不大于 22%。

注：测试条件为试件尺寸 20 mm×20 mm×材料实际厚度，载药量 100 kg/m³，温度(27±2.5)℃，相对湿度 92%，
平衡时间 72 h。

8 检验

8.1 产品出厂前应由生产企业的质检部门按本标准或合同规定抽样检验，检验项目为外观、材质、含水率、载药量等。外观、尺寸的检验应符合 GB/T 144 和 GB/T 4822 的要求。

8.2 对初检不合格项目应双倍抽样复检，复检符合要求为合格品，否则为不合格品。

8.3 载药量不合格的阻燃木材，应重新处理，经复检合格后方可出厂。

8.4 合格产品应出具质量合格证。

8.5 型式检验包括本标准第 7 章规定的产品质量要求。产品遇有下列情况之一时，应进行型式检验：

    a) 新产品的试制定型鉴定；

    b) 产品结构、工艺、材料有重大改变；

    c) 产品间隔半年再次生产；

    d) 国家技术监督机构提出进行型式检验的要求时。

8.6 用作型式检验的产品应从出厂检验合格的产品中抽取。若抽检产品阻燃质量或尺寸检量中出现不合格项目，应双倍抽样复检，如仍不合格，则判该批产品为不合格。

8.7 型式检验应由具有资质的检测机构按照标准或合同的规定进行检测。

9 储存与运输

9.1 经检验合格的阻燃木材应入库保存，并应采取防火、防潮、防晒和防雨等措施。

9.2 阻燃木材的保存应通风良好，堆码整齐，易于搬运。

9.3 阻燃木材在运输过程中应采取防晒、防雨以及防损伤等措施。

附　录　A

（资料性附录）

阻燃处理典型工序

结构木材加压法典型工序如下：

a)　装罐；

b)　前真空（真空度：−0.08 MPa～−0.09 MPa，保持 30 min）；

c)　注入阻燃剂工作溶液（真空条件下）；

d)　加压（压力：0.6 MPa～1.5 MPa，保持 1 h～2 h）；

e)　排液；

f)　后真空（真空度：−0.05 MPa～−0.09 MPa，保持 30 min）；

g)　出罐；

h)　处理后干燥。

四、 木材热处理与改性类

ICS 79.040
B 69

中华人民共和国国家标准

GB/T 31747—2015

炭 化 木

Thermally-modified wood

2015-07-03 发布
2015-11-02 实施

中华人民共和国国家质量监督检验检疫总局
中国国家标准化管理委员会 发布

前　言

本标准按照 GB/T 1.1—2009 给出的规则起草。

本标准由中华人民共和国商务部提出。

本标准由全国木材标准化技术委员会(SAC/TC 41)归口。

本标准起草单位:木材节约发展中心、广州绿泽装饰材料有限公司、南京林业大学、上海大不同木业科技有限公司、浙江世友木业有限公司、北京绿泽木业有限公司。

本标准主要起草人:方远进、喻迺秋、顾炼百、杨建光、徐江生、李惠明、倪月忠、马守华、陶以明、李涛、丁涛、张少芳。

炭 化 木

1 范围

本标准规定了炭化木的分类、技术要求、检验与试验方法、检验规则、标志、包装、运输与贮存的要求。

本标准适用于建筑与装饰、家具、园林景观等使用的炭化木。

2 规范性引用文件

下列文件对于本文件的应用是必不可少的。凡是注日期的引用文件，仅注日期的版本适用于本文件。凡是不注日期的引用文件，其最新版本（包括所有的修改单）适用于本文件。

GB/T 144 原木检验
GB/T 153 针叶树锯材
GB/T 449 锯材材积表
GB/T 1927 木材物理力学试材采集方法
GB/T 1928 木材物理力学试验方法总则
GB/T 1929 木材物理力学试材锯解及试样截取方法
GB/T 1931 木材含水率测定方法
GB/T 1932 木材干缩性测定方法
GB/T 2828.1 计数抽样检验程序 第1部分：按接收质量限（AQL）检索的逐批检验抽样计划
GB/T 4814 原木材积表
GB/T 4817 阔叶树锯材
GB/T 4822 锯材检验
GB/T 13942.1 木材耐久性能 第1部分：天然耐腐性实验室试验方法
GB 50005—2003 木结构设计规范
SB/T 10383 商用木材及其制品标志

3 术语和定义

下列术语和定义适用于本文件。

3.1

炭化木 thermally modified wood
在缺氧的环境中，经180 ℃～240 ℃温度热处理而获得的具有尺寸稳定、耐腐等性能改善的木材。
注：改写GB/T 14019—2009，定义3.5.2。

3.2

炭化温度 thermal modification temperature
在炭化木生产过程中所保持的最高处理温度。

4 分类

4.1 按使用环境分为室外级炭化木和室内级炭化木。

4.2 按使用功能分为装饰用炭化木和结构用炭化木。

5 技术要求

5.1 材质指标与外观

5.1.1 炭化木按材质缺陷允许限度分为两个等级,各等级的材质缺陷允许限度要求见表1。亦可按供需双方的约定执行。

表 1 炭化木材质缺陷允许限度

缺陷名称	检量与计算方法	允许限度	
		一 等	二 等
死 节	最大尺寸占材宽的比例/%　不得超过	25	40
	任意材长 1 m 范围内个数不得超过/个	5	6
开 裂	最宽不得超过/mm	1	2
	最长占材长的比例/%　不得超过	15	25
腐 朽		不允许	
裂纹夹皮	长度占材长的比例/%　不得超过	15	40
虫 眼		不允许	
钝 棱	最严重缺角尺寸占材宽的比例/%　不得超过	20	40
弯 曲	横弯最大拱高占水平长的比例/%　不得超过	1	2
	顺弯最大拱高占水平长的比例/%　不得超过	2	3
斜 纹	斜纹倾斜程度/%　不得超过	10	20

5.1.2 炭化木表面及横断面颜色应基本均匀,无明显色差(心边材本身色差除外)。

5.2 规格尺寸及允许偏差

5.2.1 针叶树锯材尺寸及允许偏差按 GB/T 153 规定执行,或按供需双方的约定执行。

5.2.2 阔叶树锯材尺寸及允许偏差按 GB/T 4817 规定执行,或按供需双方的约定执行。

5.2.3 圆木的尺寸及允许偏差按供需双方的约定执行。

5.3 炭化木使用分类及材性指标要求

炭化木使用分类及材性指标要求见表2。

表 2 炭化木使用分类及材性指标要求

项 目	指标要求			
使用分类	室外级		室内级	
木材分类	针叶材	阔叶材	针叶材	阔叶材
推荐炭化温度/℃	205~220	190~210	180~200	180~190
使用范围	户外,地面以上,不接触水,非承重结构用材		户内,地面以上,不接触水,可做承重结构用材	
耐腐性	Ⅱ		Ⅲ	
含水率/%	4~8			
平衡含水率/%	≤7.0		≤8.0	
体积干缩率/%	<7.0		<10.0	

5.4 承重结构炭化木材质指标

承重结构用炭化木材质指标应符合 GB 50005—2003 中 A.1 的规定,并且木材强度应符合 GB 50005—2003 附录 C 的要求。

6 检验与试验方法

6.1 尺寸检量

炭化木尺寸检量按 GB/T 4822 和 GB/T 144 中有关规定执行。

6.2 材积计算

炭化木材积计算按 GB/T 449 和 GB/T 4814 中的要求确定,或按其体积公式计算。

6.3 外观等级评定

炭化木外观等级的评定方法按 GB/T 4822 的有关规定执行,来料加工按双方约定。

6.4 质量检验

6.4.1 取样

按 GB/T 1927、GB/T 1928、GB/T 1929 的有关规定执行。
耐腐性按 GB/T 13942.1 的有关规定执行。

6.4.2 含水率测定

按 GB/T 1931 的有关规定执行。

6.4.3 平衡含水率的测定

将试件(6.4.2 测试过程烘至绝干的试件,称量后)放在温度为(20±2)℃,相对湿度为(65±5)%的恒温恒湿箱中,吸湿 15 昼夜后再称量。按 GB/T 1931 的有关规定执行。

6.4.4 耐腐性测定

按 GB/T 13942.1 的有关规定执行。

6.4.5 干缩率测定

按 GB/T 1932 的有关规定执行。

7 检验规则

7.1 出厂检验

出厂检验项目包括 5.1、5.2 所列项,以及表 2 中的"含水率"。

7.2 型式检验

型式检验包括本标准第 5 章规定的全部项目。产品遇有下列情况之一时,应进行型式检验。
a) 新产品的试制定型鉴定;
b) 产品结构、工艺、材料有重大改变时;
c) 连续生产中的产品每年进行 1 次;
d) 产品间隔半年再次生产时;
e) 国家技术监督机构提出进行型式检验的要求时。

7.3 抽样方案及判定规则

7.3.1 材质指标与外观抽样方案及判定规则

7.3.1.1 抽样方案

采用 GB/T 2828.1 中的正常检验二次抽样方案,检验水平 Ⅱ,接收质量限为 4.0。

7.3.1.2 判定规则

第一次检验的样品数量应等于该抽样方案给出的第一样本量。如果第一样本中发现的不合格品数小于或等于第一接收数,应认为该批是可接收的;如果第一样本中发现的不合格品数大于或等于第一拒收数,应认为该批是不可接收的。

如果第一样本中发现的不合格品数介于第一接收数与第一拒收数之间,应检验由方案给出样本量的第二样本并累计在第一样本和第二样本中发现的不合格品数。如果不合格品累计数小于或第于第二接收数,则判定该批是可接收的;如果不合格品累计数大于或等于第二拒收数,则判该批是不可接收的。

7.3.2 规格尺寸抽样方案及判定规则

7.3.2.1 抽样方案

采用 GB/T 2828.1 中的正常检验二次抽样方案,检验水平 Ⅰ,接收质量限为 4.0。

7.3.2.2 判定规则

按 7.3.1.2 判定。

7.3.3 含水率、平衡含水率、干缩率抽样方案及判定规则

按 GB/T 1927、GB/T 1928 执行。

7.3.4 耐腐性抽样方案及判定规则

按 GB/T 13942.1 的有关规定执行。

7.3.5 综合判定

炭化木外观质量、规格尺寸、含水率、平衡含水率、耐腐性、木材干缩率的检验结果均符合相应类别和等级的技术要求时,判该批产品合格,否则判断为不合格或降等处理。

8 标志、包装、运输和贮存

8.1 标志

出厂炭化木应按 SB/T 10383 要求标识,并应有使用分类代码、储运图示等。

8.2 包装

产品出厂时应按供需双方约定分类包装,并应提供使用说明书。

8.3 运输和贮存

运输和贮存时,应分类平整堆放,防止污损,避免雨淋和曝晒。

参 考 文 献

[1] GB/T 14019—2009 木材防腐术语

ICS 79.020
B 60

中华人民共和国国家标准

GB/T 31754—2015

改性木材生产技术规范

Technology specification for production of modified wood

2015-07-03 发布

2015-11-02 实施

中华人民共和国国家质量监督检验检疫总局
中国国家标准化管理委员会 发布

前　言

本标准按照 GB/T 1.1—2009 给出的规则起草。

本标准由中华人民共和国商务部提出。

本标准由全国木材标准化技术委员会(SAC/TC 41)归口。

本标准起草单位:木材节约发展中心、东北林业大学、上海大不同木业科技有限公司、永港伟方(北京)科技股份有限公司。

本标准主要起草人:王清文、喻迺秋、廖恒、王伟宏、隋淑娟、许民、程瑞香、马守华、陶以明、李惠明、雷得定、郝丙业、张少芳。

改性木材生产技术规范

1 范围

本标准规定了改性木材生产的一般要求及塑合木、浸渍木与胶压木、乙酰化木材、炭化木、压缩木、弯曲木、染色木生产的具体要求。

本标准适用于改性木材的生产。

2 规范性引用文件

下列文件对于本文件的应用是必不可少的。凡是注日期的引用文件,仅注日期的版本适用于本文件。凡是不注日期的引用文件,其最新版本(包括所有的修改单)适用于本文件。

GB/T 144 原木检验

GB 150 压力容器(所有部分)

GB/T 153 针叶树锯材

GB/T 1927 木材物理力学试材采集方法

GB/T 1928 木材物理力学试验方法总则

GB/T 1929 木材物理力学试材锯解及试样截取方法

GB/T 1932 木材干缩性测定方法

GB/T 1934.2 木材湿胀性测定方法

GB 3095 环境空气质量标准

GB 3838 地表水环境质量标准

GB/T 4817 阔叶树锯材

GB/T 4822 锯材检验

GB/T 6491 锯材干燥质量

GB 8978 污水综合排放标准

GB 12348 工业企业厂界环境噪声排放标准

GB 12801 生产过程安全卫生要求总则

GB/T 14019 木材防腐术语

GB/T 31747 炭化木

SB/T 10383 商用木材及其制品标志

放射性同位素与射线装置安全和防护条例 中华人民共和国国务院令 第449号

危险化学品安全管理条例 中华人民共和国国务院令 第344号

固定式压力容器安全技术监察规程(TSG R0004—2009)

3 术语和定义

GB/T 14019和GB/T 31747界定的以及下列术语和定义适用于本文件。

3.1

改性木材 modified wood
为提高木材使用性能而进行处理的木材。

3.2

塑合木 wood-polymer composite

在实体木材中注入乙烯基类单体或低黏度预聚物,并利用射线照射或于自由基引发剂存在下加热等手段引发聚合,使其在木材内部固化而制得的木材-聚合物复合材料。

3.3

浸渍木 impreg

用低分子量热固性树脂的水溶液浸渍木材,再经干燥脱水及加热固化而制备的改性木材。

注:为了提高产品的密度和强度,有的浸渍木产品在树脂固化前将木材适当压缩。

3.4

胶压木 compreg

用树脂液浸渍木材单板,在不致使树脂固化的温度下将单板干燥并层积,在高温、高压条件下使树脂固化而制得的高密度、高强度改性木材。

3.5

乙酰化木材 acetylated wood

在一定条件下,通过与乙酰化剂的化学反应将木材中的亲水性羟基转化为疏水性乙酰氧基,而制得的尺寸稳定性、耐候性等性能明显改善的改性木材。

3.6

弯曲木 bent wood

将软化后的木材弯曲成所需要的形状,然后干燥使之形状固定的改性木材。

3.7

压缩木 compressed wood

借助湿热或其他方法将木材软化,并经热压处理制得质地坚硬、密度大、强度高的改性木材。

3.8

染色木 dyed wood

采用物理或化学方法,经调节材色深浅、改变木材颜色或掩盖木材变色的改性木材。

3.9

乙酰化剂 acetylation agent

能提供乙酰基的药剂,主要有乙酸酐、乙酰氯等。

3.10

木材软化 softening of wood

借助湿热及化学处理等方法使木材变软并具有暂时的塑性,实现其弯曲和压缩等加工过程的木材预处理过程。

3.11

木材漂白 wood bleaching

采用化学方法将木材的色泽变浅或消除异常变色的木材处理过程。

3.12

抗胀(缩)率 anti swelling (shrinking) efficiency

未处理木材体积膨胀(收缩)率与改性处理木材体积膨胀(收缩)率的差值占未处理木材体积膨胀(收缩)率的百分比。

4 一般要求

4.1 生产设备

4.1.1 木材浸注设备

4.1.1.1 木材浸注设备主要包括真空/加压浸注罐、真空系统和加压系统,有时还包括加热/冷却系统。

4.1.1.2 真空/加压浸注罐的设计应符合 GB 150 和《固定式压力容器安全技术监察规程》的要求,其所能承受的负压应不小于-0.095 MPa、压力应不小于 2.0 MPa,并且压力浸注罐罐体应耐热和冷热冲击、耐酸、耐碱、耐溶剂。

4.1.1.3 真空系统中的真空泵通常应先与缓冲容器配合使用,再与真空/加压浸注罐连通。真空泵应具有足够的排气量以保障生产中能在规定的时间内达到浸注罐要求的真空度。

4.1.1.4 加压系统若使用空气加压时,应采用空气泵经缓冲罐再对真空/加压浸注罐加压;若需要使用惰性气体加压,可使用高压气体钢瓶或储罐对真空/加压浸注罐加压;若惰性气体消耗量较大或者排出的废气中夹带较多的有机物,宜配备气体回收循环利用装置(如气体压缩机等)。

4.1.1.5 若木材的浸注处理工艺需要严格控制温度条件,或者浸注处理后需要进行加热固化处理,则应配备加热/冷却系统。加热/冷却系统应满足工艺要求的温度控制精度和升温/冷却时间控制,传热介质可选用导热油、蒸汽等。

4.1.2 加热固化设备

4.1.2.1 加热固化设备主要用于使浸渍液在木材内按照工艺要求进行固化,以获得相应的性能。当采用在同一处理罐中实现真空/加压浸注和加热固化的工艺生产改性木材时,加热/冷却系统的配置应避免对真空/加压处理罐长期运行的安全产生不利影响。

4.1.2.2 通常情况下,浸注处理和加热固化处理应分别进行,即把经过浸注处理后的木制品移至密闭的加热场所进行加热固化处理;也可以采用浸注和加热固化在同一容器中进行,在压力浸注罐连接一个提供热源的加热系统。加热的介质根据需要可以选用导热油、水蒸气等。

4.1.3 配液系统

按照生产工艺的要求配液系统应设置搅拌器,满足能将浸注液和其他添加剂按一定比例充分混合的装置和场所。

4.1.4 储液系统

应根据储液性质,具有耐压、耐热、耐酸、耐碱、耐溶剂等性能,还应根据相应的浸注液的最佳储藏环境进行储藏,以延长浸注液的使用周期。

4.1.5 尾气收集和处理系统

应能在生产过程中对残留或产生的对环境有害的气体物质(简称尾气)进行收集和处理。

4.1.6 废液收集和处理系统

应能对生产中产生的废液进行回收和处理。

4.1.7 电控系统

应能对浸渍、固化、定型等关键工序工艺参数实现实时监测,鼓励采用先进的电控系统对工艺过程进行自动控制。

4.1.8 木材运输系统

应包括木材的装卸和运输,宜采用运输机械,也可以采用机械与人力相结合的方式。

4.2 生产技术要求

4.2.1 生产企业应按 GB/T 144 或 GB/T 4822 以及供需双方订货合同要求对原木和锯材进行质量检验。

4.2.2 应在处理之前按照要求将木材加工成最终的尺寸和形状。

4.2.3 需去皮、刨削、锯解等加工的原木、锯材,应分别按 GB/T 153 和 GB/T 4817 的要求加工。

4.2.4 需要进行干燥的木材,应根据 GB/T 6491 的规定,将木材的含水率调整到合适的水平,并保证干燥质量。

4.2.5 应根据不同处理方法、产品要求、工艺要求、树种、设备、药剂等情况,制定详细的生产工艺和操作规程。

4.2.6 压力浸注罐所用压力不应超过设计允许压力。

4.2.7 应严格按操作规程进行生产,并填报日常生产记录。

4.3 质量检验

4.3.1 质检人员要求

改性木材生产企业应设有专职质检部门,质检人员应经相关的质检培训机构培训合格后,持证上岗。

4.3.2 质量检验方法

根据改性木材的使用场合和供需双方订货合同的要求,按照有关标准对产品质量进行检验。其中,力学性能的检测方法按 GB/T 1927、GB/T 1928 和 GB/T 1929 的规定执行;尺寸稳定性的检验方法按 GB/T 1932、GB/T 1934.2 的规定执行;其他性能的检测方法可由供需双方约定,但不能与相关的国家标准或行业标准相抵触。

4.3.3 批次规定

对改性木材的性能(包括外观、尺寸稳定性、力学性能等)进行抽样检测,以同一批产品作为一个检验批次。

4.4 产品质量分析

改性木材生产企业应根据实际情况对当月产品质量及存在的问题进行简要分析,归档备查。如发生重大产品质量事故,应附专题报告和整改后第三方复核检验报告,将不合格产品妥善处理。

4.5 储存和运输

4.5.1 改性木材产品应在干燥平衡后,并经检验合格之后再入库。

4.5.2 入库之后的改性木材产品应堆码整齐,易于搬运。每批产品都应明显标注产品名称、木材树种、规格、数量、生产日期以及检验结果。注意在此期间要注意防火、防潮、防晒和防雨等措施。

4.5.3 对于长期存库的改性木材应定期抽样检查,对于出现异常的产品应立即分离并标明,妥善处理并填写检验报告单存档,严格防止不合格产品出厂。

4.5.4 改性木材运输时的堆放应按照 4.7.2 进行,运输过程中要防止产品雨淋、日晒和受潮。

4.6 产品标识、包装与质量合格证

4.6.1 产品的标识

改性木材产品标识应按 SB/T 10383 的相关规定执行。

4.6.2 产品的包装

除供需双方另有协议外,改性木材产品的包装应科学、经济、牢靠和美观,做到防潮、防水、防晒、牢固。

4.6.3 质量合格证

独立包装的改性木材应附产品质量合格证,合格证上应有生产企业的名称、地址,标明产品的名称、树种、规格、质量检验等级、使用环境、产品的简要说明、生产日期及检验员印章或编码等。

4.7 生产安全、卫生和环境保护

4.7.1 生产车间和人员安全卫生要求

4.7.1.1 应按照 GB 12801 进行车间的安全、卫生等设施的建设。

4.7.1.2 对于在改性木材生产过程中有可能接触到化学药剂的生产人员,应穿戴好工作服、口罩和手套,必要时配戴防毒面具等防护用品。工作现场严禁吸烟、工作后及时淋浴、更衣、换鞋,注意个人清洁卫生。

4.7.2 水环境

企业在改性木材生产过程中应尽量避免产生废液,少量的废液应按照 GB 8978 中的第二类污染物的排放要求妥善处理,确保企业及其周围水环境符合 GB 3838 的规定,大量的废水应回收再生并循环使用。

4.7.3 大气防护

在改性木材的生产过程中,若可能溢出有毒的气体,则应尽量在密闭的环境中进行生产,并按照 GB 3095 对尾气收集并集中处理。

4.7.4 生产企业的环境

4.7.4.1 化学药剂的储存区应严格与生产车间分开,化学药剂应该按照《危险化学品安全管理条例》严格管理,如遇事故应马上采取有效措施。

生产车间滴液区的地面,应进行防渗漏处理,并设置化学药剂收集装置,以便回收并保证安全。

4.7.4.2 应对生产和加工过程中产生的木质碎料设立收集装置,采取安全可靠的处理措施,以减少废料碎屑对企业及周边环境的污染。

4.7.4.3 厂区机械噪声应符合 GB 12348 的要求,必要时,应对机械设备安装吸音、消音装置。

4.7.4.4 应按环保要求设立除尘装置,对加工粉尘集中收集,进行无公害处理。

4.7.4.5 应在醒目位置张贴防火标志,并在车间里放置泡沫灭火器。储存化学药剂的仓库应在做好通风措施的同时,放置灭火器等必要的灭火设备。

5 塑合木

5.1 生产设备

采用射线照射法引发聚合生产塑合木时,生产设备应增设射线源,并采取安全措施,符合《放射性同位素与射线装置安全和防护条例》要求。

5.2 生产用浸渍液

5.2.1 塑合木生产企业应根据不同的要求确定适宜的浸注液配方,配制浸渍液常用的主要乙烯基单体或低黏度预聚体有苯乙烯、甲基丙烯酸甲酯、醋酸乙烯、丙烯腈、不饱和聚酯树脂等。

5.2.2 选用市售的浸渍液时,应有供货商提供的浸渍液质量检测报告,并注明黏度、固化条件、凝胶时间等重要参数。

5.2.3 采用热引发聚合方法生产塑合木时,应按照一定的比例在浸渍液中加入适当的引发剂。常用的引发剂有过氧化苯甲酰、过氧化甲乙酮、偶氮二异丁腈等,引发剂参考用量为浸渍液质量的 0.05% ~ 0.25%。

5.2.4 可根据单体性质和产品性能要求在浸渍液中加入交联剂。

5.2.5 可在浸渍液中加入一定的添加剂。常用的添加剂有着色剂、阻燃剂等。

5.3 生产工艺

5.3.1 塑合木的生产工艺包含多个步骤,但主要分为木材的浸渍处理和引发聚合固化两个阶段。木材的浸渍处理宜采用真空加压法,固化常采用热引发聚合固化法,有条件的企业也可采用射线照射引发聚合固化法。

5.3.2 典型的塑合木生产工艺流程示意图参见图1。

注:不同塑合木生产工艺流程可能略有差异。

图 1 塑合木生产工艺流程示意图

5.3.3 采用加热引发聚合固化法生产塑合木时,加热的温度应确保符合固化工艺条件要求,并低于浸渍液的沸点温度10 ℃以下,温度的波动幅度不高于±5 ℃。

5.3.4 固化时,可以采用惰性气体进行保护,或者用其他有效方法抑制阻聚作用和单体的挥发。

5.4 生产的技术要求

5.4.1 在生产过程中,应对浸渍液定期进行黏度检测,对于黏度增加明显的浸注液应该及时处理。

5.4.2 对压力浸注罐、固化罐或固化室等与液体接触的设备,应及时进行清理,避免浸渍液固化造成管路堵塞等故障,影响正常生产。

5.5 生产安全卫生和环境保护

使用射线照射法生产塑合木时,应按照《放射性同位素与射线装置安全和防护条例》,对相关人员进行安全可靠的保护。

5.6 生产中的防火

在塑合木生产和浸注液的储存过程中,应防止温度升高和与氧化剂接触,有条件的企业应配置低温冷库。应在车间里放置相应数量的泡沫灭火器,如遇火灾及时予以扑灭。

5.7 生产中的防爆

使用挥发性的浸渍液时,生产车间的通风设施一定要良好,应配置防爆的电器和开关,电控车间和生产车间应严格分隔开。

6 浸渍木与胶压木

6.1 生产设备

浸渍木的生产设备参照 4.1.1～4.1.8。

胶压木的生产设备参照 4.1.1～4.1.8,还需设置热压机以完成热压过程。

6.2 生产用浸注液

6.2.1 浸渍木生产常用的浸渍液有酚醛树脂、脲醛树脂、三聚氰胺甲醛树脂、糠醇树脂、间苯二酚树脂等。

6.2.2 胶压木常用酚醛树脂作为浸渍液。

6.2.3 浸渍液的黏度应符合浸注处理工艺要求,并有包括黏度、固化条件、凝胶时间等重要参数的质量检测报告。

6.3 浸渍木生产工艺

6.3.1 浸渍木生产工艺主要分为浸注处理和干燥固化两个阶段,浸注阶段宜采用真空加压法进行处理。浸注处理结束以后,宜静置一段时间再进入干燥固化阶段。干燥固化阶段干燥的速度不宜过快,以避免造成固化反应不完全和产生较大应力。

6.3.2 典型的浸渍木生产工艺流程示意图参见图 2。

注:不同浸渍木生产工艺流程可能略有差异。

木材 → 干燥 → 装罐及抽真空 → 注入浸渍液 → 加压浸注 → 排液及静置 → 干燥固化 → 出罐 → 检验入库

图 2 浸渍木生产工艺流程示意图

6.4 胶压木生产工艺

6.4.1 胶压木的生产一般采用单板浸渍处理后层积热压的工艺路线。

6.4.2 胶压木生产工艺前段与浸渍木类似,采用真空加压进行浸注处理,当采用厚度较小而渗透性好的木材单板和黏度较低的浸渍液时,也可采用常压浸渍法处理单板。

6.4.3 当浸渍单板的树脂含量高于35%时,平行层压单板之间一般不需要施胶;当垂直层压或树脂含量过小的时候则需涂胶。

6.4.4 在配坯前应将浸渍单板干燥至含水率2%～4%。浸渍单板预干燥的温度和时间,必须控制在不致使树脂固化。

6.4.5 干燥后浸渍单板组坯高温压缩固化,具体的温度、压力和时间应根据使用浸注液的种类、单板及产品的厚度、产品性能等因素来确定。

6.4.6 典型的胶压木生产工艺流程示意图参见图 3。

注:不同胶压木生产工艺流程可能略有差异。

图 3 胶压木生产工艺流程示意图

6.5 生产的技术要求

6.5.1 浸渍木及胶压木处理前的木材应干燥至含水率15%以下。

6.5.2 浸渍木和胶压木热固化过程中,加热设备的工作参数应确保能将树脂缩聚反应产生的大量水蒸气及时从木材中排出,以免造成产品内部破坏。

7 乙酰化木材

7.1 生产设备

乙酰化处理场所应设置加热真空装置或是通入热气流的装置;配备蒸馏装置对回收的药液进行分离。

7.2 所用药剂

7.2.1 生产乙酰化木材所使用的木材处理药剂分为乙酰化剂、催化剂和溶剂。乙酰化剂主要有乙酸酐、乙酸、乙酰氯等。催化剂主要有吡啶、无水高氯酸钾、二甲基甲酰胺等。根据催化剂的不同,选用二甲苯、氯代烃等溶剂。

7.2.2 宜采用乙酸酐作为乙酰化剂,副产物乙酸应回收再生后循环利用。

7.3 生产工艺

7.3.1 乙酰化木材的生产通常采用液相法和气相法两类工艺。

7.3.2 液相法一般采用如下工艺:用乙酰化剂和催化剂、溶剂配制浸渍液,在真空压力处理罐中用浸渍液浸注木材,加热(温度为90 ℃～130 ℃)并保持数小时(具体时间随处理材的树种和厚度而定),以完成木材的乙酰化反应,排出罐内的液体后,通过加热抽真空或者通入热气流的方法除去残留的乙酸和乙酸酐等挥发性有机物,干燥后即得到乙酰化木材。

当采用乙酸酐为乙酰化剂、吡啶为催化剂和烃类或卤代烃溶剂时,罐内排出的液体中的乙酸通过蒸馏法回收并脱水转化为乙酸酐(再生),并与未反应的乙酸酐、溶剂和催化剂一起,回收循环利用。

典型的液相法生产乙酰化木材的工艺流程示意图参见图4。

注:不同的液相法生产乙酰化木材工艺流程可能略有差异。

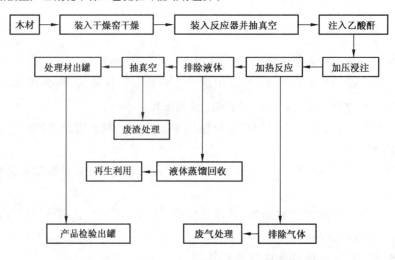

图 4 液相法生产乙酰化木材的工艺流程示意图

7.3.3 气相法一般适用于处理木材单板(厚度小于 3 mm)。用气态的乙酰化剂和催化剂的混合物处理木材,使其扩散到木材内部,保温一定时间使木材乙酰化反应得以实现。

典型的气相法生产乙酰化木材的工艺流程示意图参见图 5。

注:不同的气相法生产乙酰化木材工艺流程可能略有差异。

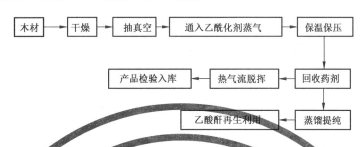

木材 → 干燥 → 抽真空 → 通入乙酰化剂蒸气 → 保温保压

产品检验入库 ← 热气流脱挥 ← 回收药剂

乙酸酐再生利用 ← 蒸馏提纯

图 5 气相法生产乙酰化木材的工艺流程示意图

7.4 生产乙酰化木材的技术要求

7.4.1 在生产过程中,应对浸渍液中乙酰化剂和催化剂浓度进行定期检测,及时调整,确保符合要求。

7.4.2 乙酰化处理前的木材应干燥至含水率为5%以下。

7.4.3 乙酰化改性木材产品的含水率应为3%～7%。

7.4.4 乙酰化改性木材产品的抗胀(缩)率应不低于20%。

8 炭化木

8.1 高温炭化设备

8.1.1 主体。应为一个耐高温、耐酸、耐碱的炭化处理室(罐),还应包括温度传感器、湿度传感器等。

8.1.2 加热系统。宜采用过热水蒸气、惰性气体或植物油等介质对木材进行加热和保护,并能够进行实时温度监测与自动控制。

8.2 生产工艺

8.2.1 炭化木生产是通过高温对木材进行热处理。处理过程中,用水蒸气或其他惰性气体来保护木材,处理环境中氧气含量一般控制在5%以下。通常情况下炭化木生产分为三个阶段:

第一阶段是升温窑干阶段。通常采用导热油加热,炭化处理设备(简称炭化窑或罐)内部的温度迅速升高到100 ℃左右,此后将木材温度逐渐提高到130 ℃。用水蒸气或氮气作为保护气体,来阻止木材热处理过程中发生过度氧化。此段木材经历高温干燥,其内部含水率几乎降为零,即最后达到绝干状态。

第二阶段是强热炭化处理阶段。炭化窑的内部温度上升到180 ℃～240 ℃之间,最终的温度由处理材的等级来决定,当到达所需要的温度之后,根据最后炭化木不同的用途保持一定的热处理时间,维持水蒸气或惰性气体保护。

第三阶段是冷却及含水率调整阶段。通过喷蒸及雾化水来降低炭化窑内温度,或自然冷却降温。当温度降到110 ℃～106 ℃时,调节炭化处理木材的含水率至4%～8%,以满足使用要求。

8.2.2 典型的炭化木生产工艺流程示意图参见图 6。

注:不同的炭化木生产工艺流程可能略有差异。

图 6　炭化木生产工艺流程示意图

8.3　生产的技术要求

8.3.1　在生产过程中,应对各个处理阶段的温度、湿度及压力进行监控,并使之符合工艺要求。

8.3.2　炭化木产品的检验按照 GB/T 31747 有关规定执行。

9　压缩木和弯曲木

9.1　压缩木和弯曲木生产设备

9.1.1　木材软化处理生产设备应根据所采用的软化木材方法,选用相应的软化设备。

9.1.1.1　水热法软化木材,应配备蒸煮池。

9.1.1.2　汽蒸法软化木材,应按照 GB 150 和《固定式压力容器安全技术监察规程》规定的要求设置一个密闭的、耐高温、耐高压且有蒸汽源的汽蒸处理罐。

9.1.1.3　高频加热法软化木材,应设置通过高频交变电场进行加热的高频装置和场所,并配备安全保护装置。

9.1.1.4　微波加热法软化木材,应配备专门的微波加热装置。

9.1.1.5　化学法软化木材,应根据使用的化学药剂选用不同的设备:
   a)　尿素水溶液处理:需要配备防尿素水溶液腐蚀的木材浸泡池;
   b)　氨水处理:需要配备防氨水水溶液腐蚀的木材浸泡池;
   c)　液氨处理:需要使用带有冷凝和液化装置的浸注罐,同时需要有真空装置;
   d)　气态氨处理:需要配备防氨气腐蚀的密闭容器;
   e)　碱处理:需要配备在常温下防碱溶液腐蚀的浸泡池。

9.1.2　压缩木生产需配备压机、压模和干燥定型设备(如高温蒸汽设备)。

9.1.3　弯曲木生产需配备弯曲机械,如曲木机设备。

9.2　木材软化处理用药剂

采用化学方法对木材进行软化处理时,可选用尿素、氨水、氨气、液氨以及氢氧化钠等药剂。

9.3　木材软化处理方法

9.3.1　木材在进行压缩或弯曲加工之前应进行软化处理以提高其塑性,保障压缩和弯曲加工的质量。

9.3.2　软化处理常用的方法包括:汽蒸处理、高频和微波处理、化学法处理等。

9.3.3　汽蒸处理:在密闭的处理罐中用高温蒸汽处理木材,具体的处理时间根据木材的种类和厚度决定。

9.3.4　高频和微波处理:在密闭的容器中以高频或微波对木材进行加热处理,根据木材的种类、厚度、含水率、采用高频振荡电路的功率和微波的频率,确定软化处理时间。

9.3.5　化学法处理:采用化学药剂对木材进行软化处理,常用的化学法有:
   a)　碱液处理,通常是将木材放入浓度 10%～15%的氢氧化钠溶液或 15%～20%的氢氧化钾溶液中浸泡处理,具体处理时间则依木材的树种、厚度、长度、含水率等因素确定,通常控制在 8 h～20 h,然后用清水清洗;
   b)　氨处理,通常使用液氨、氨水或氨气:

- 液氨处理:将气干或绝干木材放入-33℃～-78℃的液氨中浸泡0.5 h～4 h,取出,当温度升高到室温时木材就已经被软化;
- 氨水处理:将含水率为80%～90%的木材浸泡在浓度20%～25%的氨水溶液中,根据木材的树种和规格确定具体的浸泡时间;
- 氨气处理:将含水率为10%～20%的气干木材放入处理罐中,导入饱和气态氨,处理2 h～4 h。

c) 联氨处理,用浓度3%～15%的联氨水溶液浸泡木材,也可以采用加压浸注法。

d) 尿素处理,将木材浸泡在45%～50%尿素水溶液中,处理时间根据实际情况而定。

9.4 压缩木的生产工艺

9.4.1 典型的压缩木生产工艺流程示意图参见图7。

注:不同的压缩木生产工艺流程可能略有差异。

图 7 压缩木的生产工艺流程示意图

9.4.2 木材压缩:木材经软化处理后,在压机或压模中进行压缩,可根据要求压缩到原来体积的30%～50%,压缩速度根据木材具体情况而定。

9.4.3 干燥定型:被压缩以后的木材在压机或压模中进行干燥或热处理,干燥的具体参数根据木材的实际情况而定,最终含水率在8%～12%为宜。压缩木的进一步定型可以通过预先浸注到木材的树脂交联固化、在压缩状态下进行热处理或高压蒸汽处理来实现。

9.4.4 冷却:应在压机或压膜中完成,以抑制温度变化引起的变形。

9.5 压缩木生产的技术要求

9.5.1 用于生产弯曲木的木材应具较小的极限曲率半径,纹理通直,无腐朽、节子、轮裂、斜纹、夹皮、虫眼等缺陷。

9.5.2 应根据弯曲木或压缩木产品的形状和尺寸来确定木坯的形状和尺寸,表面刨平,根据软化方法的要求调节含水率,以达到弯曲木或压缩木加工工艺的要求。

9.6 弯曲木的生产工艺

9.6.1 典型的实木弯曲木生产工艺流程示意图参见图8。

注:不同的实木弯曲木生产工艺流程可能略有差异。

图 8 弯曲木的生产工艺流程示意图

9.6.2 木材弯曲:普通的弯曲是将软化的木材固定在曲木机上,然后缓慢的弯曲成型;也可以将软化的木材先进行横向压缩,然后进行弯曲;还可以将软化好的木材先进行纵向压缩,再进行弯曲。

9.6.3 干燥定型:应将弯曲好的工件连同模子夹具一起进行干燥定型,然后冷却到室温。通常的干燥方法有窑干定型、高频干燥定型和微波干燥定型等。

9.7 多层胶合弯曲木生产工艺

多层胶合弯曲木是将木材首先制成单板,涂胶后在高温高压下弯曲成型,其典型的生产工艺示意图参见图9。

注：不同的多层胶合弯曲木生产工艺流程可能略有差异。

木材单板 → 涂胶 → 组坯 → 闭合陈化 → 高温模压成型 → 冷却 → 后期加工 → 检验 → 成品入库

图9　多层胶合弯曲木生产工艺流程示意图

10　染色木

10.1　生产设备

对于简单的或局部的木材漂白或染色，可以采用人工涂刷或浸泡即可。加压加热浸注处理可参照4.1.1，其他设备可参照4.1.3～4.1.8进行设置。

10.2　木材漂白常用的漂白剂

10.2.1　根据漂白的原理不同，木材的漂白剂分为氧化型漂白剂和还原型漂白剂两类。

10.2.2　常用的氧化型漂白剂有无机氯类如：氯、次氯酸钙、次氯酸钠等；有机氯类如：氯胺B、氯胺T等；无机过氧化物如：过氧化氢、过氧化钠、过碳酸钠、过硼酸钠等；有机过氧化物如过醋酸、过蚁酸、过氧化苯甲酰等。

10.2.3　常用的还原型漂白剂有氢化物如硼氢化钠；含低价氮化合物如联氨；无机低价硫化合物如次亚硫酸钠、亚硫酸氢钠、二氧化硫等，有机硫化合物如半胱氨酸；还原性酸及其盐类如草酸、次磷酸、抗坏血酸、山梨酸钠等。

10.3　木材漂白常用的助剂

10.3.1　应根据漂白剂不同选用适当的活化助剂。例如当以过氧化氢作为漂白剂时，可以使用氨水、磷酸氢钠、氢氧化钠、碳酸钠等作为活化助剂；如使用亚氯酸钠作为漂白剂时，可选用的活化性助剂有乙酸、尿素、有机酸、过氧化氢等。

10.3.2　应根据漂白剂的种类来选择合适的抑制性助剂。如用过氧化氢漂白时，通常选用硅酸钠、胶态硅、硫酸镁等抑制助剂。

10.4　染色常用的药剂

10.4.1　染色木生产常用的染料一般为合成染料，包括直接染料（如多种偶氮染料）、酸性染料（如偶氮染料、蒽醌染料、硝基染料、三芳基甲烷染料）、碱性染料（如苯甲烷型、偶氮型、氧杂蒽型）、活性染料（如偶氮、蒽醌、酞菁类）。

10.4.2　染色木生产常用的化学着色剂包括金属盐（如重铬酸钾、高锰酸钾、硫酸亚铁等）、碱（如碳酸钠等）、酸（如硝酸、盐酸等）。

10.5　生产工艺

10.5.1　典型的染色木生产工艺示意图参见图10。

注：不同的染色木生产工艺流程可能略有差异。

图 10 染色木的生产工艺流程示意图

10.5.2 依染色木产品类型(单板、薄木、实木)的不同,具体的染色处理工艺宜参照以下方法进行调整:

a) 单板染色,可在染色处理前进行冷热水抽提或漂白处理,使染色均匀、提高颜色稳定性;

b) 薄木染色,宜使用流动的热染液进行染色处理;

c) 实木染色,宜采用真空加压法进行染色处理,同时应有足够的保压时间。

10.6 生产中的污染防治

在染色木生产中,应尽可能采用无污染或低污染的工艺。对于产生的漂白废液和染色废液,应有相应的治理措施,符合环保要求。

ICS 79.040
B 69

中华人民共和国国家标准

GB/T 33022—2016

改性木材分类与标识

Classification and mark for modified wood

2016-10-13 发布 2017-05-01 实施

中华人民共和国国家质量监督检验检疫总局
中国国家标准化管理委员会 发布

前　言

本标准按照 GB/T 1.1—2009 给出的规则起草。

本标准由国家林业局提出。

本标准由全国木材标准化技术委员会(SAC/TC 41)归口。

本标准起草单位：中国林业科学研究院木材工业研究所、河北爱美森木材加工有限公司、广东省宜华木业股份有限公司、格林百奥生态材料科技(上海)有限公司、湖南栋梁木业有限公司、台州市华浙木业有限公司、洋浦久聚台木材科技有限公司、北京鑫楚之园环保科技有限责任公司。

本标准主要起草人：张玉萍、刘君良、杨忠、柴宇博、吕文华、李理、黄琼涛、王寅、刘小芳、卢志敏、黄培伟、董学明。

改性木材分类与标识

1 范围

本标准规定了改性木材的术语和定义、分类和标识。

本标准适用于通过物理、化学等方法处理木材制备的改性木材。

2 规范性引用文件

下列文件对于本文件的应用是必不可少的。凡是注日期的引用文件,仅注日期的版本适用于本文件。凡是不注日期的引用文件,其最新版本(包括所有的修改单)适用于本文件。

GB/T 16734 中国主要木材名称

GB/T 18513 中国主要进口木材名称

LY/T 1925 防腐木材产品标识

3 术语和定义

下列术语和定义适用于本文件。

3.1

木材改性 wood modification

通过物理、化学或生物等方法处理木材,改良木材性质的工艺过程。

3.2

木材物理改性 physical modification of wood

通过加热、水煮、喷蒸、压缩等方法改良木材性质的工艺过程。

3.3

木材化学改性 chemical modification of wood

通过化学药剂与木材组分中的活性基团发生反应形成共价键,改良木材性质的工艺过程。

3.4

浸渍处理 immersion treatment

将木材浸入改性剂中,借助于压力或常压,使改性剂浸入木材的工艺过程。

3.5

热处理 thermal treatment

在一定环境中,对木材进行加热(温度通常高于160 ℃)处理的工艺工程。

3.6

压缩处理 compression treatment

借助于湿热或其他方法先将木材软化,然后对木材进行压制的工艺过程。

3.7

树脂改性木材 modified wood with resin impregnation

采用以水溶性热固型树脂(如脲醛树脂、酚醛树脂、三聚氰胺树脂等)为主体改性剂处理木材制得的改性木材。

3.8

防腐木材 preservative-treated wood

经改性处理具有防腐功能的木材。

3.9

阻燃木材 fire-retarding treated wood

经改性处理具有阻燃功能的木材。

3.10

热处理木材 heat-treated wood

炭化木

在 160 ℃～230 ℃的高温低氧环境中,进行一定时间处理的木材。

3.11

压缩木材 compressed wood

通过软化、压缩、定形等工艺过程制得的改性木材。

3.12

乙酰化木材 acetylated wood

通过与乙酰化剂(乙酸酐、乙酰氯、硫代乙酸等)的化学反应,将木材中的亲水性羟基转化为疏水性乙酰氧基而制得的改性木材。

4 分类

4.1 按处理方法分类:

  a) 浸渍处理;

  b) 热处理;

  c) 压缩处理;

  d) 其他。

4.2 按产品分类:

  a) 树脂改性木材;

  b) 防腐木材;

  c) 阻燃木材;

  d) 热处理木材;

  e) 压缩木材;

  f) 乙酰化木材;

  g) 其他。

4.3 按适用环境分类:

  a) 室内用;

  b) 室外用。

5 标识

5.1 一般规定

改性木材应采用逐块(根)标识或逐包标识,室外用改性木材应使用耐久性标注。防腐木材的标识应符合 LY/T 1925 的要求。

5.2 标识内容

5.2.1 生产企业信息

应标识生产企业名称和地址。

5.2.2 产品类别

应按照4.2的分类,标识其产品类别。

5.2.3 执行标准编号

相关产品标准编号。

5.2.4 木材名称

应标识改性木材的木材名称,国产木材按照GB/T 16734的规定进行,进口木材按照GB/T 18513的规定进行,未规定标准木材名称的木材应标识其拉丁名。

5.2.5 产品性能

5.2.5.1 树脂改性木材

室内用树脂改性木材应标识密度和甲醛释放量,室外用树脂改性木材应标识密度和耐腐等级。

5.2.5.2 阻燃木材

应标识阻燃等级。

5.2.5.3 热处理木材

应标识吸湿平衡含水率,室外用热处理木材还应标识耐腐等级。

5.2.5.4 压缩木材

应标识压缩回弹率、硬度和抗弯强度,室外用压缩木还应标识耐腐等级。

5.2.5.5 乙酰化木材

应标识尺寸稳定性,室外用乙酰化木材还应标识耐腐等级。

5.2.6 适用环境

应按照4.3的分类,标识其适用环境的分类。

ICS 79.040
B 60

中华人民共和国国家标准

GB/T 33040—2016

热处理木材鉴别方法

Identification method of heat-treated wood

2016-10-13 发布

2017-05-01 实施

中华人民共和国国家质量监督检验检疫总局
中国国家标准化管理委员会 发布

前　言

本标准按照 GB/T 1.1—2009 给出的规则起草。

本标准由国家林业局提出。

本标准由中国木材标准化技术委员会(SAC/TC 41)归口。

本标准起草单位:中国林业科学研究院木材工业研究所、华南农业大学、浙江世友木业有限公司、四川升达林业产业股份有限公司、四川农业大学、福建秦朝木业科技有限公司、贵州金鸟木业有限责任公司、开原圣意达木材干燥设备有限公司。

本标准主要起草人:黄荣凤、吕建雄、涂登云、顾梓生、倪月忠、于学利、劳奕旻、余钢、齐锦秋、周永东、赵有科、李晓玲、蒋佳荔、郭飞、詹天翼、张玉清、潘成锋、陈金棒、丛德宝。

热处理木材鉴别方法

1 范围

本标准规定了热处理木材的术语和定义、检测方法、鉴别指标、判定和鉴别报告。

本标准适用于室内外使用的热处理木材及其制品的鉴别,不包含单板。

2 规范性引用文件

下列文件对于本文件的应用是必不可少的。凡是注日期的引用文件,仅注日期的版本适用于本文件。凡是不注日期的引用文件,其最新版本(包括所有的修改单)适用于本文件。

GB/T 1928 木材物理力学实验方法总则

GB/T 1931 木材含水率测定方法

GB/T 29894 木材鉴别方法通则

LY/T 1788 木材性质术语

3 术语和定义

LY/T 1788 界定的以及下列术语和定义适用于本文件。

3.1

热处理木材 heat-treated wood

炭化木 heat-treated wood

在 160 ℃~230 ℃ 的低氧环境中,进行一定时间处理的木材。

3.2

木材颜色 wood color

木材在自然光下呈现的颜色。木材颜色采用国际照明委员会的 CIE $L^*a^*b^*$ 表色系统表征。

3.3

色差 color difference

两个样品之间的颜色差,按国际照明委员会的 CIE $L^*a^*b^*$ 表色系统标定颜色并计算得到的两个色样样品之间的颜色差值。

3.4

吸湿平衡含水率 adsorption equilibrium moisture content

木材在一定温度和相对湿度的环境中吸着水分后,最终达到的稳定含水率。

4 检测方法

4.1 取样和试件制作

4.1.1 取样

送检样品尺寸应为长度不小于 350 mm,宽度不小于 80 mm,厚度不小于 10 mm。从同一块样品上,分别截取含水率测定试件 3 块和颜色测定试件 2 块。

4.1.2 试件制作

4.1.2.1 试件制作

含水率和颜色测定试件取样方式如图 1 所示。

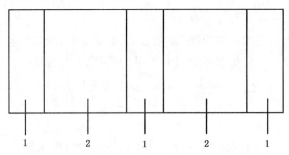

说明:
1——含水率测定试件;
2——颜色测定试件。

图 1 含水率和颜色测定试件取样方式

4.1.2.2 含水率试件的形状和尺寸

含水率试件尺寸为板宽(长)×20 mm(宽)×板厚。

4.1.2.3 颜色测定试件的形状和尺寸

颜色试件的形状应为矩形板材,尺寸不小于 200 mm(长)×50 mm(宽)×板厚。

4.1.2.4 颜色测定试件的加工

先对试件的两个表面分别进行标记,之后测量试件厚度,确定厚度方向的中心位置,将其从中间剖开,并对剖开后形成的两个芯层表面分别进行标记。

将试件的芯层表面进行刨光或砂光处理。

4.2 仪器设备

4.2.1 GB/T 29894 规定的试验设备。

4.2.2 GB/T 1931 规定的试验设备。

4.2.3 长度测量工具,精度 0.01 mm;质量测量工具,精度 0.001 g。

4.2.4 色差仪应按照国际照明委员会的 CIE $L^*a^*b^*$ 表色系统测定颜色,精度 0.01。

4.3 检测步骤

4.3.1 吸湿平衡含水率的测定

按照 GB/T 1928 要求进行吸湿平衡状态调整。调整方法是将试件置于温度为 20 ℃±2 ℃、相对湿度为(65±3)%的恒温恒湿箱中调整含水率,每隔 24 h 称量 1 次,记录质量,至最后两次称量相差不超过试样质量的 0.2% 时,即认为试件达到含水率平衡。

将吸湿平衡后试件按照 GB/T 1931 的规定测定的含水率,按附录 A 格式记录。计算 3 块试件的平均含水率作为该样品的吸湿平衡含水率。

4.3.2 颜色测定

将颜色测定试件按照4.3.1的方法进行调湿处理。取出试件后,在每块试件表面和芯层表面上避开缺陷,各均匀选取6个点,且保证在表层试件和芯层试件上选定的早材测点和晚材测点的数量一致。用色差仪测定木材的颜色值,包括明度值 L^*、红绿色品指数值 a^* 和黄蓝色品指数值 b^*,按附录 B 格式记录测定值。

4.3.3 色差计算

热处理木材表面与芯层间的色差用 ΔE^* 表示,按式(1)~式(4)计算:

$$\Delta E^* = \left[(\Delta L^*)^2 + (\Delta a^*)^2 + (\Delta b^*)^2 \right]^{1/2} \quad\cdots\cdots\cdots\cdots\cdots (1)$$

$$\Delta L^* = L_s^* - L_c^* \quad\cdots\cdots\cdots\cdots\cdots (2)$$

$$\Delta a^* = a_s^* - a_c^* \quad\cdots\cdots\cdots\cdots\cdots (3)$$

$$\Delta b^* = b_s^* - b_c^* \quad\cdots\cdots\cdots\cdots\cdots (4)$$

ΔL^*、Δa^*、Δb^* 分别为表芯层的明度差、红绿色品指数差和黄蓝色品指数差;L_s^*、a_s^*、b_s^* 分别为试件表面6个点明度、红绿色品指数值、黄蓝色品指数值的平均值;L_c^*、a_c^*、b_c^* 分别为试件芯层6个点明度、红绿色品指数值、黄蓝色品指数值的平均值。

5 鉴别指标

热处理木材鉴别指标见表1。

表 1 热处理木材鉴别指标

检测项目	针叶树材		阔叶树材	
	室内用	室外用	室内用	室外用
吸湿平衡含水率/%	≤9.5	≤8.5	≤8.5	≤7.5
表芯层色差 ΔE^*	≤8.0	≤8.0	≤8.0	≤8.0

6 判定

样本应同时满足吸湿平衡含水率和表芯层色差2项指标,才能判定为热处理木材。

7 鉴别报告

鉴别报告包括下列内容:

——样品描述;

——样品的吸湿平衡含水率;

——样品表芯层色差;

——鉴别结果。

附　录　A

（规范性附录）

吸湿平衡含水率测定结果记录表

送检单位：_____　　木材名称：_____

检测时间：_____　　检测人：_____　　审核人：_____

试件编号	吸湿平衡时质量/g	全干时质量/g	含水率/%	备注

附　录　B

（规范性附录）

颜色测定结果记录表

送检单位：_____　　木材名称：_____

检测时间：_____　　检测人：_____　　记录人：_____

试件编号	检测面编号	测点	表层			芯层			ΔE^*
			L_s^*	a_s^*	b_s^*	L_c^*	a_c^*	b_c^*	
1	1	1							
		2							
		3							
		4							
		5							
		6							
	2	1							
		2							
		3							
		4							
		5							
		6							

五、木材干燥类

ICS 79.040
B 69

中华人民共和国国家标准

GB/T 6491—2012
代替 GB/T 6491—1999

锯 材 干 燥 质 量

Drying quality of sawn timber

2012-12-31 发布

2013-06-01 实施

中华人民共和国国家质量监督检验检疫总局
中国国家标准化管理委员会 发布

前　言

本标准按照 GB/T 1.1—2009 给出的规则起草。

本标准代替 GB/T 6491—1999《锯材干燥质量》。

本标准与 GB/T 6491—1999 相比,主要变化如下:

——增加了地热地板含水率指标;

——质量指标中增加了残余应力值和皱缩深度值;

——应力测试增加了切片法。

本标准由国家林业局提出。

本标准由全国木材标准化技术委员会(SAC/TC 41)归口。

本标准起草单位:内蒙古农业大学。

本标准主要起草人:王喜明、薛振华、于建芳。

本标准所代替标准的历次版本发布情况为:

——GB/T 6491—1986;

——GB/T 6491—1999。

锯材干燥质量

1 范围

本标准规定了干燥锯材的含水率、干燥锯材的质量等级、干燥锯材质量指标及其检测规则。

本标准适用于各种用途的干燥锯材。

2 规范性引用文件

下列文件对于本文件的应用是必不可少的。凡是注日期的引用文件,仅注日期的版本适用于本文件。凡是不注日期的引用文件,其最新版本(包括所有的修改单)适用于本文件。

GB/T 153 针叶树锯材

GB/T 1931 木材含水率测定方法

GB/T 1935 木材顺纹抗压强度试验方法

GB/T 1936.1 木材抗弯强度试验方法

GB/T 1936.2 木材抗弯弹性模量测定方法

GB/T 1937 木材顺纹抗剪强度试验方法

GB/T 1938 木材顺纹抗拉强度试验方法

GB/T 1939 木材横纹抗压试验方法

GB/T 1940 木材冲击韧性试验方法

GB/T 1941 木材硬度试验方法

GB/T 1942 木材抗劈力试验方法

GB/T 1943 木材横纹抗压弹性模量测定方法

GB/T 4817 阔叶树锯材

GB/T 4823 锯材缺陷

GB/T 15035 木材干燥术语

LY/T 1068 锯材窑干工艺规程

3 干燥锯材的含水率

3.1 干燥锯材含水率即锯材经过干燥后的最终含水率,按用途和地区考虑确定。以用途为主,地区为辅。

3.2 不同用途干燥锯材含水率见表1。

表 1 不同用途的干燥锯材含水率 %

干燥锯材用途	平均	范围	干燥锯材用途	平均	范围
电气器具及机械装置	6	5～10	家具制造		
木桶	6	5～8	胶拼部件	8	6～11
鞋楦	6	4～9	其他部件	10	8～14
鞋跟	6	4～9	指接材	10	8～13
铅笔板	6	3～9	船舶制造	11	9～15
精密仪器	7	5～10	农业机械零件	11	9～14
钟表壳	7	5～10	农具	12	9～15
文具制造	7	5～10	火车制造		
采暖室内用材	7	5～10	客车室内	10	8～12
机械制造木模	7	5～10	客车木梁	14	12～16
飞机制造	7	5～10	货车	12	10～15
乐器制造	7	5～10	汽车制造		
体育用品	8	6～11	客车	10	8～13
枪炮用材	8	6～12	载重货车	12	10～15
玩具制造	8	6～11	实木地板块		
室内装饰用材	8	6～12	室内	10	8～13
工艺制造用材	8	6～12	室外	17	15～20
纺织器材			地热地板	5	4～7
梭子	7	5～10	普通包装箱	14	11～18
纱管	8	6～11	电缆盘	14	12～18
织机木构件	10	8～13	室外建筑用材	14	12～17
细木工板	9	7～12	弯曲加工用锯材	15	15～20
缝纫机台板	9	7～12	军工包装箱		
精制卫生筷	10	8～12	箱壁	11	9～14
乐器包装箱	10	8～13	框架滑枕	14	11～18
运动场馆用具	10	8～13	铺装道路用材	20	18～30
建筑门窗	10	8～13	远程运输锯材	20	16～22
火柴	10	8～13			

3.3 干燥锯材含水率应比使用地区的木材平衡含水率低 2%～3%。各省（区）、直辖市木材平衡含水率值见附录 A，各地区木材平衡含水率和干燥锯材最终含水率见附录 B。

4 干燥锯材的干燥质量等级

干燥锯材的干燥质量规定为四个等级：

一级：指获得一级干燥质量指标的锯材，基本保持锯材固有的力学强度。适用于仪器、模型、乐器、航空、纺织、精密机械制造、鞋楦、鞋跟、工艺品、钟表壳等生产。

二级:指获得二级干燥质量指标的干燥锯材,允许部分力学强度有所降低(抗剪强度及冲击韧性降低不超过5%)。适用于家具、建筑门窗、车辆、船舶、农业机械、军工、实木地板、细木工板、缝纫机台板、室内装饰、卫生筷、指接材、纺织木构件、文体用品等生产。

三级:指获得三级干燥质量指标的干燥锯材,允许力学强度有一定程度的降低,适用于室外建筑用材、普通包装箱、电缆盘等生产。

四级:指气干或室干至运输含水率(20%)的锯材,完全保持木材的力学强度和天然色泽。适用于远程运输锯材、出口锯材等。

5 干燥锯材的干燥质量指标

5.1 干燥锯材的干燥质量指标,包括平均最终含水率、干燥均匀度(即木堆或干燥室内各测点最终含水率与平均最终含水率的容许偏差)、厚度上的含水率偏差、残余应力和可见干燥缺陷(弯曲、开裂、皱缩深度等)。

5.2 各项含水率和应力值见表2。

表 2 含水率和应力值

干燥质量等级	平均最终含水率 %	干燥均匀度 %	厚度上的含水率偏差 %				残余应力值 %	
			厚度 mm				叉齿	切片
			20 以下	21～40	41～60	61～90		
一级	6～8	±3	2.0	2.5	3.5	4.0	不超过2.5	不超过0.16
二级	8～12	±4	2.5	3.5	4.5	5.0	不超过3.5	不超过0.22
三级	12～15	±5	3.0	4.0	5.5	6.0	不检查	不检查
四级	20	+2.5/−4.0	不检查				不检查	不检查

注 1:对于我国东南地区,一、二、三级干燥锯材的平均最终含水率指标可放宽1%～2%。
注 2:我国东南地区概念指附录B中无圆圈阿拉伯数字为13%及14%的地区。

5.3 可见干燥缺陷质量指标见表3。

表 3 可见干燥缺陷质量指标

干燥质量等级	弯 曲 %								开裂			皱缩深度 mm
	针叶树材				阔叶树材				内裂	纵裂 %		
	顺弯	横弯	翘弯	扭曲	顺弯	横弯	翘弯	扭曲		针叶树材	阔叶树材	
一级	1.0	0.3	1.0	1.0	1.0	0.5	2.0	1.0	不许有	2	4	不许有
二级	2.0	0.5	2.0	2.0	2.0	1.0	4.0	2.0	不许有	4	6	不许有
三级	3.0	2.0	5.0	3.0	3.0	2.0	6.0	3.0	不许有	6	10	2
四级	1.0	0.3	0.5	1.0	1.0	0.5	2.0	1.0	不许有	2	4	2

6 检验规则

6.1 含水率的检验

6.1.1 除分层含水率外,本标准提及的含水率均指干燥锯材断面上的平均含水率。

6.1.2 含水率试验板的要求

6.1.2.1 同室干燥一批锯材的平均最终含水率、干燥均匀度、厚度上含水率偏差及残余应力值等干燥质量指标,采用含水率试验板(整块被干锯材)进行测定。含水率试验板从干燥前的同一批被干锯材中选取,要求没有材质缺陷,含水率要有代表性。

6.1.2.2 用轨道车装卸的干燥室,锯材长度≥3 m,采用1个木堆、9块含水率试验板进行测定。9块含水率试验板的位置见图1。位于木堆上、下部位的含水率试验板,分别放在自堆顶向下或自堆底向上的第3或4层。位于木堆边部的含水率试验板,分别放在自木堆左、右两边向里的第2块。位于中部的含水率试验板,放在木堆的中部。如干燥室的长度可容纳3个木堆或以上,可增测1~2个木堆。测定木堆在干燥室的放置为前后(单轨室)或对角线位置(双轨室)。统计干燥质量指标则包括全部测定木堆。

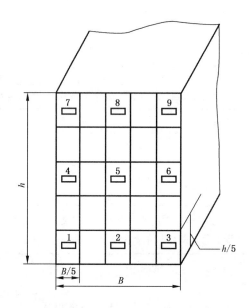

说明:

B ——木堆宽度;

h ——木堆高度。

图 1 试验板放置位置

6.1.2.3 用叉车装卸的干燥室,锯材长度>2 m的按6.1.2.2规定执行,锯材长度≤2 m的,每堆选取1块进行测定,含水率试验板选自小堆中部。

6.1.2.4 含水率试验板按图2所示锯解,每块含水率试验板取得最终含水率试片3块,分层含水率试片及应力试片各1块。

单位为毫米

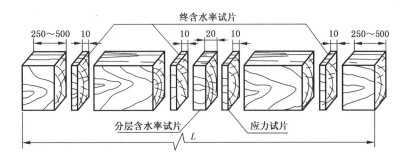

图 2　试验板的锯解

6.1.2.5 采用电测法辅助测定时,检测同一批干燥锯材的平均最终含水率及用均方差计算的干燥均匀度,检测含水率试验板上标明最终含水率试片部位的中部,每块含水率试验板取 3 个测点。

如果测出的平均最终含水率及干燥均匀度超过等级规定的指标,重新选取试验板再次检测。

6.1.3　含水率的测定方法

6.1.3.1 干燥锯材的各项含水率指标,采用称重法和电测法进行测定。以称重法为准,电测法为辅。含水率测定按照 GB/T 1931 规定执行,用称重法计算含水率的基本公式见式(1):

$$MC = (W_c - W_0)/W_0 \times 100\% \quad\cdots\cdots\cdots\cdots(1)$$

式中:

MC——试片的含水率;

W_c——试片的初始质量,单位为克(g);

W_0——试片的绝干质量,单位为克(g)。

6.1.3.2 干燥锯材的平均最终含水率,用含水率试验板的平均最终含水率来检查。含水率试验板的平均最终含水率($\overline{MC_z}$)按式(2)计算:

$$\overline{MC_z} = \left(\sum_{i=1}^{n} W_i - \sum_{i=1}^{n} W_{0i}\right)/\sum_{i=1}^{n} W_{0i} \times 100\% \quad\cdots\cdots\cdots\cdots(2)$$

式中:

W_i——第 i 片试片的当时质量,单位为克(g);

W_{0i}——第 i 片试片的绝干质量,单位为克(g);

n——试片数量。

6.1.3.3 干燥均匀度(ΔMC_z)可用均方差来检查。均方差(σ)按式(3)计算,精确至 0.1%:

$$\sigma = \sqrt{\left[\sum_{i=1}^{n}(MC_{zi} - \overline{MC_z})^2\right]/(n-1)} \quad\cdots\cdots\cdots\cdots(3)$$

当±2σ 大于干燥均匀度(ΔMC_z)时(见表 2),锯材必须进行平衡处理或再干。平衡处理的概念见 GB/T 15035。

6.1.3.4 厚度上含水率偏差(ΔMC_h)用分层含水率试片测定。分层含水率试片的锯解方法见图 3。锯材厚度(S)小于 50 mm 时按图 3 中 a)锯解,厚度等于或大于 50 mm 时按图 3 中 b)锯解。厚度上含水率偏差(ΔMC_h)按式(4)计算:

$$\Delta MC_h = MC_s - MC_b \quad\cdots\cdots\cdots\cdots(4)$$

式中:

MC_s——心层含水率;

MC_b——表层含水率。

单位为毫米

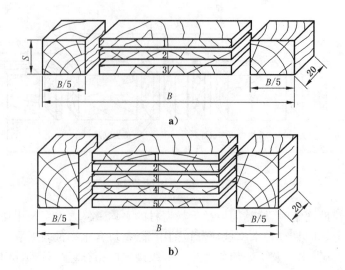

说明:

B ——板材宽度;

S ——板材厚度。

图 3 分层含水率试片的锯解

6.1.3.5 干燥质量合格率的厚度上含水率偏差平均值,用厚度上含水率偏差的算术平均值($\overline{\Delta MC_h}$)来计算。

6.1.3.6 表层含水率(MC_b)按图 3 中 a)的分层含水率试片 1 和 3($S<50$ mm)或图 3 中 b)的分层含水率试片 1 和 5($S\geqslant50$ mm)的含水率平均值确定。

心层含水率(MS_s)按图 3 的分层含水率试片 2($S<50$ mm)或 3($S\geqslant50$ mm)的含水率确定。

6.1.3.7 最终含水率和分层含水率值等测定数据,可按附录 C 进行统计与计算。

6.1.3.8 一批同室被干锯材的最初含水率和最终含水率,按 LY/T 1068 的规定进行检测。

检测条件:

a) 采用称重法时,用 5~6 块含水率检验板(一般长 1 m)进行测定。其中 3~4 块为含水率较高的弦切板,放在木堆干燥较慢的部位,用作调节干燥基准的含水率依据。另 2 块中的 1 块为含水率较低的弦切板,1 块为含水率较高的径切板,分别放在木堆干燥较快和较慢的部位,用作平衡处理的含水率依据。含水率检验板均放在木堆便于取出的部位。

b) 采用电测法时,至少用 4 块含水率试材插入探针(电极)进行测定。含水率试材选用整块被干锯材,选择条件和在木堆中的位置与 6.1.2.2 和 6.1.2.3 同,但不要求方便取出。测点离材端应不小于 0.5 m;如材长不足 1 m 时,测点可在材长中部。干燥室装配自动控制系统,用探针测定干燥过程中的锯材含水率时,应定期(3 个月)用称重法进行对比测试,检验电测法的精度和可靠性,必要时进行校正或更换。

6.2 残余应力的检验

6.2.1 应力试片的制备

6.2.1.1 锯材宽度 $B<200$ mm 时,应力试片按图 2 锯解;锯材宽度 $B\geqslant200$ mm 时,应力试片可按锯材宽度的一半($B/2$)锯解,见图 4。应力试片的齿根取在板材宽度的边部,齿尖取在宽度的中部。至于含水率试片和分层含水率试片,必要时也可如图 4 所示按宽度的一半($B/2$)锯解。

单位为毫米

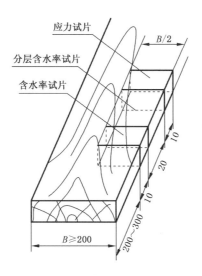

图 4 应力试片的锯解

6.2.1.2 应力试片锯解后,放入烘箱内在 103 ℃±2 ℃温度下烘干 2 h～3 h,取出放在干燥器中冷却,或在室温下放置 24 h。

6.2.2 残余应力的测定方法

6.2.2.1 叉齿法。按图 5 所示划线,用游标卡尺(精度为 0.1 mm、量程为 10 mm～200 mm)测量每块试片的 S 及 L 尺寸,再将试片锯出叉齿,在室温空气流通处放置 24 h,使叉齿内外层的含水率分布均匀后,测量 S_1 尺寸,均精确至 0.1 mm。图 5 中 a)用于 $S < 50$ mm,图 5 中 b)用于 $S \geq 50$ mm。

单位为毫米

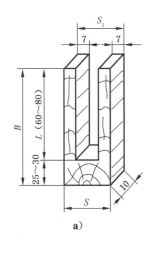

a)

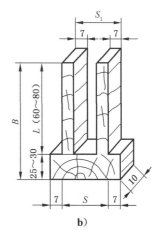

b)

说明:
B——板材宽度;
S——板材厚度。

图 5 叉齿的锯解

叉齿法残余应力指标即叉齿相对变形(Y)按式(5)计算:

$$Y = (S - S_1)/(2L) \times 100\% \quad\cdots\cdots\cdots\cdots\cdots\cdots\cdots (5)$$

式中:
S——试片在锯制前的齿宽,单位为毫米(mm);

S_1——试片在变形后的齿宽,单位为毫米(mm);

L——齿的长度,单位为毫米(mm)。

6.2.2.2 切片法。按图6所示把应力试片分奇数层划线定位,切片的厚度为7 mm。用游标卡尺(精度为0.1 mm、量程为10 mm~200 mm)测量每块试片的长度L。然后对称劈开,在室温空气流通处放置24 h,使试片含水率分布均匀后,测量试片变形的挠度f,均精确至0.01 mm。

切片法残余应力指标即切片相对变形(Y)按式(6)计算:

$$Y = f/L \times 100\% \quad\quad\quad\quad\quad\quad\quad (6)$$

式中:

f——试片变形后的挠度,单位为毫米(mm);

L——试片长度,单位为毫米(mm)。

单位为毫米

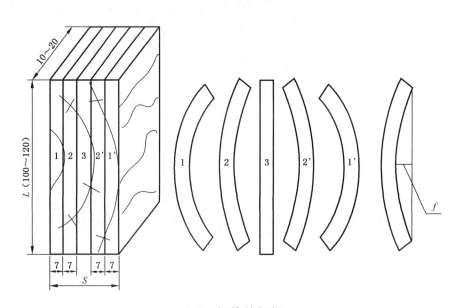

图 6 切片的锯解

6.2.2.3 干燥质量合格率的平均残余应力值,用残余应力值的算术平均值($\overline{Y}$)来计算。

6.2.2.4 残余应力值的测定数据,可按附录C进行统计与计算。

6.3 可见干燥缺陷的检验

6.3.1 检验方法

6.3.1.1 干燥锯材的可见干燥缺陷质量指标按GB/T 4823规定检验。

6.3.1.2 检验时采用可见缺陷试验板或干燥后普检的方法进行。

6.3.2 检测试验板的选取与摆放

6.3.2.1 可见缺陷试验板干燥前选自同一批被干锯材,要求没有弯曲、裂纹等缺陷,数量为100块,并编号、记录,分散堆放在木堆中,记明部位,并在端部标明记号。干后取出,逐一检测、记录。

6.3.2.2 干后普检是在干后卸堆时普遍检查干燥锯材,将有干燥缺陷的锯材挑出,逐一检测、记录,并计算超过等级规定和达到开裂计算起点的有缺陷锯材。

6.3.3 干燥缺陷的认定

6.3.3.1 锯材干燥前发生的弯曲与裂纹,干燥前应予检测、编号与记录,干燥后再行检测与对比,干燥质量只计扩大部分或不计(干前已超标)。这种锯材干燥时应正确堆积,以矫正弯曲;涂头或藏头堆积以防裂纹扩大。

6.3.3.2 对于在干燥过程中发生的端裂,经过热湿处理裂纹闭合,锯解检查时才被发现(经常在锯材端部 100 mm 左右处),不应定为内裂。

6.3.4 计算方法

6.3.4.1 翘曲包括顺弯、横弯及翘弯,均检量其最大弯曲拱高与内曲面水平长度之比,以百分率表示,按式(7)计算:

$$WP = h/l \times 100\% \quad \cdots\cdots\cdots\cdots\cdots\cdots (7)$$

式中:

WP——翘曲度(或翘曲率);

h ——最大弯曲拱高,单位为毫米(mm);

l ——内曲面长(宽)度,单位为毫米(mm)。

6.3.4.2 扭曲是检量板材偏离平面的最大高度与试验板长度(检尺长)之比,以百分率表示,按式(8)计算:

$$TW = h/l \times 100\% \quad \cdots\cdots\cdots\cdots\cdots\cdots (8)$$

式中:

TW——扭曲度(或扭曲率);

h ——最大偏离高度,单位为毫米(mm);

l ——试验板长度(检尺长),单位为毫米(mm)。

6.3.4.3 开裂是指因干燥不当使木材表面纤维沿纵向分离形成的纵裂和在木材内部形成的内裂(蜂窝裂)等。纵裂宽度的计算起点为 2 mm,不足起点的不计。自起点以上,检量裂纹全长。在材长上数根裂纹彼此相隔不足 3 mm 的可连贯起来按整根裂纹计算。相隔 3 mm 以上的分别检量,以其中最严重的一根裂纹为准。内裂不论宽度大小,均予计算。

6.3.4.4 干燥锯材裂纹的检算,一般沿材长方向检量裂纹长度与锯材长度之比,以百分率表示,按式(9)计算:

$$LS = l/L \times 100\% \quad \cdots\cdots\cdots\cdots\cdots\cdots (9)$$

式中:

LS——纵裂度(纵裂长度比率);

l ——纵裂长度,单位为毫米(mm);

L ——锯材长度,单位为毫米(mm)。

6.3.4.5 皱缩深度是指将皱缩板材的端头截去少许,截断处横断面的最大厚度与最小厚度之差,按式(10)计算:

$$H = A_1 - A_0 \quad \cdots\cdots\cdots\cdots\cdots\cdots (10)$$

式中:

H ——皱缩深度,单位为毫米(mm);

A_1——板材横断面最大厚度,单位为毫米(mm);

A_0——板材横断面最小厚度,单位为毫米(mm)。

6.3.4.6 可见干燥缺陷质量指标,可按附录 D 进行统计与计算。

6.4 干燥锯材力学强度的检测

按照 GB/T 1935、GB/T 1936.1、GB/T 1936.2、GB/T 1937、GB/T 1938、GB/T 1939、GB/T 1940、GB/T 1941、GB/T 1942、GB/T 1943 测定。

6.5 含水率检测要求

6.5.1 锯材干好卸出后,一般应在干材仓库存放 2 d～7 d,以平衡木材的含水率。各项含水率指标,以平衡后的测定值为准。必要时也可在干燥过程结束时进行测定。

6.5.2 干材仓库应有空气温度、湿度调节设施,保持木材的最终含水率不变。

6.6 特殊锯材干燥质量要求

6.6.1 特殊材种

6.6.1.1 对于难干阔叶树厚材(栎属、锥属、椆属、青冈属等),硬阔叶树小径木,以及应力木、髓心材、迎风背材、水线材、斜纹理材等特殊材种,开裂质量指标允许放宽,由供需双方商定。

6.6.1.2 对于易皱缩并带有内裂的锯材,包括杨木、桉木、栎木等,内裂缺陷允许放宽,由供需双方商定。

6.6.1.3 短毛料干燥如易发生严重端裂,宜用长板干燥,干后截成毛料,以保证干燥质量。

6.6.2 其他

6.6.2.1 锯材上的节子干燥后开裂或脱落,属于锯材的材质缺陷,不计入干燥质量指标。

6.6.2.2 难干易裂硬阔叶树锯材,从生材开始进行常规室干难以保证干燥质量时,宜采取先将锯材低温预干(≤40 ℃)至 20%～25%含水率、再常规室干至最终含水率的措施,以保证干燥质量。

6.7 干燥质量合格率

6.7.1 按四项干燥质量指标(平均最终含水率、干燥均匀度、厚度上含水率偏差的平均值及残余应力的平均值)和七项可见干燥缺陷指标(顺弯、横弯、翘曲、扭曲、纵裂、内裂、皱缩深度)均达标的可见缺陷试验板材积与 100 块总材积之比的百分率或七项可见干燥缺陷指标达标的干燥锯材材积与干燥室容量之比的百分率确定。

6.7.2 干燥质量合格率不应低于 95%。要求四项含水率及应力指标(按平均值)全部达到等级规定,七项缺陷指标(其中有一项均予计算)超标的可见缺陷试验板或干燥锯材的材积与 100 块总材积或干燥室容量之比的百分率不超过 5%。

6.8 干燥锯材降等率

6.8.1 根据 GB/T 153 和 GB/T 4817 不同等级锯材有关缺陷(弯曲、裂纹)允许限度的规定,以及 5.3 相应的缺陷指标和等级,对照检查可见干燥缺陷质量指标。

6.8.2 分项计算超标的可见缺陷试验板或干燥锯材的材积与 100 块总材积或干燥室容量之比的百分率,求出总的降等率。如一块可见缺陷试验板或干燥锯材兼有几项超标指标,则以超标最大的指标分项计算。

6.9 干燥锯材的验收

6.9.1 每批同室被干燥锯材于干燥结束后均应对干燥质量进行检查和验收,以保证干燥锯材的质量。

6.9.2 干燥锯材的验收是以干燥质量指标为标准,以锯材的树种、规格、用途和技术要求,以及其他特殊情况为条件进行,或由供需双方具体商定。

附　录　A

（规范性附录）

各省(区)、直辖市木材平衡含水率值

表 A.1　各省(区)、直辖市木材平衡含水率值

省 市 名 称	平衡含水率 %			省 市 名 称	平衡含水率 %		
	最 大	最 小	平 均		最 大	最 小	平 均
黑龙江	14.9	12.5	13.6	湖 北	16.8	12.9	15.0
吉 林	14.5	11.3	13.1	湖 南	17	15.0	16.0
辽 宁	14.5	10.1	12.2	广 东	17.8	14.6	15.9
新 疆	13.0	7.5	10.0	海南(海口)	19.8	16.0	17.6
青 海	13.5	7.2	10.2	广 西	16.8	14.0	15.5
甘 肃	13.9	8.2	11.1	四 川	17.3	9.2	14.3
宁 夏	12.2	9.7	10.6	贵 州	18.4	14.4	16.3
陕 西	15.9	10.6	12.8	云 南	18.3	9.4	14.3
内蒙古	14.7	7.7	11.1	西 藏	13.4	8.6	10.6
山 西	13.5	9.9	11.4	北 京	11.4	10.8	11.6
河 北	14.0	10.1	11.5	天 津	13.0	12.1	12.6
山 东	14.8	10.1	12.9	上 海	17.3	13.6	15.6
江 苏	17.0	13.5	15.3	重 庆	18.2	13.6	15.8
安 徽	16.5	13.3	14.9	台湾(台北)	18.0	14.7	16.4
浙 江	17.0	14.4	16.0	香 港	暂缺	暂缺	暂缺
江 西	17.0	14.2	15.6	澳 门	暂缺	暂缺	暂缺
福 建	17.4	13.7	15.7	全 国			13.4
河 南	15.2	11.3	13.2				
根据 1951～1970 年气象资料查。							

附　录　B

（规范性附录）

各地区木材平衡含水率和干燥锯材最终含水率

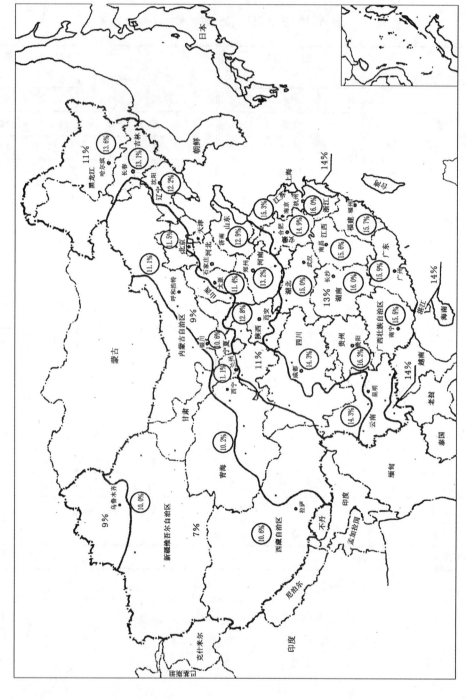

图 B.1　各地区木材平衡含水率和干燥锯材最终含水率

注：自朱政贤，1985。

附　录　C
（资料性附录）
最终含水率、分层含水率及残余应力值实验数据统计表

表 C.1　最终含水率、分层含水率及残余应力值实验数据统计表

最终含水率 %						分层含水率 %				残余应力值 %								
										叉齿法					切片法			
材堆或室高度方向	材堆或室宽度方向	材堆或室长度方向				试片编号	心层 MC_s	表层 MC_b	偏差 ΔMC_h	试片编号	齿的长度 L mm	锯制前的齿宽 S mm	变形后的齿宽 S_1 mm	叉齿应力值 Y	试片编号	试片长度 L mm	试片变形后的挠度 f mm	切片应力值 Y
		前部	中部	后部	平均													
上层	左	( )	( )	( )	( )	1				1					1			
	中	( )	( )	( )	( )	2				2					2			
	右	( )	( )	( )	( )	3				3					3			
中层	左	( )	( )	( )	( )	4				4					4			
	中	( )	( )	( )	( )	5				5					5			
	右	( )	( )	( )	( )	6				6					6			
下层	左	( )	( )	( )	( )	7				7					7			
	中	( )	( )	( )	( )	8				8					8			
	右	( )	( )	( )	( )	9				9					9			
平均最终含水率 均方差						厚度上含水率偏差平均值				平均应力值 $\overline{Y}$					平均应力值 $\overline{Y}$			

注：括弧内填写试片（材）的编号。

附　录　D

（资料性附录）

可见干燥缺陷质量指标数据统计表

表 D.1　可见干燥缺陷质量指标数据统计表

企业名称：＿＿＿＿＿＿＿＿＿＿＿干燥室编号：＿＿＿＿＿干燥室容量：＿＿＿ m³ 木材　缺陷超标总材积：＿＿＿ m³ 木材

锯材树种：＿＿＿＿　锯材规格：长＿＿＿ mm×宽＿＿＿ mm×厚＿＿＿ mm　干燥时间：自＿＿年＿月＿日＿时＿分

至＿＿年＿月＿日＿时＿分

试验板编号	弯曲												开裂						皱缩深度		
	顺弯			横弯			翘曲			扭曲			纵裂			内裂					
	拱高 h mm	曲面长 l mm	翘曲度 WP %	拱高 h mm	曲面长 L mm	翘曲度 WP %	拱高 h mm	曲面长 L mm	翘曲度 WP %	偏离高度 h mm	材长 l mm	扭曲度 TW %	裂长 l mm	材长 l mm	纵裂度 LS %	裂长 l mm	裂宽 l mm	数量条	断面最大厚度 A_1 mm	断面最小厚度 A_0 mm	皱缩深度 H mm
1																					
2																					
3																					
4																					
超标材积	m³ 锯材			m³ 锯材			m³ 锯材			m³ 锯材			m³ 锯材			m³ 锯材			m³ 锯材		

注：超过等级规定指标的材积按发生可见干燥缺陷锯材的整块材积计算。

参 考 文 献

[1] 王喜明.木材皱缩[M].北京:中国林业出版社.2003.

[2] 蔡英春,陈广元,艾沐野,等.关于提高称重法木材含水率测算精度的探讨[J].北京林业大学学报.2005,27:64-67.

ICS 65.020.01
B 90

中华人民共和国林业行业标准

LY/T 1068—2012
代替 LY/T 1068—2002

锯材窑干工艺规程

Technology rules of kiln drying swan timber

2012-02-23 发布　　　　　　　　　　　　　2012-07-01 实施

国家林业局　发布

前　言

本标准按照 GB/T 1.1—2009 给出的规则起草。

本标准代替 LY/T 1068—2002《锯材窑干工艺规程》。

本标准与 LY/T 1068—2002 相比主要技术变化为：

——增加了落叶松锯材脱脂干燥基准；

——修改了木材垫条间距，垫条断面尺寸；

——修改了检验板的选取数量和部分条款；

——删除了含水率计算公式；

——删除了电阻式含水率检测部分要求；

——调整了部分干燥基准的适用范围；

——修改了干燥过程规则的部分条款。

本标准由全国木材标准化技术委员会(SAC/TC 41)提出并归口。

本标准起草单位：黑龙江省木材科学研究所、全国木材标准化技术委员会原木锯材分技术委员会。

本标准主要起草人：龚仁梅、吕蕾、李晓秀、杨亮庆、宋润惠、由昌久、邓小华、赵立志、刘一楠、时兰翠。

本标准所代替标准的历次版本发布情况：

——LY/T 1068—1992；

——LY/T 1068—2002。

锯材窑干工艺规程

1 范围

本标准规定了锯材窑干作业中堆垛要求、含水率检验板、推荐基准、干燥过程规则、质量检验及锯材窑干处理时间。

本标准适用于以湿空气、炉气-湿空气、常压过热蒸汽为介质的常规锯材干燥。

2 规范性引用文件

下列文件对于本文件的应用是必不可少的。凡是注日期的引用文件,仅注日期的版本适用于本文件。凡是不注日期的引用文件,其最新版本(包括所有的修改单)适用于本文件。

GB/T 1931　木材含水率测定方法

GB/T 6491　锯材干燥质量

GB/T 15035　木材干燥术语

3 术语和定义

GB/T 15035 界定的术语和定义适用本文件。

4 堆垛要求

4.1　不同树种锯材应分别干燥。木材数量不足一窑时,允许将干燥特性相似且初含水率相近的树种同窑干燥。

4.2　同窑干燥锯材厚度差需控制在±5 mm 之内。

4.3　湿锯材初含水率差超过 15%,气干锯材初含水率差超过 7.5% 时应分别进行干燥。

4.4　轨道车式装窑,不同材长的锯材应合理搭配,使材堆总长与窑长相适应。叉车式装窑,材堆要与窑的宽度相适应。

4.5　材堆长、宽、高应符合干燥窑的设计规定。木材数量不足一窑时,可减少材堆的宽度以保证材堆的高度和长度,但要保证材堆稳定。

4.6　强制循环干燥窑,各层木料的侧边应靠紧并留出适当的垂直气道。

4.7　整边锯材材堆侧边应齐平。毛边锯材材堆侧边齐平,材堆端部使一端齐平。

4.8　隔条使用变形小、硬度高的干锯材制作;隔条断面尺寸:25 mm×30 mm 四面刨光,厚度公差为±1 mm。

4.9　隔条间距:按树种、材长、材厚确定,一般为 0.4 m～0.6 m。阔叶树锯材及薄材取小值,针叶树锯材及厚材取大值。厚度 60 mm 以上的针叶树锯材隔条间距可以加大到 1.0 m,对于不规格短尺寸材可按实际情况减小隔条间距。

4.10　材堆上下各层隔条应保持在同一垂直线上,落在材车横档上。材堆中各层隔条厚度应一致。

　　　材堆端部隔条应与材堆端部齐平。

4.11　材堆上部加压重物或采用压紧装置,以防上部板材翘曲。

5 含水率检验板

5.1 检验板的选取

5.1.1 检验板的含水率和干燥特性应具有代表性。

5.1.2 检验板在距锯材端部不小于 0.3 m 处选取,且不应带树皮、腐朽、大的节子、裂纹、髓心及应力木等缺陷。

5.1.3 检验板尺寸:长度 0.8 m～1.2 m,取 1 m,两端密封。厚度、宽度与被干锯材的平均尺寸相近。对于地板类小尺寸锯材,可以用自身做检验板。

5.1.4 检验板取 5 块～6 块。其中含水率较高且材质好的弦切板 3 块～4 块,测得的含水率变化,用作调节干燥基准的依据。含水率较高径切板 1 块,含水率较低的弦切板 1 块,测得的含水率变化,用作终了平衡处理的含水率比较依据。

5.1.5 含水率较高的 3 块～4 块弦切板,由心材或中间部分选取,边材宽的针叶树锯材从边材选取,放在材堆干燥较慢的部位,或材堆内其他便于取出的部位。

5.1.6 含水率较低的弦切板和含水率较高的径切板分别放在材堆干燥较快和较慢的部位,或材堆内其他便于取出的部位。对于用叉车装卸小堆的干燥窑,检验板的选取和放置按 GB/T 6491。

5.2 含水率的检验

5.2.1 锯材干燥过程中含水率数据,采用烘干法和电测法进行测定。以烘干法为准,电测法为辅。

5.2.2 烘干法按照 GB/T 1931 进行。对于锯材含水率的具体检测方法按照 GB/T 6491 锯材干燥质量中含水率测定方法进行。测出检验板的初始含水率、检验板的初始重量、绝干重量和当时含水率。

5.2.3 采用电阻式含水率计检测干燥过程中的含水率时,要先对仪表进行校准,再按照仪表说明书操作。

6 推荐基准

6.1 针叶树锯材和阔叶树锯材的常规干燥基准表及其选用见附录 A。

6.2 经过气干后的锯材在预热处理后,采用与含水率相应干燥阶段的温度及与气干时木材平衡含水率相当的干湿球温度差,参见附录 C、D,干燥 12 h～24 h,然后逐渐降低湿度,转入相应含水率的干燥阶段。

6.3 没有喷蒸设备的干燥窑,应适当降低干球温度以保证规定的干湿球温度差。

6.4 除上列推荐基准外,对常用树种、规格尺寸锯材可自行制定时间基准、连续升温基准、波动式基准、过热蒸汽干燥基准等。

7 干燥过程规则

7.1 操作要求

7.1.1 装窑前应对窑内设备(包括通风机、加热器、湿度计等)进行检查,确认其完好后才能装窑。

7.1.2 加热器阀门应逐渐打开,防止凝结水撞击加热器。

7.1.3 加热器开动的最初几分钟内应通过疏水器的旁通管排除加热系统中的凝结水及锈污。

7.1.4 干燥过程中窑内的实际温度不应超过规定值±2 ℃,干湿球温度差不超过规定值±1 ℃。

7.1.5 定期称量检验板,保证及时调整基准,并检查干燥缺陷,发现问题,应及时处理。

7.1.6 经常观察干湿球的变化情况,水盒中的水位应高于 2/3 盒高。

7.1.7 及时填写干燥记录。记录表格式见附录 E。

7.1.8 温、湿度监测仪表应在每一个干燥周期完成后认真检查,每个季度校准一次。

7.1.9 干燥结束后,待窑内温度降到不高于大气温度 30℃时方可出窑。寒冷地区可在窑内温度低于 30 ℃时出窑。

7.1.10 依据不同窑型的技术指标,可对干燥工艺加以调整。

7.2 预热处理

7.2.1 温度:应高于干燥基准开始阶段温度。硬阔叶树锯材可高 5 ℃,软阔叶树锯材及厚度 60 mm 以上的针叶树锯材可高 8 ℃,厚度 60 mm 以下的针叶树锯材可高 10 ℃~15 ℃。

7.2.2 湿度:新锯材,干湿球温度差为 0.5 ℃~1.0 ℃;经过气干的木材调节干湿温度差以使窑内木材平衡含水率略大于气干时的木材平衡含水率,参见附录 C、D。

7.2.3 处理时间:应以木材中心温度不低于规定的介质温度 3 ℃为准。也可按下列规定估算:夏季针叶树锯材及软阔叶树锯材,锯材厚度每 1 cm 约需 1 h;冬季锯材初始温度低于—5 ℃时,处理时间较夏季增加 20%~30%。硬阔叶树锯材及落叶松,在上述的基础上再增加处理时间 20%~30%。

7.2.4 预热前,应将窑内温度加热至 30 ℃左右,防止水分凝结。

7.2.5 预热后,应使温度逐渐降低到相应阶段基准规定值。

7.3 中间处理

7.3.1 干燥过程中,对表层残留伸张应力显著的锯材应进行中间处理,防止后期发生内裂或断面凹陷,按照附录 B。

7.3.2 温度:高于相应干燥阶段温度 8 ℃~10 ℃,但最高温度不超过 100 ℃。

7.3.3 湿度:高于相应阶段干燥基准规定的木材平衡含水率 5%~6%。

7.3.4 处理时间:按照附录 B。

7.3.5 处理后温度和湿度逐渐降低至干燥阶段基准规定值。

7.4 终了处理

7.4.1 对干燥质量一、二、三等的锯材,应进行终了处理。

7.4.2 终含水率差大于干燥质量规定值的锯材,在终了处理前应先进行平衡处理。

7.4.3 温度:高于基准终了阶段 5 ℃~8 ℃。

7.4.4 湿度:按窑内木材平衡含水率等于允许的终含水率最低值确定。

7.4.5 平衡处理自最干木材含水率达到允许的终含水率最低值时开始,在最湿木材含水率达到允许的终含水率最高值时结束。

7.4.6 终了处理温度与平衡处理温度相同,但湿度按窑内木材平衡含水率高于终含水率规定值 5%~6%确定。高温下相对湿度达不到要求时,可适当降低温度。

7.4.7 处理时间:按照附录 B。

8 质量检验

出窑后,按 GB/T 6491 检验平均最终含水率、干燥均匀度、厚度上的含水率偏差、内应力及可见缺陷,统计合格率,报工厂备查。

附 录 A

（规范性附录）

锯材推荐基准

表 A.1 针叶树锯材基准的选用

树种	材厚					
	15 mm	25、30 mm	35 mm	40、50 mm	60 mm	70、80 mm
红松	1-3	1-3		1-2	2-2＊	2-1＊
马尾松、云南松	1-2	1-1		1-1	2-1＊	
樟子松、红皮云杉、鱼鳞云杉	1-3	1-2		1-1	2-1＊	2-1＊
东陵冷杉、沙松冷杉、杉木、柳杉	1-3	1-1		1-1	2-1	3-1
兴安落叶松、长白落叶松		3-1、8-1＊	8-2＊	4-1＊	5-1＊	
长苞铁杉		2-1		3-1＊		
陆均松、竹叶松	6-2	6-1		7-1		

注1：初含水率高于80％的锯材，基准第1、2阶段含水率分别改为50％以上及50％～30％。

注2：有＊号者表示需进行中间处理。

注3：其他厚度的锯材参照相近厚度的基准。

注4：表中8-1＊和8-2＊为落叶松脱脂干燥基准，适合于锯材厚度在35 mm以下。汽蒸预处理时间需比常规干燥预处理时间增加2 h～4 h。经高温脱脂后的锯材颜色加深。

表 A.2 针叶树锯材推荐基准

基准号 1-1				基准号 1-2				基准号 1-3			
MC	t	Δt	EMC	MC	t	Δt	EMC	MC	t	Δt	EMC
40 以上	80	4	12.8	40 以上	80	6	10.7	40 以上	80	8	9.3
40～30	85	6	10.7	40～30	85	11	7.5	40～30	85	12	7.1
30～25	90	9	8.4	30～25	90	15	6.0	30～25	90	16	5.7
25～20	95	12	6.9	25～20	95	20	4.8	25～20	95	20	4.8
20～15	100	15	5.8	20～15	100	25	3.2	20～15	100	25	3.8
15 以下	110	25	3.7	15 以下	110	35	2.4	15 以下	110	35	2.4
基准号 2-1				基准号 2-2				基准号 3-1			
MC	t	Δt	EMC	MC	t	Δt	EMC	MC	t	Δt	EMC
40 以上	75	4	13.1	40 以上	75	6	11.0	40 以上	70	3	14.7
40～30	80	5	11.6	40～30	80	7	9.9	40～30	72	4	13.3
30～25	85	7	9.7	30～25	85	9	8.5	30～25	75	6	11.0
25～20	90	10	7.9	25～20	90	12	7.0	25～20	80	10	8.2
20～15	95	17	5.3	20～15	95	17	5.3	20～15	85	15	6.1
15 以下	100	22	4.3	15 以下	100	22	4.3	15 以下	95	25	3.8

表 A.2（续）

基准号 3-2				基准号 4-1				基准号 4-2			
MC	t	Δt	EMC	MC	t	Δt	EMC	MC	t	Δt	EMC
40 以上	70	5	12.1	40 以上	65	3	15.0	40 以上	65	5	12.3
40～30	72	6	11.1	40～30	67	4	13.5	40～30	67	6	11.2
30～25	75	8	9.5	30～25	70	6	11.1	30～25	70	8	9.6
25～20	80	12	7.2	25～20	75	8	9.5	25～20	75	10	8.3
20～15	85	17	5.5	20～15	80	14	6.5	20～15	80	14	6.5
15 以下	95	25	3.8	15 以下	90	25	3.8	15 以下	90	25	3.8
基准号 5-1				基准号 5-2				基准号 6-1			
MC	t	Δt	EMC	MC	t	Δt	EMC	MC	t	Δt	EMC
40 以上	60	3	15.3	40 以上	60	5	12.5	40 以上	55	3	15.6
40～30	65	5	12.3	40～30	65	6	11.3	40～30	60	4	13.8
30～25	70	7	10.3	30～25	70	8	9.6	30～25	65	6	11.3
25～20	75	9	8.8	25～20	75	10	8.3	25～20	70	8	9.6
20～15	80	12	7.2	20～15	80	14	6.5	20～15	80	12	7.2
15 以下	90	20	4.8	15 以下	90	20	4.8	15 以下	90	20	4.8

基准号 6-2				基准号 7-1			
MC	t	Δt	EMC	MC	t	Δt	EMC
40 以上	55	4	14.0	40 以上	50	3	15.8
40～30	60	5	12.5	40～30	55	4	14.0
30～25	65	7	10.5	30～25	60	5	12.5
25～20	70	9	9.0	25～20	65	7	10.5
20～15	80	12	7.2	20～15	70	11	8.0
15 以下	90	20	4.8	15 以下	80	20	4.9

基准号 8-1				基准号 8-2			
MC	t	Δt	EMC	MC	t	Δt	EMC
40 以上	100	3	13.0	40 以上	95	2	14.9
						3	13.2
40～30	100	5	10.8	40～30	95	5	11.0
30～25	100	8	8.6	30～25	85	7	9.7
25～20	100	12	6.7	25～20	85	10	8.0
20～15	100	15	5.8	20～15	95	15	5.9
15 以下	100	20	4.7	15 以下	95	20	4.8
						24	4.0

注：表中符号 MC 为木材含水率（%）；t 为干球温度，单位为℃；Δt 为干湿球温度差，单位为℃；EMC 为木材平衡含水率（%）。

表 A.3　阔叶树锯材基准的选用

树种	厚度				
	15 mm	25、30 mm	40、50 mm	60 mm	70、80 mm
椴木	11-2	12-3	13-3	14-3 *	
沙兰杨	11-2	12-3(11-1)	12-3		
石梓、木莲	11-1	12-2(11-1)	13-2(12-1)		
白桦、枫桦	13-3	13-2	14-10 *		
水曲柳	13-3	13-2 *	13-1 *	14-6	15-1 *
黄波萝	13-3	13-2	13-1	14-6	
柞木	13-2	14-10 *	14-6 *	15-1	
色木(槭木)、白牛槭		13-2 *	14-10 *	15-1	
黑桦	13-4	13-5	15-6 *	15-1	
核桃楸	13-6	14-1 *	14-13 *	15-8	
甜锥、荷木、灰木、枫香、拟赤杨、桂樟		14-6 *	15-1 *	15-9	
樟叶槭、光皮桦、野柿、金叶白兰、天目紫茎		14-10 *	15-1 *		
檫木、苦辣、毛丹、油丹		14-10 *	15-1 *		
野漆		14-10	15-2 *		
橡胶木		14-10	15-2		
黄瑜	14-4	15-4 *	16-7 *	16-2	
辽东栎	14-5	15-5 *	16-6 *	16-8	
臭椿	14-7	14-12 *		17-1	
刺槐	14-2	14-8 *	15-7 *		
千金榆	14-9	14-11 *			
裂叶榆、山杨	14-3	15-3	16-2		
毛白杨、山杨	14-3	16-3	17-3(18-3)		
大青杨	15-10	16-1	16-5	16-9	
水青冈、厚皮香、英国梧桐		16-4 *	17-2 *	18-2 *	
毛泡桐	17-4	17-4	17-4		
马蹄荷		17-5 *			
米老排		18-1 *			
麻栎、白青冈、红青冈		18-1 *			
稠木、高山栎		18-1 *			
兰考泡桐	20-1	20-1	19-1		

注1：选用13号至20号基准时，初含水率高于80%的锯材，基准第1、2阶段含水率分别改为50%以上和50%～30%；初含水率高于120%的锯材，基准第1、2、3阶段含水率分别为60%以上，60%～40%，40%～25%。

注2：有 * 号者表示需进行中间处理。

注3：其他厚度的锯材参照相近厚度的基准。

注4：毛泡桐、兰考泡桐窑干前冷水浸泡10～15天，气干5～7天。不进行高湿处理。

表 A.4　阔叶树锯材推荐基准

基准号 11-1				基准号 11-2				基准号 12-1			
MC	t	Δt	EMC	MC	t	Δt	EMC	MC	t	Δt	EMC
60 以上	80	5	11.6	60 以上	80	7	9.9	60 以上	70	4	13.3
60～40	85	7	9.7	60～40	85	8	9.1	60～40	72	5	12.1
40～30	90	10	7.9	40～30	90	11	7.4	40～30	75	8	9.5
30～20	95	14	6.4	30～20	95	16	5.6	30～20	80	12	7.2
20～15	100	20	4.7	20～15	100	22	4.4	20～15	85	16	5.8
15 以下	110	28	3.3	15 以下	110	28	3.3	15 以下	95	20	4.8

基准号 12-2				基准号 12-3				基准号 13-1			
MC	t	Δt	EMC	MC	t	Δt	EMC	MC	t	Δt	EMC
60 以上	70	5	12.1	60 以上	70	6	11.1	40 以上	65	3	15.0
60～40	72	6	11.1	60～40	72	7	10.3	40～30	67	4	13.6
40～30	75	9	8.8	40～30	75	8	8.3	30～25	70	7	10.3
30～20	80	13	6.8	30～20	80	14	6.5	25～20	75	10	8.3
20～15	85	16	5.8	20～15	85	18	5.2	20～15	80	15	6.2
15 以下	95	20	4.8	15 以下	95	20	4.8	15 以下	90	20	4.8

基准号 13-2				基准号 13-3				基准号 13-4			
MC	t	Δt	EMC	MC	t	Δt	EMC	MC	t	Δt	EMC
40 以上	65	4	13.6	40 以上	65	6	11.3	35 以上	60	3	12.3
40～30	67	5	12.3	40～30	67	8	10.3	35～30	70	7	10.3
30～25	70	8	9.6	30～25	70	9	9.0	30～25	74	9	8.8
25～20	75	12	7.3	25～20	75	12	7.3	25～20	78	11	7.7
20～15	80	15	6.2	20～15	80	15	6.2	20～15	82	14	6.5
15 以下	90	20	4.8	15 以下	90	20	4.8	15 以下	90	20	4.8

基准号 13-5				基准号 13-6				基准号 14-1			
MC	t	Δt	EMC	MC	t	Δt	EMC	MC	t	Δt	EMC
35 以上	65	4	13.6	35 以上	65	6	11.3	35 以上	60	5	12.3
35～30	69	6	11.1	35～30	70	8	9.6	35～30	66	7	10.5
30～25	72	8	9.6	30～25	74	10	8.3	30～25	72	9	8.9
25～20	76	10	8.3	25～20	78	12	7.2	25～20	76	11	7.8
20～15	80	13	6.8	20～15	83	15	6.1	20～15	80	14	6.5
15 以下	90	20	4.8	15 以下	90	20	4.8	15 以下	90	20	4.8

表 A.4（续）

基准号 14-2				基准号 14-3				基准号 14-4			
MC	t	Δt	EMC	MC	t	Δt	EMC	MC	t	Δt	EMC
35 以上	60	3	15.3	40 以上	60	6	11.4	35 以上	60	5	12.5
35～30	66	5	12.3	40～30	62	7	10.6	35～30	66	7	10.5
30～25	72	7	10.2	30～25	65	9	9.1	30～25	70	9	9.0
25～20	76	10	8.3	25～20	70	12	7.5	25～20	74	11	7.8
20～15	81	15	6.2	20～15	75	15	6.3	20～15	78	14	6.5
15 以下	90	25	3.9	15 以下	85	20	4.9	15 以下	85	20	4.9
基准号 14-5				基准号 14-6				基准号 14-7			
MC	t	Δt	EMC	MC	t	Δt	EMC	MC	t	Δt	EMC
35 以上	60	4	13.8	40 以上	60	3	15.3	35 以上	60	4	13.8
35～30	65	6	11.3	40～30	62	4	13.8	35～30	65	6	11.3
30～25	70	8	9.6	30～25	65	7	10.5	30～25	69	8	9.6
25～20	74	10	8.3	25～20	70	10	8.5	25～20	73	10	7.9
20～15	78	13	6.9	20～15	75	15	6.3	20～15	78	13	6.9
15 以下	85	20	4.9	15 以下	85	20	4.9	15 以下	85	20	4.9
基准号 14-8				基准号 14-9				基准号 14-10			
MC	t	Δt	EMC	MC	t	Δt	EMC	MC	t	Δt	EMC
35 以上	60	3	15.3	35 以上	60	5	12.5	40 以上	60	4	13.8
35～30	65	5	12.3	35～30	65	7	10.5	40～30	62	5	12.5
30～25	70	7	10.3	30～25	70	9	9.0	30～25	65	8	9.8
25～20	73	9	8.9	25～20	73	11	7.9	25～20	70	12	7.5
20～15	78	12	7.2	20～15	77	14	6.6	20～15	75	15	6.3
15 以下	85	20	4.9	15 以下	85	20	4.9	15 以下	85	20	4.9
基准号 14-11				基准号 14-12				基准号 14-13			
MC	t	Δt	EMC	MC	t	Δt	EMC	MC	t	Δt	EMC
35 以上	60	4	13.8	35 以上	60	3	15.3	30 以上	60	4	13.8
35～30	64	6	12.3	35～30	65	5	12.3	30～25	66	6	11.3
30～25	68	8	9.6	30～25	68	7	10.4	25～20	70	9	9.0
25～20	72	10	8.4	25～20	70	9	9.0	20～15	73	12	6.4
20～15	74	13	7.0	20～15	74	13	7.0	15 以下	80	20	4.9
15 以下	80	20	4.9	15 以下	80	20	4.9				

表 A.4（续）

基准号 15-1				基准号 15-2				基准号 15-3			
MC	t	Δt	EMC	MC	t	Δt	EMC	MC	t	Δt	EMC
40 以上	55	3	15.6	40 以上	55	4	14.0	40 以上	55	6	11.5
40～30	57	4	14.0	40～30	57	5	12.6	40～30	57	7	10.7
30～25	60	6	11.4	30～25	60	8	9.8	30～25	60	9	9.3
25～20	65	10	8.5	25～20	65	12	7.5	25～20	65	12	7.7
20～15	70	15	6.3	20～15	70	15	6.4	20～15	70	15	6.4
15 以下	80	20	4.9	15 以下	80	20	4.9	15 以下	80	20	4.9

基准号 15-4				基准号 15-5				基准号 15-6			
MC	t	Δt	EMC	MC	t	Δt	EMC	MC	t	Δt	EMC
35 以上	55	5	12.7	35 以上	55	4	14.0	30 以上	55	4	14.0
35～30	60	7	10.6	35～30	60	6	11.4	30～25	62	6	11.4
30～25	65	9	9.1	30～25	65	8	9.7	25～20	66	9	9.1
25～20	68	11	8.0	25～20	69	10	8.5	20～15	72	12	7.4
20～15	73	14	6.6	20～15	73	13	7.0	15 以下	80	20	4.9
15 以下	80	20	4.9	15 以下	80	20	4.9				

基准号 15-7				基准号 15-8				基准号 15-9			
MC	t	Δt	EMC	MC	t	Δt	EMC	MC	t	Δt	EMC
30 以上	55	3	15.6	30 以上	55	3	15.6	30 以上	55	3	15.6
30～20	62	5	12.4	30～20	62	5	12.4	30～25	62	5	12.4
25～20	66	7	10.5	25～20	66	7	10.5	25～20	66	8	9.7
20～15	72	11	7.9	20～15	72	12	7.4	20～15	72	12	7.4
15 以下	80	20	4.9	15 以下	80	20	4.9	15 以下	80	20	4.9

基准号 15-10				基准号 16-1				基准号 16-2			
MC	t	Δt	EMC	MC	t	Δt	EMC	MC	t	Δt	EMC
35 以上	55	6	11.5	35 以上	50	4	14.1	40 以上	50	4	14.1
35～30	65	8	9.7	35～30	60	6	11.4	40～30	52	5	12.7
30～25	68	11	8.0	30～25	65	8	9.7	30～25	55	7	10.7
25～20	72	14	6.6	25～20	69	10	8.5	25～20	60	10	8.7
20～15	75	17	5.7	20～15	73	13	7.0	20～15	65	15	6.4
15 以下	80	25	3.9	15 以下	80	20	4.9	15 以下	75	20	4.9

表 A.4（续）

基准号 16-3				基准号 16-4				基准号 16-5			
MC	t	Δt	EMC	MC	t	Δt	EMC	MC	t	Δt	EMC
40 以上	50	5	12.7	40 以上	50	3	15.8	30 以上	50	4	14.1
40～30	52	6	11.5	40～30	52	4	14.1	30～25	56	6	11.5
30～25	55	9	9.3	30～25	55	6	11.5	25～20	60	9	9.2
25～20	60	12	7.7	25～20	60	10	8.7	20～15	66	12	7.5
20～15	65	15	6.4	20～15	65	15	6.4	15 以下	75	20	4.9
15 以下	75	20	4.9	15 以下	75	20	4.9				

基准号 16-6				基准号 16-7				基准号 16-8			
MC	t	Δt	EMC	MC	t	Δt	EMC	MC	t	Δt	EMC
30 以上	50	3	15.8	30 以上	50	3	15.8	30 以上	50	3	15.8
30～25	56	5	12.7	30～25	56	5	12.7	30～25	56	5	12.7
25～20	61	8	9.8	25～20	61	8	9.8	25～20	60	8	9.8
20～15	66	11	8.0	20～15	66	11	8.0	20～15	64	11	8.0
15 以下	75	20	4.9	15 以下	75	20	4.9	15 以下	70	20	4.9

基准号 16-9				基准号 17-1				基准号 17-2			
MC	t	Δt	EMC	MC	t	Δt	EMC	MC	t	Δt	EMC
30 以上	50	4	14.1	30 以上	45	3	15.9	40 以上	45	3	15.9
30～20	55	6	11.5	30～20	53	5	12.7	40～30	47	4	12.6
25～20	60	9	9.2	25～20	58	8	9.8	30～25	50	6	10.7
20～15	64	12	7.5	20～15	64	11	8.0	25～20	55	10	8.7
15 以下	70	20	4.9	15 以下	75	20	4.9	20～15	60	15	6.4
								15 以下	70	20	4.9

基准号 17-3				基准号 17-4				基准号 17-5			
MC	t	Δt	EMC	MC	t	Δt	EMC	MC	t	Δt	EMC
40 以上	45	4	14.2	40 以上	45	7	10.6	40 以上	45	2	18.2
40～30	47	6	11.4	40～30	47	9	9.1	40～30	47	3	15.9
30～25	50	8	9.8	30～25	50	13	7.0	30～25	50	5	12.7
25～20	55	12	7.6	25～20	55	18	5.2	25～20	55	9	9.3
20～15	60	15	6.4	20～15	60	24	3.7	20～15	60	15	6.4
15 以下	70	20	4.9	15 以下	70	30	2.7	15 以下	70	20	4.9

表 A.4（续）

基准号 18-1				基准号 18-2				基准号 18-3			
MC	t	Δt	EMC	MC	t	Δt	EMC	MC	t	Δt	EMC
40 以上	40	2	18.1	40 以上	40	3	16.0	40 以上	40	4	14.0
40~30	42	3	16.0	40~30	42	4	14.0	40~30	42	6	11.2
30~25	45	5	12.6	30~25	45	6	11.4	30~25	45	8	9.7
25~20	50	8	9.8	25~20	50	9	9.2	25~20	50	10	8.6
20~15	55	12	7.6	20~15	55	12	7.6	20~15	55	12	7.6
15~12	60	15	6.4	15~12	60	15	6.4	15~12	60	15	6.4
12 以下	70	20	4.9	12 以下	70	20	4.9	12 以下	70	20	4.9

基准号 19-1				基准号 20-1			
MC	t	Δt	EMC	MC	t	Δt	EMC
40 以上	40	2	18.1	60 以上	35	6	11.0
40~30	42	3	16.0	60~40	35	8	9.2
30~25	45	5	12.6	40~20	35	10	7.2
25~20	50	8	9.8	20~15	40	15	5.3
20~15	55	12	7.6	15 以下	50	20	2.5
15~12	60	15	6.4				
12 以下	70	20	4.9				

注：表中符号 MC 为木材含水率（%）；t 为干球温度，单位为℃；Δt 为干湿球温度差，单位为℃；EMC 为木材平衡含水率（%）。

附　录　B
（规范性附录）
锯材窑干终了处理时间

表 B.1　终了处理时间

树种	材厚			
	25、30 mm	40、50 mm	60 mm	70、80 mm
红松、樟子松、马尾松、云南松、云杉、冷杉、杉亩、柳杉、铁杉、路均松、竹叶松、毛白杨、山杨、沙兰杨、椴木、石梓、木莲、大青杨	2	3～6	6～9＊	10～15＊
拟赤杨、白桦、枫桦、橡胶母、黄柏罗、枫香、白兰、野漆、毛丹、油丹、檫亩、苦、米老排、马蹄荷、黑桦	3	6～12＊	12～18＊	
落叶松	3	8～15＊	15～20＊	
水曲柳、核桃楸、色木、白牛椒、樟叶槭、光皮桦、甜锥、荷木、灰亩、桂樟、紫茎、野史、裂叶榆、纯榆、黄榆、千金榆、臭椿、刺槐、水青冈、厚皮香、英国梧桐、柞木、辽东栎	6＊	10～15＊	15～25＊	25～40＊
白青冈、红青冈、稠木、高山栎、麻栎	8＊			
注1：表列值为一、二级干燥质量锯材的处理时间（单位为小时），三级干燥质量锯材处理时间为列表值的二分之一。				
注2：有＊号者表示需要进行中间高湿处理的锯材，中间高湿处理时间为表列值的三分之一。				

附 录 C
（资料性附录）
木材平衡含水率近似值

表C.1 木材平衡含水率近似值——按干湿球温度排列

干湿球温度差 ℃	干球温度 ℃										
	0	10	20	30	35	40	45	50	55	60	65
	平衡含水率 %										
2	12.2	15.5	17.0	17.9	18	18.1	18.2	18.1	17.9	17.6	17.1
3	9.0	12.0	14.2	15.4	15.8	16.0	15.9	15.8	15.6	15.3	15.0
4	6.6	10.4	12.2	13.4	13.9	14.0	14.2	14.1	14.0	13.8	13.6
5	3.8	8.5	10.6	11.8	12.1	12.4	12.6	12.7	12.7	12.5	12.3
6		7.0	9.2	10.6	11.0	11.2	11.4	11.5	11.5	11.4	11.3
7		5.3	8.2	9.6	10.0	10.3	10.6	10.7	10.7	10.6	10.5
8		3.6	7.2	8.8	9.2	9.5	9.7	9.8	9.9	9.8	9.7
9		1.7	8.1	8.0	8.4	8.8	9.0	9.2	9.3	9.2	9.1
10			5.0	7.2	7.7	8.2	8.5	8.6	8.7	8.7	8.5
11			4.0	6.5	7.2	7.6	8.0	8.0	8.1	8.1	8.0
12			2.9	5.8	6.5	7.0	7.4	7.5	7.6	7.7	7.5
13			1.7	5.0	5.9	6.4	6.8	7.0	7.1	7.2	7.1
14				4.3	5.3	5.9	6.3	6.6	6.7	6.7	6.7
15				3.6	4.7	5.3	5.9	6.2	6.3	6.4	6.4
16				2.8	4.1	4.9	5.4	5.7	5.9	6.0	6.0
18				1.1	3.0	3.9	4.5	4.9	5.2	5.4	5.4
20						3.0	3.8	4.2	4.6	4.8	4.8
22						1.8	2.9	3.5	3.9	4.2	4.3
24							2.8	3.3	3.7	3.9	
26							2.1	2.7	3.1	3.4	
28							1.4	2.2	2.6	2.9	
30								1.5	2.1	2.4	

表 C.1（续）

干湿球温度差 ℃	干球温度 ℃										
	70	75	80	85	90	95	100	105	110	115	120
	平衡含水率 %										
2	16.8	16.3	15.9	15.5	15.2	14.9	14.6				
3	14.7	14.4	14.1	13.8	13.4	13.2	13.0				
4	13.3	13.1	12.8	12.5	12.3	12.0	11.8				
5	12.1	12.0	11.6	11.4	11.1	11.0	10.8				
6	11.1	11.0	10.7	10.5	10.2	10.1	9.9	9.8			
7	10.3	10.1	9.9	9.7	9.5	9.3	9.1	9.0			
8	9.6	9.5	9.3	9.1	9.0	8.8	8.6	8.5			
9	9.0	8.8	8.7	8.5	8.4	8.2	8.1	7.9			
10	8.5	8.3	8.2	8.0	7.8	7.7	7.5	7.5			
11	8.0	7.8	7.7	7.5	7.4	7.3	7.1	7.0	6.9		
12	7.5	7.3	7.2	7.1	7.0	6.9	6.7	6.7	6.5		
13	7.0	7.0	6.8	6.7	6.6	6.5	6.4	6.3	6.1		
14	6.7	6.6	6.5	6.4	6.3	6.2	6.0	5.9	5.8		
15	6.4	6.3	6.2	6.1	6.0	5.9	5.8	5.7	5.6		
16	6.0	5.9	5.9	5.8	5.7	5.6	5.5	5.4	5.3		
18	5.4	5.4	5.4	5.3	5.2	5.1	5.0	5.0	4.9	4.8	
20	4.9	4.9	4.9	4.9	4.8	4.8	4.7	4.6	4.6	4.5	
22	4.4	4.4	4.4	4.4	4.4	4.4	4.3	4.3	4.2	4.1	4.1
24	4.0	4.0	4.0	4.0	4.0	4.0	4.0	3.9	3.9	3.8	3.8
26	3.5	3.6	3.7	3.7	3.7	3.7	3.6	3.6	3.6	3.6	3.5
28	3.1	3.2	3.3	3.3	3.3	3.3	3.3	3.3	3.3	3.3	3.2
30	2.7	2.8	2.9	2.9	3.0	3.0	3.0	3.0	3.0	3.0	3.0

附　录　D

（资料性附录）

木材平衡含水率近似值

表 D.1　木材平衡含水率近似值——按相对湿度排列

相对湿度 %	温度 ℃					
	-20	-10	0	10	20	30
80	17.9	17.4	16.9	16.3	15.8	15.3
70	14.8	14.4	13.9	13.5	13.0	12.4
60	12.8	12.4	12.0	11.5	10.9	10.3
50	11.1	10.6	10.1	9.6	9.1	8.6
40	9.6	9.1	8.7	8.2	7.7	7.2
30	8.3	7.8	7.3	6.8	6.3	5.8
20	6.7	6.2	5.8	5.3	4.9	4.4

附　录　E

（资料性附录）

窑干记录表

表 E.1　窑干记录表——木材含水率

树种：		厚度　　mm		锯材等级		装窑数量			m³

采用基准：		开窑日期：		窑号：					

日期	时间	延续时间 h	含水率检验板编号及全干重 kg						
			1		2		3		4
			质量 kg	含水率 ％	质量 kg	含水率 ％	质量 kg	含水率 ％	质量 kg	含水率 ％

表 E.2　窑干记录表——窑内实际干、湿球温度

树种：	厚度　　mm：	采用基准：	开窑日期：	窑号：

日期	时间	干球温度 ℃	湿球温度 ℃	日期	时间	干球温度 ℃	湿球温度 ℃

ICS 65.020.01
B 90

中华人民共和国林业行业标准

LY/T 1069—2012
代替 LY/T 1069—2002

锯材气干工艺规程

Technology rules for air drying sawn timer

2012-02-23 发布　　　　　　　　　　　　2012-07-01 实施

国家林业局　发布

前　言

本标准按照 GB/T 1.1—2009 给出的规则起草。

本标准代替 LY/T 1069—2002《锯材气干工艺规程》。

本标准与 LY/T 1069—2002 相比主要技术变化为：

——增加异型锯材(三角形锯材)堆积方法；

——对我国气候区的概略划分进行重新调整；

——删除 X 形堆积法；

——删除强制气干。

本标准由全国木材标准化技术委员会(SAC/TC 41)提出并归口。

本标准起草单位：黑龙江省木材科学研究所、全国木材标准化技术委员会原木锯材分技术委员会。

本标准主要起草人：由昌久、吕蕾、杨庆亮、赵丹、宋润惠、龚仁梅、何小东、何林、刘学、张冬梅。

本标准所代替标准的历次版本发布情况为：

——LY/T 1069—1992；

——LY/T 1069—2002。

锯材气干工艺规程

1 范围

本标准规定了锯材气干过程中板院技术条件、锯材的堆积、气干工艺过程管理。

本标准适用于各种用途的针、阔叶树锯材的气干。

2 规范性引用文件

下列文件对于本文件的应用是必不可少的。凡是注日期的引用文件,仅注日期的版本适用于本文件。凡是不注日期的引用文件,其最新版本(包括所有的修改单)适用于本文件。

GB/T 1068　锯材窑干工艺规程

GB/T 6491　锯材干燥质量

GB/T 15035　木材干燥术语

3 术语和定义

GB/T 15035界定的术语和定义适用于本文件。

4 板院技术条件

4.1 场地条件

板院地势应平坦、干燥,具有0.2%～0.5%的排水坡度。板院四周应有排水沟,以利排水。

4.2 板院区划

板院按锯材的树种、规格分为若干材堆组,每个材堆组内有4～10个小材堆。组与组之间用纵横向通道隔开。纵向通道宜南北向,使材堆正面不受阳光直射,纵向通道与主风向平行,当两者矛盾时,后者服从前者,纵向通道与材堆长度方向平行。板院平面规划针叶锯材材堆分组配置如图1所示,阔叶树锯材材堆分组配置如图2所示。

单位为米

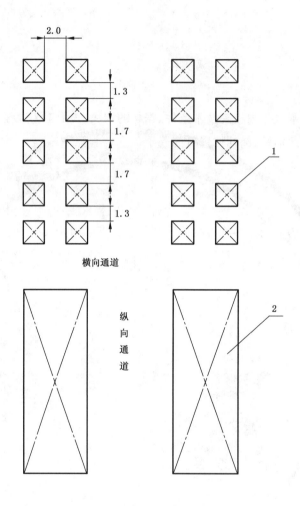

a) 层堆式堆积

说明：

1——材堆；

2——材堆组。

图 1　针叶树锯材材堆分组配置图

单位为米

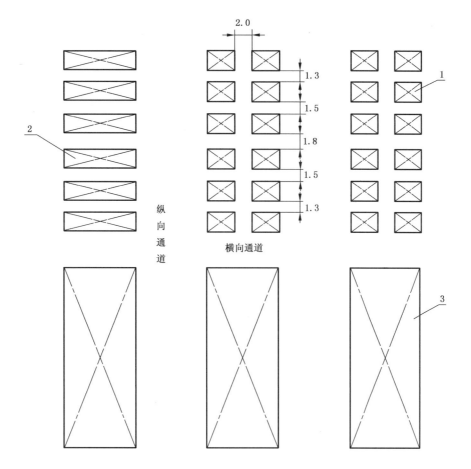

b) 组堆式堆积

说明：

1——小堆；

2——材堆；

3——材堆组。

图 1（续）

单位为米

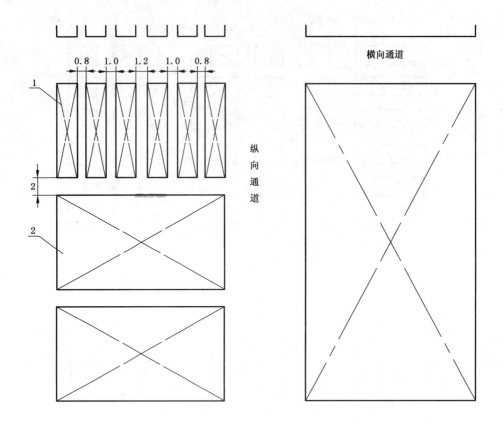

a) 散孔阔叶锯材层堆式

说明：

1——材堆；

2——材堆组。

图 2 阔叶树锯材材堆分组配置图

单位为米

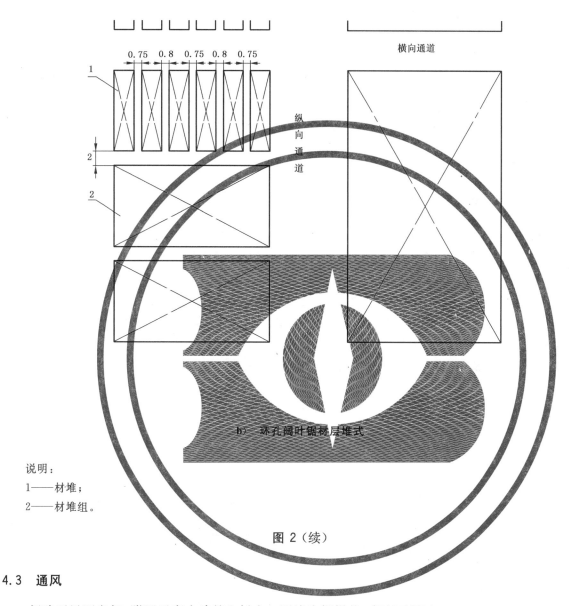

说明：
1——材堆；
2——材堆组。

图 2（续）

4.3 通风

板院通风要良好，附近无高大建筑和树木。围墙为栅栏状，高度不超过 2 m。

4.4 卫生

材堆底下不得有杂草、碎木等废物。一旦发现材堆上有霉菌、干腐菌的侵害，要及时将受害材与未受害材分开，并用浓度为 5％的硫酸铜、3％氟化钠等防腐剂消毒。受害材应及时用窑干法干燥、减少损失。

4.5 防火

板院设在锅炉房的上风方向（指主风），与锅炉房距离不得小于 100 m，距职工宿舍、食堂和其他有火源地方不得小于 50 m。材堆的周围应设消防水源及灭火工具库。消火栓与材堆区的最大距离不得超过 100 m。

4.6 照明

板院周围应设夜间照明灯。堆积场地主道上每隔 30 m～50 m 设照明灯一盏,夜间作业的造材和装车场,每隔 10 m～20 m 设照明灯一盏。

4.7 道路配置

板院道路配置按锯材长度、运输方式及板院面积大小而定。采用轻轨台车、前式叉车或侧式叉车,纵向通道宽为 6 m～10 m,横向通道宽为 6 m～8 m。采用叉车运输时,铺设柏油或混凝土路面,采用轻轨台车运输时,铺设砂石路面。

5 锯材的堆积

5.1 材堆的布置原则

易青变、易发霉的针叶树锯材的薄板放在板院迎主风方向外侧周边;中板放在背主风的一侧;易开裂的硬阔叶树锯材及针叶锯材的厚板放在板院的中央;有青变或腐朽的等外锯材放在板院的一隅。

5.2 堆基

移动式混凝土堆基结构如图 3 所示。堆基的高度能保证材堆底部通风良好。在板院易积水地段设高桩堆基,其高度超过洪水期最高水位。在严寒地区 A 区、严寒地区 B 区和寒冷地区,堆基高度为 400 mm～600 mm;在夏热冬冷地区和夏热冬暖地区,堆基高度为 600 mm～700 mm,我国气候区的概略划分见附录 A。移动式堆基的底面尺寸应根据锯材的密度及当地土质选择 300 mm×300 mm、400 mm×400 mm、550 mm×550 mm 等规格。

单位为毫米

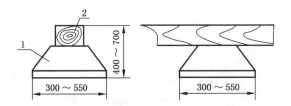

说明:

1——混凝土堆基;

2——木材。

图 3 移动式堆基结构图

5.3 锯材堆积的基本规则

5.3.1 材堆组成

5.3.1.1 木材锯割并经选材后立即以层堆或组堆方式堆成材堆,以防锯材霉变。

5.3.1.2 在一个材堆中,锯材的树种、厚度基本相同,长度原则上相同。

5.3.1.3 当平置堆积弦切板时,将外材面朝下,以防开裂。

5.3.2 隔条

5.3.2.1 专用隔条采用经过气干(含水率接近当地木材平衡含水率)、无腐朽和贯通裂的针叶树或硬阔叶树木材制作,且应通直,厚度偏差为±1 mm,隔条规格应符合表1规定。

表 1 隔条规格

单位为毫米

层堆法	组 堆 法			
	锯材间用隔条		小堆间用隔条	
针、阔叶树锯材	针叶树锯材	阔叶树锯材	针叶树锯材	阔叶树锯材
25×40 30×50	22×40 25×50	22×30 22×50	100×100	70×70

5.3.2.2 材堆中的隔条应上下对齐,成一条垂直线着落在堆基横木上,隔条长度方向应该与锯材长度方向相互垂直。在材堆每一层内隔条厚度一致。

5.3.2.3 材堆两端的隔条与板端齐平,如锯材长度偏差较大,也可以一端隔条与板端齐平,另一端近似齐平。若锯材长短不一,将短锯材放在材堆中间,长材放在两侧。在短锯材对接或交错搭接时,材堆内部的短板端部下面增设隔条。

5.3.2.4 隔条的间隔依据锯材的树种和厚度而异,阔叶树锯材,隔条的间隔不得超过锯材厚度的25倍,针叶树锯材,隔条间隔不得超过锯材厚度的30倍。

5.3.3 通气道

为加快气干速度,材堆内部按下列要求设置通气道。

5.3.3.1 横向间隔

相邻两块锯材间的横向间隔宽度与锯材的树种、规格及各地气候条件有关,其限值范围规定见附录B。堆积同一宽度整边板时,从材堆两侧向中央均匀地加大横向间隔并在材堆的高度上形成垂直气道。材堆中央的横向间隔为材堆边部间隔的3倍。

5.3.3.2 水平通气道

锯材间隔条形成的及从材堆底层起,每隔1 m高,采用隔条(70 mm~100 mm厚隔条)组成水平通气道,或结合叉车运送要求采用托盘间隔,构成水平通气道。

5.3.3.3 垂直通气道

材长大于6 m的锯材的材堆中央有宽度为200 mm~400 mm垂直通气道。针叶树锯材大、阔叶树锯材小。垂直通气道通常设在材堆中央下部(在材堆高度自下部算起0.5 m~0.6 m的部位),也可以与材堆高度相等。

5.3.4 材堆尺寸

材堆尺寸与锯材的树种、规格,堆积所用机具和生产要求有关。针叶树锯材中、厚板的材堆宽度与材长相等,阔叶树锯材的材堆宽度,在南方2 m,在北方4 m~5 m。易开裂的锯材、材堆宜宽些,易变色的锯材,材堆宜窄些,材堆尺寸应符合表2规定。

表 2 材堆尺寸

单位为米

堆积方式			长	宽	高
层堆法		针叶树锯材	≤6.0	2.0～6.0	2.5～3.0
		阔叶树锯材	≤6.0	2.0～4.0	2.5～3.0
组堆法	小堆	用侧式叉车堆积	4.0～6.0	0.9～1.1	1.0
		与室干结合	4.0～6.0	1.8～2.0	1.0～1.5
	材堆	用侧式叉车堆积	4.0～6.0	2.5	4.0
		与室干结合	4.0～6.0	1.8～2.0	2.6～3.0

5.4 材堆种类

5.4.1 隔条堆积法

每铺放一层板材后,垂直交叉地放一层隔条,铺放板材时,相邻两板之间要有横向间隔。如图 4 所示。此法适用于各种针、阔叶树锯材的气干。干燥硬阔叶树锯材时,可采取小的横向间隔。

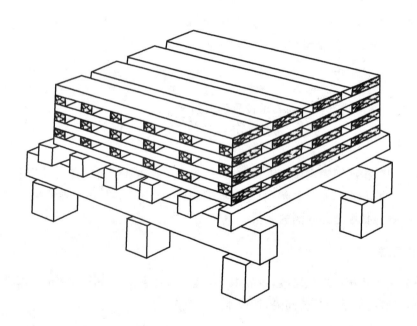

图 4 隔条堆积法

5.4.2 无隔条纵横交叉堆积法

从堆底第一层起,按规定的横向间隔依次铺放板材,然后直角交叉再依次铺放第二层板材,直到预定的高度为止,然后加盖封存,如图 5 所示。此种方法适用于针、阔叶树锯材的中、厚板气干,但要注意留好同一层板的横向间隔。

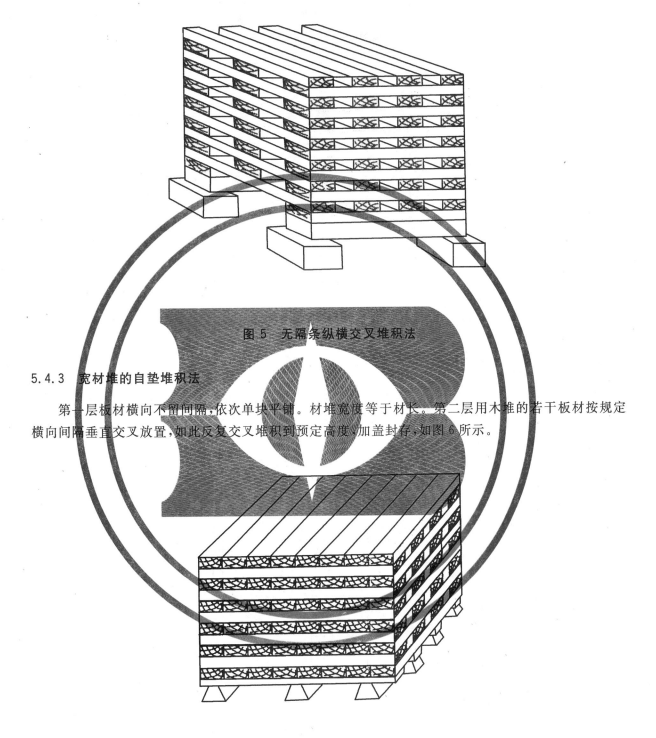

图 5 无隔条纵横交叉堆积法

5.4.3 宽材堆的自垫堆积法

第一层板材横向不留间隔,依次单块平铺。材堆宽度等于材长。第二层用木堆的若干板材按规定横向间隔垂直交叉放置,如此反复交叉堆积到预定高度,加盖封存,如图 6 所示。

图 6 宽材堆自垫堆积法

5.4.4 抽屉式堆积法

用两块木堆板材叠放做隔条,分别等距置放在材堆两端和正中空隙内,按间隔要求铺放一层单块板材,纵横交叉堆积到预定高度,加盖封存,如图 7 所示。此法适用于针叶树锯材中、厚板的气干及含水率低于 25%的半干材长期保存的材堆。不适用于阔叶树锯材的气干。

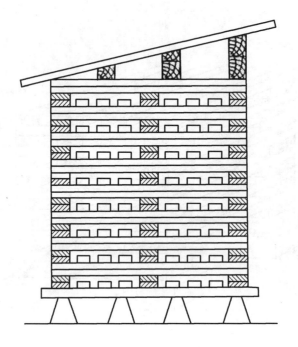

图 7 抽屉式堆积法

5.4.5 组堆堆积法

先将相同树种、相同规格的锯材用隔条堆成断面为 1.1 m×1.0 m,材长 2 m～6 m 的小堆,再用叉车、吊车等将小堆组成材堆。如图 8 所示。此法可用于气干与人工干燥连续作业。

单位为米

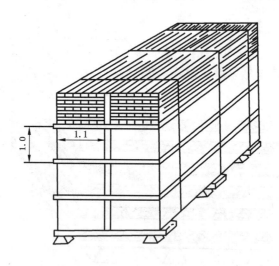

图 8 组堆堆积法

5.4.6 地板块堆积法

地板块堆积时,用做隔条的地板块以及材堆端部的地板块裸露在环境中的端面应涂封,其他相互紧密接触的端面不需要端封,以防气干时端部产生开裂。堆积时,可用地板块做隔条,堆积成组堆式,如图 9 所示。为使气干后的地板块进行人工干燥连续作业,地板块应该堆积在托盘上,材堆断面尺寸为1.1 m×1.0 m,材堆长为 2 m,托盘长为 2 m,宽 1 m,高度为 0.10 m～0.15 m。

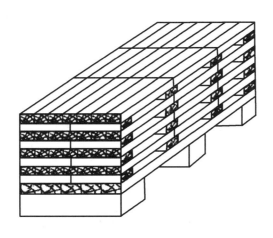

图 9　地板块堆积法

5.4.7　荫棚堆积法

遮荫堆积结构如图 10 所示。材堆采用无隔条纵横交叉堆积。对于难干珍贵材应减少通风,以防止开裂变形。

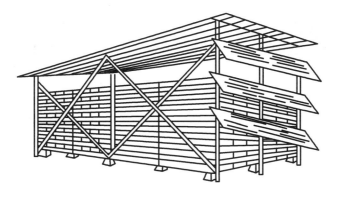

图 10　荫棚堆积法

5.4.8　井字形堆积法

每层两端各铺放一块板材,纵横交叉堆积到预定高度,加盖封存,如图 11 所示。此法适用于异型锯材(三角形锯材)及短小的毛坯料气干,堆积时木料两端应涂封,防止气干时产生端裂。

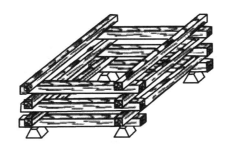

图 11　井字形堆积法

5.5 材堆顶盖

5.5.1 顶盖型式

顶盖分单坡式和双坡式两种,单坡式是一端起脊,双坡式是中间起脊。顶盖向纵向通道方向倾斜,以免雨水落入材堆间小道内,如图12所示。为使材堆上中部不受雨淋,顶盖低端、高端、两侧向外伸出,向外伸出的尺寸根据当地气候条件确定,以防止雨淋。

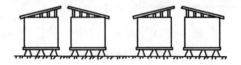

a) 顶盖的斜面

b) 留出间隙的顶盖板的排置法

c) 密集的顶盖板的排置法

图 12 材堆固定顶盖

5.5.2 顶盖材料

用无腐朽、无孔洞及无通裂的中等厚度的板材制作固定顶盖,也可用木板或其他护顶材料制成能整体取下的活动顶盖,如图13所示。为加固顶盖,在顶盖的盖板上面放置厚度大于 50 mm 的木板(或木方)2~5 块,并用粗绳或铁丝捆在支架上,或用直径 5 mm~6 mm 钢丝将顶盖固定在材堆底部横木上,如图14所示。

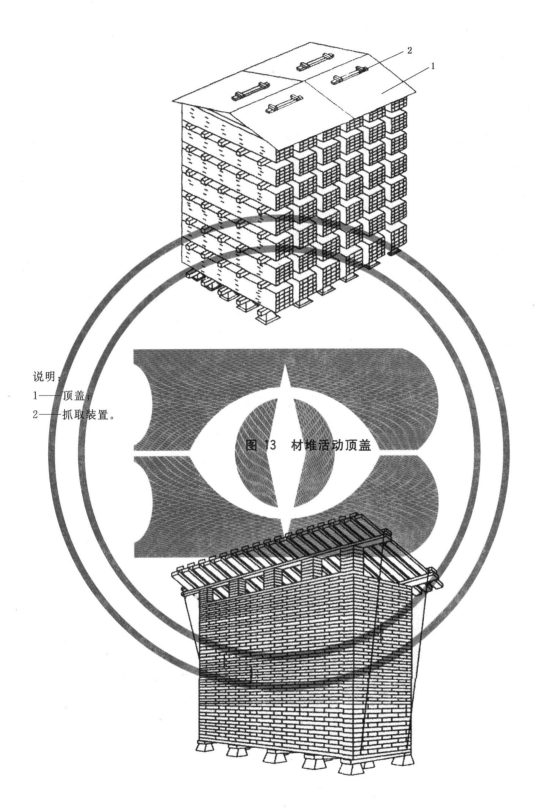

说明：
1——顶盖；
2——抓取装置。

图 13 材堆活动顶盖

图 14 固定顶盖加固方法

5.5.3 顶盖坡度

普通材堆固定顶盖的坡度为12％,活动顶盖的坡度为8％,组堆式材堆顶盖坡度为6％。

5.5.4 气干时防霉防青变方法

原木制成锯材,立即堆成小堆。每层之间用垫条隔开,用绳捆紧放入 0.5%~0.7%TMO 防霉剂溶液池内浸泡 1 h~2 h,使吸液量达到 200 g/m²~250 g/m²,然后取出堆成材堆进行气干。

5.5.5 材堆标牌

材堆封顶后,在面向纵向通道一侧挂上标牌,标明锯材的堆号、树种、规格、等级、数量及完成堆积日期,并立卡保存。

6 气干工艺过程管理

6.1 含水率检测

在锯材气干期间,对材堆内锯材的含水率进行检测,将含水率检验板放在材堆的不同部位,定期称重,测其含水率,或者使用木材含水率检测仪进行检测。当发现材堆不同部位锯材含水率有较大差异时,应及时重新组堆,以保证材堆各部位锯材含水率的均匀度,锯材含水率检验板的制作和气干材的干燥质量及检验方法按 GB/T 6491 的有关规定执行。

6.2 气干过程的记录

由于气干条件多变,为及时发现问题,提高气干质量和效率,应按规定做好记录,记录表见附录 C。

附 录 A

（资料性附录）

我国气候区的概略划分

表 A.1 我国气候区的概略划分

气候分区	代表城市
严寒地区 A 区	海伦、博克图、伊春、呼玛、海拉尔、满洲里、富锦、齐齐哈尔、哈尔滨、牡丹江、克拉玛依、佳木斯、安达
严寒地区 B 区	长春、乌鲁木齐、延吉、通辽、通化、四平、呼和浩特、抚顺、沈阳、本溪、大同、阜新、哈密、鞍山、张家口、酒泉、伊宁、吐鲁番、西宁、银川、丹东、大柴旦
寒冷地区	兰州、太原、唐山、阿坝、喀什、北京、天津、大连、阳泉、平凉、石家庄、德州、晋城、天水、西安、拉萨、康定、济南、青岛、安阳、郑州、洛阳、宝鸡、徐州
夏热冬冷地区	南京、蚌埠、盐城、南通、合肥、安庆、九江、武汉、黄石、岳阳、汉中、安康、上海、杭州、宁波、宜昌、长沙、南昌、株洲、永昌、赣州、韶关、桂林、重庆、达县、万州、涪陵、南充、宜宾、成都、贵阳、遵义、凯里、绵阳
夏热冬暖地区	福州、莆田、龙岩、梅州、兴宁、英德、河池、柳州、贺州、泉州、厦门、广州、深圳、湛江、汕头、海口、南宁、北海、梧州

附　录　B
（规范性附录）
板间空隙

表 B.1　板间空隙

树种	气候区	严寒地区 A 区 严寒地区 B 区		寒冷地区		夏热冬冷地区 夏热冬暖地区	
	材宽 mm	材厚 mm	空隙 %	材厚 mm	空隙 %	材厚 mm	空隙 %
针叶树锯材	<150	<25	65～75	<25	60～70	<25	70～80
		25～50	55～65	25～50	50～60	25～50	60～70
		>50	50～55	>50	45～50	>50	55～60
	>150	<25	70～80	<25	65～75	<25	75～85
		25～50	55～65	25～50	60～65	25～50	70～75
		>50	60～65	>50	55～60	>50	65～70
软阔叶树锯材	<150	<25	60～70	<25	55～65	<25	65～75
		25～50	50～60	25～50	45～55	25～50	55～65
		>50	45～50	>50	40～45	>50	50～55
	>150	<25	65～75	<25	60～70	<25	70～80
		25～50	55～65	25～50	50～60	25～50	60～70
		>50	50～55	>50	45～50	>50	55～60
硬阔叶树锯材	<150	<25	35～45	<25	30～40	<25	40～50
		25～50	30～35	25～50	25～30	25～50	35～40
		>50	25～30	>50	20～25	>50	30～35
	>150	<25	40～50	<25	35～45	<25	45～55
		25～50	35～40	25～50	30～35	25～50	40～45
		>50	30～35	>50	25～30	>50	35～40

附 录 C

（资料性附录）

干燥过程记录表

表 C.1 气象记录表

日期	气温 ℃		相对湿度 %	降雨			降雪			风向	风速 m/s		备注
	最高	最低		大	中	小	大	中	小		五级以上	五级以下	

注：此表逐日填写。　　　　　　　　　　　　　　　　　　　　　　　　　记录人 _____

表 C.2 气干材堆试验记录表

日期	材堆号次	树种	等级	规格	含水率 %	干燥状况

ICS 79.120.01
B 60

中华人民共和国林业行业标准

LY/T 1798—2008

锯材干燥设备通用技术条件

General specification for drying equipments of lumber

2008-09-03 发布

2008-12-01 实施

国家林业局 发布

前　言

本标准由全国人造板机械标准化技术委员会提出并归口。

本标准起草单位：北京林业大学。

本标准主要起草人：张璧光、伊松林、马鸿儒、王建伟、高建民、常建民。

锯材干燥设备通用技术条件

1 范围

本标准规定了木材常规干燥和除湿干燥主要设备的术语和定义、要求、检验及标志、包装和贮存。

本标准适用于以蒸汽、热水、炉气或热油等为热媒的各种型式的常规木材干燥和除湿干燥设备的主体。

2 规范性引用文件

下列文件中的条款通过本标准的引用而成为本标准的条款。凡是注日期的引用文件,其随后所有的修改单(不包括勘误的内容)或修订版均不适用于本标准,然而,鼓励根据本标准达成协议的各方研究是否可使用这些文件的最新版本。凡是不注日期的引用文件,其最新版本适用于本标准。

GB 150　钢制压力容器

GB/T 191　包装储运图示标志(GB/T 191—2008,ISO 780:1997,MOD)

GB/T 1236　工业通风机　用标准化风道进行性能试验(GB/T 1236—2000,idt ISO 5801:1997)

GB/T 1804　一般公差　未注公差的线性和角度尺寸的公差(GB/T 1804—2000,eqv ISO 2768-1:1989)

GB/T 3235　通风机基本型式、尺寸参数及性能曲线

GB 5226.1　机械安全　机械电气设备　第1部分:通用技术条件(GB 5226.1—2002,IEC 60204-1:2000,IDT)

GB/T 9438　铝合金铸件

GB 9969.1　工业产品使用说明书　总则

GB 13271　锅炉大气污染物排放标准

GB/T 13384　机电产品包装通用技术条件

GB/T 14296　空气冷却器与空气加热器

GB/T 17661　锯材干燥设备性能检测方法

GB/T 19409　水源热泵机组(GB/T 19409—2003,ISO 13256:1998,NEQ)

JB/T 4750　制冷装置用压力容器

JB/T 6444　风机包装　通用技术条件

JB/T 6445　工业通风机叶轮超速试验

JB/T 6887　风机用铸铁件　技术条件

JB/T 6888　风机用铸钢件　技术条件

JB/T 7659.5　氟利昂制冷装置用翅片式换热器

JB 8655　单元式空气调节机　安全要求

JB/T 9100　矿井局部通风机　技术条件

JB/T 10562　一般用途轴流通风机技术条件

JB/T 10563　一般用途离心通风机技术条件

LY/T 1603　木材干燥室(机)型号编制方法

LY/T 5118　木材干燥工程设计规范

3 术语和定义

下列术语和定义适用于本标准。

3.1

木材干燥室(窑) wood drying kiln

具有加热、通风、密闭、保温、防腐蚀等性能,在可控制干燥介质条件下干燥木材的建筑物或容器。

3.2

常规干燥 conventional drying;usual drying

以常压湿空气作干燥介质,以蒸汽、热水、炉气或热油作热媒,干燥介质温度控制在 100 ℃以下,对木材进行干燥的一种室干方法。

3.3

喷蒸管 steam spray pipe

具有喷孔或喷嘴,可向干燥室内喷射蒸汽的金属管。

3.4

平衡含水率 equilibrium moisture content;EMC

薄小木料在一定空气状态下最终达到的与周围介质的温度、相对湿度相平衡时的含水率。

3.5

加热器 heater

以蒸汽、热水、炉气、热油或制冷工质为热媒,与空气进行热交换的一种换热器。

3.6

热风炉的热效率 heat efficiency of hot air oven

干燥介质得热与热风炉消耗燃料的热值之比。

3.7

除湿干燥 dehumidification drying

利用常压湿空气在除湿机与干燥室间进行闭式循环,依靠空调制冷和供热的原理,使湿空气冷凝脱水再被加热为热空气后,对木材进行干燥的一种方法。

3.8

名义除湿量 nominal dehumidification capacity

在干燥室内温度为 35 ℃,相对湿度为 90％工况下,湿空气经蒸发器冷凝脱除的最大水量。

3.9

双热源除湿机 dehumidifier with double heat source

具有除湿和热泵两个工作循环系统,前者从干燥室排出的湿空气中吸热,使空气除湿;后者从外界环境(空气源或水源)吸热,向干燥室供热使之升温。

3.10

名义制冷量 nominal refrigerating capacity

除湿机在设计工况下的制冷量。

3.11

最高供风温度 highest temperature of air supply

空气流经除湿机冷凝器出口处可达到的最高风温。

3.12

压缩机额定功率 rated power of compressor

压缩机正常工作时的最大功率,通常都在铭牌上标明。

4 要求

4.1 型号

型号的编制及命名应符合 LY/T 1603 的规定。

4.2 电气系统

电气系统应符合 GB 5226.1 的规定。

4.3 压力容器

压力容器的设计、制造、检验和验收应符合 GB 150 的规定,制冷系统中的压力容器还应符合 JB/T 4750 的规定。

4.4 安全、环保

4.4.1 风机、除湿机等用电设备应有可靠的接地装置及漏电和防触电的保护措施。除湿机的安全保护应符合 JB 8655 的规定。

4.4.2 风机、除湿机等设备运转时,不应有尖叫和冲击声。除湿机的噪音应符合 GB/T 19409 的规定。

4.4.3 热风炉排放的气体应符合 GB 13271 的规定。

4.5 干燥设备

干燥设备所用的原材料应符合相关标准的规定。

4.6 控制系统

4.6.1 各类仪器、仪表应附有使用期内的计量检验合格证,检测仪表的精度等级应符合下列要求:

    a) 干、湿球温度计的测量误差不大于 1 ℃。

    b) 平衡含水率测量装置的测量误差不大于 1%。

    c) 电阻式含水率测量装置还应符合下列要求:

        ——被测试件含水率在 50%～30% 时,测量误差不大于 5%;

        ——被测试件含水率在 30%～6% 时,测量误差不大于 1%。

4.6.2 控制装置应符合下列要求:

    a) 热媒控制装置应灵活、可靠,半自动、自动控制装置应具备可切换至手动控制方式的功能;

    b) 干燥介质温度控制装置的测量误差不大于 1 ℃;

    c) 干燥介质湿度控制装置的测量误差不大于 5%。

4.7 制造质量

4.7.1 干燥设备中的各组成部分在工作过程中,均应稳定、安全、可靠。

4.7.2 管路间的连接应牢固、无泄漏现象。

4.7.3 黑色金属制件表面应进行防腐蚀处理。

4.7.4 使用蒸汽、热水、炉气或热油为热媒的加热器,应能承受不小于 0.5 MPa 的压力。

4.7.5 焊接部件的焊缝应无裂纹、气孔、夹渣等缺陷。

4.7.6 加热器需在 1.25 倍设计压力下进行耐压试验,保压 30 min 不得渗漏。

4.7.7 加热器翅片管的直线度允差为 2/100,未注公差值应符合 GB/T 1804 中规定的 IT16 等级要求。

4.7.8 加热器翅片管翅片的排列应整齐、平直并疏密均匀;翅片与基管的联接应牢固、紧密,并应符合以下要求:

    a) 轧制翅片管的外径公差应小于 1 mm,翅片不得有裂纹等缺陷,复合轧制翅片管与基管应接触紧密;

    b) 绕制翅片管的镀层厚度应均匀、平整、附着牢固;

    c) 焊接翅片管翅片不得焊穿,焊缝处不得有焊瘤等缺陷;

    d) 套片翅片管套片前光管应调直,翅片翻边后不应有裂纹等缺陷,套片后翅片应牢固、直立、片距均匀;

    e) 镶嵌翅片管基管应密封,翅片根部不应有明显的裂纹,翅片根部与基管应镶嵌牢固不得松动。

4.7.9 加热器内框对角线长度不大于 1 m 时,其对角线之差不大于 3 mm。加热器内框对角线长度大于 1 m 时,其对角线之差不大于 4 mm。

4.7.10 加热器的性能试验按 GB/T 14296 中的有关规定进行。

4.7.11 热风炉的热效率不得低于 50%，干燥介质在炉内被加热时，其流动方向应垂直加热炉管。

4.7.12 热风炉的性能试验应按有关标准或供需双方共同认定的项目进行。

4.7.13 通风机除应符合 JB/T 10562、JB/T 10563、GB/T 3235 的有关规定外，还应符合以下规定：

    a) 通风机的铸铁、铸钢或铸铝件应分别符合 JB/T 6887、JB/T 6888 和 GB/T 9438 的有关规定；

    b) 通风机的机壳、叶轮、集流器和整流罩等应符合 JB/T 9100 的有关规定；

    c) 通风机的性能试验应符合 GB/T 1236 和 JB/T 6445 的有关规定；

    d) 通风机用电机的防护等级不应低于 IP54，绝缘等级不应低于 H 级。

4.7.14 除湿机制冷系统中的蒸发器和冷凝器应符合 JB/T 7659.5 的规定。

4.7.15 除湿机隔热层粘贴应牢固、平整，不应有附着不良、剥落、缺损等缺陷。

4.7.16 除湿机制冷系统中的蒸发器、冷凝器、接管及附件内部应清洁无污物。

4.7.17 除湿机未注尺寸公差应不低于 GB/T 1804 规定的 IT16 等级要求，机加工件按 M 级，非机加工件按 C 级。

4.7.18 除湿机密封实验时，要求制冷系统内抽真空至绝对压力 400 Pa 以下，在 15 min 内压力应无回升。

4.7.19 除湿机的名义除湿量、名义制冷量、最高供风温度的测试值不应低于该机型标定值的 95%。

4.7.20 木材干燥室壳体的基础、地面、排水及壳体结构应满足 LY/T 5118 的要求。

4.7.21 木材干燥室大门与门框之间应镶空腹形耐热橡胶密封垫，门内缝隙应用耐腐、耐温与耐湿的密封材料作密封处理。

4.7.22 进、排气装置的上方需设有遮雨、雪的风帽；寒冷地区室外进、排气道需作保温处理。进、排气装置的布置应符合 LY/T 5118 的要求。

4.8 安装

4.8.1 热媒管道安装时，应符合下列要求：

    a) 跨越人行通道、设备或电器开关柜等的管道，其上下不应有焊缝、法兰或阀门；

    b) 长度超过 40 m 的主管道应设有伸缩装置。

4.8.2 加热器安装时，应符合下列要求：

    a) 加热器应布置在循环阻力小，散热效果好，且便于维修的位置；

    b) 各种热媒的加热器在安装时均不得与支架成刚性连接；

    c) 以蒸汽为热媒的加热器应以加热器上方接口为蒸汽进端，下方接口为蒸汽冷凝水出端，并按蒸汽流动方向下扬 0.5%～1% 的坡度；

    d) 以热水或热油为热媒的加热器应以加热器下方接口为热媒进端，上方接口为热媒出端，按热媒流动方向上扬 0.5%～1% 的坡度，并在加热器超过散热片以上的适当位置设置放气阀；

    e) 大型干燥室加热器宜分组安装，自成回路。

4.8.3 喷蒸管或喷水管安装应符合以下规定：

    a) 喷孔或喷头的射流方向应与干燥室内介质循环方向一致；

    b) 在长度方向上喷射应均匀；

    c) 不应将蒸汽或水直接喷到被干燥的锯材上。

4.8.4 检测装置安装应符合以下规定：

    a) 干、湿球温度检测仪表的传感元件应布置在被干燥锯材的侧面，且与干燥介质流动方向垂直；

    b) 湿球温度传感器距水盒水位应保持 30 mm～50 mm 的距离；

    c) 锯材含水率探针两点连线应垂直于板材的顺纹方向，探针间距一般为 25 mm～30 mm，插入深度一般为板材厚度的 1/3 处～1/4 处，连接探针的导线应采用耐热绝缘线。

4.9 运行工况

锯材干燥设备运行工况应符合 GB/T 17661 的要求。

4.10 外购件

外购件应符合相关标准的规定。

4.11 标牌

设备上应有产品铭牌和安全、操纵、指示润滑的标牌,标牌应平整、牢固地固定在醒目位置上。

4.12 随机文件

随机技术文件应包括产品合格证、产品使用说明书、装箱单、随机备附件清单及其他有关的技术资料,使用说明书的编制应符合 GB 9969.1 的规定。

5 检验

5.1 所有产品在制造厂均应检验,合格后方可出厂。在特殊情况下,经用户同意,可在用户工厂进行出厂检验。

5.2 检验可分出厂检验和型式检验。

5.2.1 出厂检验

5.2.1.1 出厂检验项目应根据产品特征确定,检验项目一般包括:

    a) 外观检验、一般检查;

    b) 标志、包装;

    c) 电气系统的检查;

    d) 制冷系统密封;

    e) 噪声。

5.2.1.2 只有出厂检验项目全部符合要求,才能判定出厂检验合格。

5.2.2 型式检验

5.2.2.1 有下列情况之一时,应进行型式检验:

    a) 新产品试制或定型产品转厂生产;

    b) 产品结构、材料和工艺有重大转变,可能影响产品性能;

    c) 产品长期停产后恢复生产;

    d) 国家质量监督部门提出型式检验要求。

5.2.2.2 型式检验应包括下列项目:

    a) 设计参数检验,试验时间应不小于 150 h;

    b) 所有出厂检验项目。

5.2.2.3 只有型式检验项目全部符合要求,才能判定型式检验合格。

6 标志、包装和贮存

6.1 产品的标牌应符合 4.11 的规定。

6.2 产品包装前应进行清洁处理,各部位应干燥清洁,易锈部位应涂防锈剂。

6.3 包装箱的制作、装箱要求、包装标志应符合 GB/T 13384 的规定。

6.4 除湿机的包装应具有可靠的防潮、防震措施。通风机的包装应符合 JB/T 6444 中的有关规定。

6.5 包装储运图示标志应符合 GB/T 191 的有关规定。

6.6 包装箱中随机技术文件应符合 4.12 的规定。

6.7 包装后的产品应存放在通风干燥环境处。

六、木质废弃物回收利用类

ICS 65.020
B 04

中华人民共和国国家标准

GB/T 22529—2008

废弃木质材料回收利用管理规范

Management code for discarded wooden recycling and utilization

2008-11-20 发布

2008-12-01 实施

中华人民共和国国家质量监督检验检疫总局
中国国家标准化管理委员会 发布

前　言

本标准由中华人民共和国商务部提出并归口。

本标准负责起草单位：木材节约发展中心。

本标准参加起草单位：佛山市顺德区沃德人造板制造有限公司、丹阳市广胜木业有限公司。

本标准主要起草人：马守华、喻遁秋、吉发、许国川、陶以明、宋常明、张少芳。

废弃木质材料回收利用管理规范

1 范围

本标准规定了废弃木质材料回收利用的总则,以及废弃木质材料的相关术语和定义、分类、回收和预分选,储存与运输,利用途径,产品的标识、销售要求以及回收利用效果评价等。

本标准适用于废弃木质材料回收利用的管理。

2 规范性引用文件

下列文件中的条款通过本标准的引用而成为本标准的条款。凡是注日期的引用文件,其随后所有的修改单(不包括勘误的内容)或修订版均不适用于本标准,然而,鼓励根据本标准达成协议的各方研究是否可使用这些文件的最新版本。凡是不注日期的引用文件,其最新版本适用于本标准。

GB 16297 大气污染物综合排放标准

SB/T 10383 商用木材及其制品标志

3 术语和定义

下列术语和定义适用于本标准。

3.1

废弃木质材料 discarded wooden materials

在林业采伐、木质材料和木制品生产的全过程中产生的剩余物以及人们生产和生活过程中使用过后被作为废旧物品或垃圾而抛弃的木质材料、木制品、木质人造板与木质材料纤维制品。

3.2

杂质 impurity

废弃木质材料中含有的非木质类物质。

注:杂质分为物理类和化学类,物理类包括:铁钉、连接件等磁性金属杂物;铜、铝等非磁性金属杂物;塑料、漆膜、胶块、玻璃、混凝土块、砂石、泥土等非金属杂物。化学类包括:防虫剂、防腐剂、胶、油漆等。

3.3

加工木质废料 processing wooden waste

在木质品加工过程中产生的板皮、板条、木竹截头、锯末、碎单板、木芯、刨花、木块、边角余料、砂光粉尘等。

3.4

建筑木质废料 buliding wooden waste

在建筑过程中产生的废旧木模板、木人造板模板和木脚手架等。

3.5

拆迁木质废料 wooden waste in housebreaking

在房屋本体拆迁过程中产生的门窗、梁、柱、椽、木板等木质材料。

3.6

装修木质废料 wooden decoration wastes

在建筑装饰装修过程中产生的木质材料。

3.7

废弃木质家具 wooden furniture wastes

废弃的木质家具或家具部件。

3.8

废弃木质包装材料 discarded wooden packing materials

废弃的木质包装物及拆解下的木质材料。

3.9

复用 reusage

对回收的废弃木质材料(多指模板、包装物、家具等)只进行简单的修补、修复、翻新后直接重复使用,不改变其原来的使用功能。

3.10

循环利用 recycle recycling

对回收的废弃木质材料进行分类、分离和加工,进行再次或多次加工利用。

3.11

再生利用 renewable usage

利用废弃木质材料重新生产或制造成与原有废弃木质材料性质不同的产品。如将废弃木质材料液化。

3.12

能源利用 energy usage

将废弃木质材料作为燃料使用。

3.13

特殊利用 special usage

将废弃木质材料回填回垦、养殖填栏、生物种植和副业利用等。

3.14

预分选 pre-sort

将回收的废弃木质材料按品质或用途等进行初分的过程。

4 总则

4.1 应鼓励对废弃木质材料实行充分回收、复用、循环利用、再生利用和能源利用,鼓励对废弃木质材料回收和合理利用的科学研究、技术开发和推广。

4.2 废弃木质材料产生者应负责对其产生的废弃木质材料进行回收、利用、处理,或负责交由有资质的专业回收公司和再生循环利用企业。

4.3 列入强制回收目录[1)]的木质材料产品和木质包装物,应在产品报废和包装物使用后对该产品和包装物进行回收。

4.4 废弃木质材料应优先考虑资源再利用,如作为木制品加工和能源用原料。其次作为废弃物处置。

4.5 废弃木质材料作为资源再利用时,应采取节约材料和综合利用的方式,优先选择对环境更有利的途径和方法。

5 废弃木质材料的分类

5.1 废弃木质材料按产生渠道不同分为八类。分类方法见表1。

---

1) 参见《中华人民共和国清洁生产促进法》第二十七条。

表 1 废弃木质材料按来源分类

分类	来源	主要包括
1	森林采伐和城市行道树修剪	采伐剩余物、城市行道树修剪所产生的枝桠材等。
2	木材加工	胶合板生产过程中产生的碎单板、木芯和其他剩余物；胶合板、中高密度纤维板、细木工板和刨花板生产过程中产生的废板条、锯末、砂光粉；制材和木制品生产过程中产生的板皮、板条、端头、边条、刨花、锯末、木粉等。
3	建筑和装修	a) 建筑木质废料，例如：未贴膜的素面模板、表面覆膜的三聚氰胺水泥模板、各种实木模板以及木脚手架； b) 拆迁木质废料，例如：废旧门窗、梁、柱、地板、天花板、门窗以及线条等； c) 装修木质废料，例如：端头、碎板、刨花等。
4	家居和日常生活	a) 废弃木质家具和家具部件，例如：橱柜、木沙发、桌椅、用人造板制造的各类板式家具； b) 木质游乐设施和玩具的更换产生的可再生资源； c) 餐饮废弃木质材料，例如：木筷、牙签、冰棒芯材、食品木质包装。
5	交通工具	a) 报废的小汽车和卡车的木质车厢板、车厢顶棚板、车门板等； b) 列车客车小修、大修所产生的废旧车厢侧板、底板以及座位用板等； c) 木船制造和修缮过程中产生的木质材料废弃物等。
6	军事和体育	a) 军事产品的包装以及废旧木质军事设施用品； b) 报废的各类木质体育设施。
7	物业流通	废弃木质包装材料、木托盘等。
8	公益事业	公园及各类公共场合报废的木质景观、木质广告牌和公告牌等。

5.2 废弃木质材料按照含有化学物质的种类分为五类，分类方法及代码见表 2。

表 2 废弃木质材料按含有化学物质种类的分类方法及代码

分类代码	化学物质种类	使用或处理的限制
A	不含胶、油漆、镀层以及其他化学物质	
B	含有胶、油漆、镀层，不含有机卤化金属、木材防腐剂	不应直接用作燃料使用
C	含有机卤化金属，不含木材防腐剂	不应进行水解、热解和液化加工
D	含有木材防腐剂以及其他化学类杂质，不含国家危险废物名录所列物质	
E	含有国家危险废物名录所列物质	须按国家相关固体废物处理规定进行处置

6 废弃木质材料的回收和预分选

6.1 回收

6.1.1 对废弃木质材料应就近、合理地设置回收站，集中收集废弃木质废料。

6.1.2 对木质包装物、木托盘、建筑木模板、木脚手架等应回收复用。

6.1.3 对采伐剩余物、造材剩余物、加工剩余物和道路规划修剪的林木及枝桠材、果园淘汰的果木和果树修剪剩余物等应及时分类回收。

6.1.4 对人造板、家具、橱柜、门窗业、地板等生产过程中产生的木质材料加工剩余物应进行分类、收集。

6.1.5 对建设、装饰装修过程中产生的建筑木质废料、装修木质废料应进行分类、回收。

6.1.6 对废弃的木质地板、木质家具、木质装修拆卸物、拆迁木质废料，以及报废的木质景观、木质广告牌和公告牌等应进行分类、回收。

6.1.7 对废弃的一次性木筷、牙签等应进行收集。

6.1.8 对废弃汽车、火车、木船等用木质材料以及报废的各类木质体育设施等应分类、收集。

6.2 预分选

废弃木质材料回收站及再生循环利用企业应对回收的废弃木质材料，按照5.2的分类方法和下游企业的要求进行拆解，并按照将不同材料基本分离的原则进行初步分选。

7 废弃木质材料的储存与运输

7.1 储存

7.1.1 废弃木质材料应分类存放，并注意安全，防火、防水、防霉烂。

7.1.2 经防腐或阻燃处理的废弃木质材料的堆放应适当苦盖，防止风吹雨淋造成化学物质降解、流失。

7.1.3 含有国家危险废物名录所列物质的废弃木质材料，应设置危险废物存放的设施并设置废物识别标志，并应及时送到有资质的危险固体废弃物处理单位处理。

7.2 运输

7.2.1 废弃木质材料在运输过程中，应适当苦盖、加固，不得沿途丢弃、遗撒。

7.2.2 废弃木质材料的包装物、捆绑物和遮盖物应多次重复使用，废弃时应按回收原则分类交由相关回收公司和企事业进行环保处置。

7.2.3 转移具有危险性废弃木质材料时，应填写危险废物转移联单，并向危险废物移出地和接受地的县级以上地方人民政府环境保护行政主管部门报告。

8 废弃木质材料的利用途径

8.1 复用

8.1.1 使用过的木质包装物、建筑木模板、木脚手架应回收复用。

8.1.2 较大规格的废弃木质材料如梁柱、门框等，应根据具体情况，尽量利用其最大尺寸，加工成实木地板、实木家具或其他实木制品。

8.1.3 对废旧实木地板，应根据具体情况，再加工成地板或门板、台面板等。

8.1.4 对木质托盘，应根据具体情况，用作生产木质家具、木质门板等，也可拆解后再次制造木质托盘。部分品质较好的包装箱材料也可作家具材料使用。

8.1.5 对废旧实木家具材料应优先再加工用作家具材料。

8.2 循环利用

8.2.1 制造人造板

8.2.1.1 A类和B类废弃木质材料可作为人造板（细木工板、定向刨花板、普通刨花板、高密度纤维板、中密度纤维板）的原料，应按"大材大用、优材优用、综合利用"的原则进行。

8.2.1.2 对于废弃木质材料中尺寸较大的原木、方材、板材及矿柱等，回收后可作为生产细木工板的原料。

8.2.1.3 利用废弃木质材料生产人造板的生产过程应按清洁生产相关标准进行控制和执行。

8.2.1.4 利用废弃木质材料作为原料生产的人造板产品应符合相关国家人造板产品检测标准要求。

8.2.2 制造可生物降解模压制品

A 类和 B 类废弃木质材料可在热压模具中压制成各类可生物降解的工艺制品和实用制品。

8.2.3 制造木材-无机质复合材料

A 类和 B 类废弃木质材料可加工成菱镁制品、水泥人造板(刨花板、纤维板)、石膏人造板的原料。
利用废弃木质材料作为原料生产的菱镁制品应符合相关的产品质量检测标准要求。

8.2.4 制造木塑复合材料

A 类和 B 类废弃木材加工剩余物可与树脂、废旧塑料、废旧化纤以及增强材料复合,制造木塑复合材料。

8.3 再生利用

8.3.1 木质化学加工品

A 类废弃木质材料可进行水解、热解和液化加工,生产饲料、酒精、糖醛及其衍生物、木糖与木糖醇、乙酸、甲醛、木焦油抗聚剂、木馏油、木炭、木陶瓷、活性炭胶黏剂、聚氨酯泡沫塑料、纤维和碳纤维等以及其他工业和民用的各种产品。

8.3.2 造纸原料

A 类废弃木质材料可以作为造纸原料。

8.4 能源利用

A 类和 B 类废弃木质材料不应直接用作燃料使用。乡村和部分城市用户可利用小规格废弃木质材料作生活燃料,生物质能源工厂及发电厂应利用不能制作 8.2.1 至 8.2.4 中所列产品的废弃木质材料作为燃料;各种碎小及腐变废弃木质材料可加工成木质压缩物用作燃料。

C 类和 D 类废弃木质材料只能与其他材料混合后,制成工业燃料用于锅炉或火力发电燃料。

废旧木材燃烧产生的大气污染物排放应符合 GB 16297 有关规定。

8.5 特殊利用

A 类废弃木质材料中,可利用小规格材料回填旱田和山林地以改良土壤,可将废弃木粉用作牛羊围栏和鸡舍的填栏料,可作为蘑菇等食用菌的生长基,可制作蚊香、燃香等。

8.6 特殊处理

E 类废弃木质材料在作燃料使用不能降解的情况下应做废弃物处理,或在一定的条件下可以填埋处理,但需防止造成地下水、土壤等环境污染。

9 废弃木质材料产品的标识及销售要求

废弃木质材料在储存、运输和销售时,应有明显标志。标志应包括废弃木质材料所属企业或回收站(收集站)名称;废弃木质材料规格、品名、分类代号、计量单位、注意事项等。

废弃木质材料产品销售应有明显标志,标志内容应符合 SB/T 10383 有关规定。

10 废弃木质材料回收利用的效果评价

废弃木质材料回收利用的效果,包括经济效益和环境保护效果,其效果评价内容应包括:
——废弃木质材料回收、分类、利用;
——废弃木质材料的体积减少率;
——废弃木质材料清洗、干燥和再利用时的适应性;
——废弃木质材料进行再处理时,对能源、资源及化学物质的消耗减少率;
——废弃木质材料回收利用时对人体造成的危害程度;

——废弃木质材料再利用时造成的二次污染程度；

——废弃木质材料的可降解性；

——D 和 E 类废弃木质材料处理方法的可行性；

——D 和 E 类废弃木质材料处理后产生的副作用。

参 考 文 献

［1］ GB 9078 工业炉窑大气污染物排放标准

［2］ GB 16297—1996 大气污染物综合排放标准

［3］ GB 16716—1996 包装废弃物的处理与利用 通则

［4］ GB 18599 一般工业固体废物贮存、处置场污染控制标准

［5］ 《中华人民共和国固体废物污染环境防治法》

［6］ 《中华人民共和国清洁生产促进法》

［7］ 《包装资源回收利用暂行管理办法》

［8］ 《国家危险废物名录》 国家环境保护局 1998 年 7 月 1 日发布

ICS 65.020
B 04

中华人民共和国国家标准

GB/T 29408—2012

废弃木质材料分类

Classification of discarded wooden materials

2012-12-31 发布

2013-07-01 实施

中华人民共和国国家质量监督检验检疫总局
中国国家标准化管理委员会 发布

前　言

本标准按照 GB/T 1.1—2009 给出的规则起草。

本标准由中华人民共和国商务部提出并归口。

本标准负责起草单位：木材节约发展中心。

本标准参加起草单位：佛山市沃德森板业有限公司、佛山市顺德区沃德人造板制造有限公司、佛山市金脚印废旧物资回收有限公司、浙江丽人木业集团有限公司。

本标准主要起草人：马守华、喻迺秋、陶以明、吉发、浦强、程明华、杨小军、徐伟民、刘平、林耀强、莫文坤、唐镇忠、张少芳。

废弃木质材料分类

1 范围

本标准规定了废弃木质材料的分类原则和分类方法,并给出了各类废弃木质材料包含的有害生物及化学物质。

本标准适用于废弃木质材料的管理、回收利用及安全处理。

2 规范性引用文件

下列文件对于本文件的应用是必不可少的。凡是注日期的引用文件,仅注日期的版本适用于本文件。凡是不注日期的引用文件,其最新版本(包括所有的修改单)适用于本文件。

GB/T 22529 废弃木质材料回收利用管理规范

3 术语和定义

GB/T 22529 界定的术语和定义适用于本文件。

4 总则

4.1 废弃木质材料按下列分类原则进行分类:

    a) 按产生来源;

    b) 按产生方式;

    c) 按基本形态;

    d) 按含有有害生物和化学物质的种类;

    e) 按利用或处理途径。

4.2 按产生来源、产生方式、基本形态不同分类,有利于指导废弃木质材料产生者及回收单位的作业,便于分类管理。

4.3 按含有有害生物和化学物质的种类不同分类,便于指导废弃木质材料的安全利用和处置,避免污染环境。

4.4 按利用或处理途径不同分类,可以指导优先考虑资源再利用,再作为废弃物处置。

5 废弃木质材料的分类

5.1 废弃木质材料按产生来源分为十类。具体见表1。

表 1 废弃木质材料按来源分类

分类	来源	主要包括
1	林木采伐和树木修剪	林木采伐剩余物,树木修剪所产生的枝桠材,因病虫害、自然灾害(冰雹、霜冻、风灾等)产生的树木和枝桠材等
2	原木生产	原木生产过程中产生的造材剩余物
3	木材加工	人造板生产、加工过程中产生的木芯、碎单板、废板条、纤维、碎料、锯末、砂光粉和其他剩余物等; 制材和木制品生产过程中产生的板皮、板条、端头、边条、刨花、锯末、木粉等
4	建筑、装修和拆迁	建筑施工、装修过程中产生的各种木质模板以及木脚手架、木龙骨、端头、碎板、刨花等; 拆迁过程中产生的废旧檩条、椽子、门窗、梁、柱、地板、天花板以及线条等
5	工农业生产	废弃木质矿用支护、农用支护、电力通信设施等
6	家居、办公等日常生活	在家居、办公等日常生活中废弃的各类木质家具及部件,包括橱柜、沙发、桌椅、床、木筷、牙签、冰棒芯材、木质包装、木质游乐设施和玩具等
7	交通工具及设施	在汽车维修和报废过程中产生的车厢底板、顶棚板、车门板等; 列车维修过程中产生的车厢侧板、底板及座位用板等; 船舶制造和维修过程中产生的木质废弃物等; 交通设施维修和报废过程中产生的枕木、桥梁支柱等
8	军工和文体	军工产品的包装、废旧木质军事设施和用品等; 报废的各类木质文体用品,包括场馆废弃物、课桌椅、乐器等
9	物流	废弃木质包装材料、木托盘、集装箱底板等
10	景观和广告	公园及各类公共场合报废的木质亭台、木栅栏、木道板、木扶手等木质景观,木质揭示板及会议展板等

5.2 废弃木质材料按产生的基本方式分为四类。具体见表2。

表 2 废弃木质材料按产生方式分类

分类	产生方式	主要包括
1	原木和锯材生产、加工	林木采伐产生的废弃木质材料; 木材在锯、铣、刨、车、钻、削等机械加工过程中产生的废弃木质材料
2	林果培育和园林作业	林木和果树修剪、因各种灾害产生的木材
3	木质复合材料生产、加工	人造板及木质复合材料生产企业本身生产加工过程中产生的废弃木质材料; 人造板及木质复合材料作为原料或材料,在生产或加工过程中产生的废弃木质材料
4	木质产品直接废弃	木质产品为终端使用者直接废弃所产生的废弃木质材料

5.3 废弃木质材料按基本形态分为七类。具体见表3。

表 3 废弃木质材料按基本形态分类

分类	基本形态	主要包括
1	条柱状	木材、人造板生产、加工过程中产生的废弃板皮、板条、板边； 建筑施工、装修过程中产生的木脚手架、木龙骨等； 拆迁过程中产生的废旧檩条、椽子、门窗条、梁、柱、线条等； 废弃木质矿用支护、农用支护、电力通信设施等； 在家居、办公等日常生活中产生的木筷、牙签、冰棒芯材等； 交通设施维修和报废过程中产生的枕木、桥梁支柱等； 公园及各类公共场合报废的木扶手等
2	板状	木材、人造板生产、加工过程中产生的废弃木板、碎单板等； 建筑施工、装修过程中产生的木质模板、碎板等； 拆迁过程中产生的废旧地板、天花板等； 汽车维修和报废过程中产生的车厢底板、顶棚板、车门板等； 列车维修过程中产生的车厢侧板、底板及座位用板等； 在家居、办公等日常生活中产生的食品木质包装等； 废弃木质包装材料、木托盘、集装箱底板等； 公园及各类公共场合报废的木栅栏、木道板、木质揭示牌、会议展板等
3	块状	木材、人造板生产、加工过程中产生的废弃碎料等； 制材和木制品生产过程中产生的端头等； 旧木质器具拆卸产生的废弃端头、木块等
4	纤维状	纤维板、造纸生产和加工等过程中产生的废弃纤维
5	颗粒状	木材、人造板生产、加工过程中产生的废弃刨花、锯末、碎料、颗粒等
6	粉末状	人造板、木材及复合材料加工过程中产生的废弃木粉、砂光粉等
7	复杂形状	林木采伐剩余物、树木修剪所产生的枝桠材、因各种灾害产生的树木和枝桠材； 原木生产过程中产生的造材剩余物等； 木材、人造板生产、加工过程中产生的复杂形状废弃木质材料； 废弃的木质产品或器具包括：废家具、木质包装箱、木质体育设施和用品、木质游乐设施和玩具等； 船舶制造和维修过程中产生的木质废弃物等

5.4 废弃木质材料按照含有有害生物及化学物质的种类分为五类。具体见表 4。

表 4 废弃木质材料按含有有害生物及化学物质的种类分类方法及代码

分类代码	含有有害生物及化学物质种类	主要包括
A	不含胶、油漆、镀层以及其他化学物质	林木采伐剩余物、树木修剪所产生的枝桠材、因各种灾害产生的树木和枝桠材；原木生产过程中产生的造材剩余物；制材和木制品生产过程中产生的板皮、板条、端头、边条、刨花、锯末、木粉
B	含有胶、油漆、镀层，不含有机卤化金属、木材防腐剂	经过不含有机卤化金属的胶、油漆、镀层处理，但未经过防腐处理的人造板生产、加工过程中产生的木芯、碎单板、废板条、纤维、碎料、锯末、砂光粉和其他剩余物； 表 1 中 4、5、6、7、8、9、10 分类中产生的经过不含有机卤化金属的胶、油漆、镀层处理，但未经过防腐处理的废弃木质材料

表 4（续）

分类代码	含有有害生物及化学物质种类	主要包括
C	含有机卤化金属，不含木材防腐剂	经过含有机卤化金属的胶、油漆、镀层处理，但未经过防腐处理的人造板生产、加工过程中产生的木芯、碎单板、废板条、纤维、碎料、锯末、砂光粉和其他剩余物； 表1中4、5、6、7、8、9、10分类中产生的经过含有机卤化金属的胶、油漆、镀层处理，但未经过防腐处理的废弃木质材料
D	含有木材防腐剂以及其他化学类杂质，不含国家危险废物名录所列物质	表1中3、4、5、7、8、9、10分类中产生的经过防腐、防霉、阻燃等处理，但不含国家危险废物名录所列物质的废弃木质材料
E	含有国家危险废物名录所列物质	表1中3、4、5、7、8、9、10分类中含有国家危险废物名录所列物质的废弃木质材料

5.5 废弃木质材料按照利用或处理途径分为六类。具体见表5。

表 5 废弃木质材料按利用或处理途径分类

分类	利用/处理途径	主要包括
1	复用	应为表4所列A类、B类、C类和D类废弃木质材料。一般包括使用过的木质包装物、建筑木模板、木脚手架、木质托盘、木质地板、木质家具等
2	循环利用	应为表4所列A类和B类废弃木质材料。一般包括木质包装物、建筑木模板、木脚手架、木质托盘、木质地板、木质家具等，还包括森林采伐和城市行道树修剪、木材生产和加工、建筑和装修等过程中产生的废弃木质材料
3	再生利用	应为表4所列A类废弃木质材料。一般包括木质包装物、建筑木模板、木脚手架、木质托盘、木质地板、木质家具，以及森林采伐和城市行道树修剪、原木生产、木材加工、建筑和装修等过程中产生的废弃木质材料
4	能源利用	应为表4所列C类和D类废弃木质材料，也包括不能被复用、循环利用和再生利用的A类和B类废弃木质材料
5	特殊利用	应为表4所列A类废弃木质材料
6	特殊处理	应为表4所列E类废弃木质材料

ICS 79.010
B 69

中华人民共和国国家标准

GB/T 33039—2016

人造板生产用回收木材质量要求

Quality requirements of recycled wood for wood-based panel manufacture

2016-10-13 发布　　　　　　　　　　　　2017-05-01 实施

中华人民共和国国家质量监督检验检疫总局
中国国家标准化管理委员会　发布

前　言

本标准按照 GB/T 1.1—2009 给出的规则起草。

本标准由国家林业局提出。

本标准由全国木材标准化技术委员会(SAC/TC 41)归口。

本标准主要起草单位:中国林业科学研究院木材工业研究所,佛山沃德森板业有限公司,中国林科院林业新技术研究所,河北农业大学,上海黎众木业有限公司,浙江省木业产品质量检测中心南浔检测所,廊坊民丰木业有限公司,廊坊奥松木业有限公司,安平县森和板业有限公司,唐山福春林木业有限公司。

本标准主要起草人有:虞华强、罗朝晖、孙照斌、张训亚、吉发、向萧、杨旭、沈斌华、徐贵学、杨忠、陈会海、李讯、国和平、王喜民。

人造板生产用回收木材质量要求

1 范围

本标准规定了人造板生产用回收木材的术语和定义、分类、要求、检验及合格判定、运输及贮存等。
本标准适用于用作人造板生产原料的回收木材质量评定。

2 规范性引用文件

下列文件对于本文件的应用是必不可少的。凡是注日期的引用文件,仅注日期的版本适用于本文件。凡是不注日期的引用文件,其最新版本(包括所有的修改单)适用于本文件。

GB/T 22529—2008　废弃木质材料回收利用管理规范
GB/T 23229—2009　水载型木材防腐剂分析方法
LY/T 1822—2009　废弃木材循环利用规范
LY/T 2558—2015　人造板生产用回收木材检验方法

3 术语和定义

GB/T 22529—2008、LY/T 1822—2009界定的以及下列术语和定义适用于本文件。

3.1

废弃木材　waste wood

在林业采伐和修剪、木材和木制品生产的全过程中产生的被废弃的剩余物,以及人们生产和生活过程中使用过后被作为废旧物品或垃圾而抛弃的木材及木材制品。

3.2

回收木材　recycled wood

将废弃木材回收、分拣、去除混杂物等处理后得到的能够再加工生产新产品,或可以燃烧以获取热能的木材。

3.3

混杂物　physical contaminant

回收木材中夹带或附加的金属材料、无机非金属材料、有机材料等固体物质。

3.4

化学污染物　chemical contaminant

回收木材中含有的防虫剂、防腐剂等化学物质。

4 分类

按原料来源分为:
a)　采伐剩余物,如枝桠、原木截头等;
b)　生产加工过程产生的木材剩余物,如木纤维、刨花、碎单板、板皮等;
c)　消费后回收木材,如旧门窗、旧家具等。

5 要求

5.1 回收木材来源信息

需方应要求供方提供关于回收木材来源信息的文件，至少规定如下：

a) 回收木材加工者、联系地址、联系方式；

b) 回收木材的主要种类声明，如采伐剩余物、生产加工过程产生的木材剩余物或消费后回收木材；

c) 回收木材尺寸；

d) 交付日期。

5.2 外观

回收木材外观应干净无油污，木材不应有腐朽，不应有异味。

5.3 含水率

回收木材表面应看不到明显的或流动的水。

除供需双方协商之外，木材的绝对含水率应不超过50%。

5.4 尺寸

回收木材的尺寸应符合生产者的要求，供需双方协商。

5.5 混杂物

回收木材中下列混杂物累计应不超过总质量的5%：

a) 金属（如铁、铝等）；

b) 无机非金属材料（如砖、石头、泥砂和陶瓷等）；

c) 有机材料（如布条、塑料、橡胶、漆膜、胶块、废纸、纸板等）；

d) 人造板（如中密度纤维板、刨花板等）。

注：混杂物比例也可按供需双方协商确定。

5.6 化学污染物

5.6.1 回收木材中不允许有含铜类防腐剂或杂酚油防腐剂等处理的防腐木材。

5.6.2 回收木材中重金属限值应符合表1的要求。

表 1 重金属的限量

成分	限值/(mg/kg 干重)
砷	≤25
镉	≤50
铬	≤25
铜	≤40
铅	≤90
汞	≤25

6 检验及合格判定

6.1 目测检验

6.1.1 对到货的回收木材,按照以下步骤进行目测检验,记录结果(记录表参见表 A.1)。

6.1.2 估计回收木材尺寸范围。

6.1.3 目测检验回收木材的含水率范围,在其表面能否看到明显的或流动的水。

6.1.4 根据回收木材的颜色或气味,检验是否有腐朽,是否含铜类防腐剂或杂酚油防腐剂等处理的防腐木材。

注 1:杂酚油处理的废弃木材宜归为有害(危险)废物类,气味明显,金黄色至暗褐色。

注 2:含铜类防腐剂处理的废弃木材浅绿色或蓝/绿色。

6.1.5 估计各项混杂物比例。

6.2 实验室检验

6.2.1 含水率、混杂物、化学污染物等质量指标检验按 LY/T 2558—2015 的规定进行。

6.2.2 回收木材中是否有含铜类防腐剂处理木材可以通过显色反应检验,显色剂的配制按 GB/T 23229—2009 中 10.1 的方法进行。

6.3 判定规则

回收木材中含有含铜类防腐剂、杂酚油处理的防腐木材,或其重金属含量超过 5.6.2 规定的限量要求,应判定为不合格。

7 运输和贮存

7.1 运输者应该遵照生产者的规定。

7.2 在车厢顶应加遮盖物,防止产品运输过程中被雨淋或沿途遗撒。

7.3 装车前要彻底清扫车厢,清除泥沙等一切杂质。

7.4 贮存场所应防火,防止雨淋。

附　录　A

（资料性附录）

目测检验记录表

表 A.1　目测检验记录表

编号：　　　　　　　　　　　　　　　　　　　来源：

日期和时间：　　　　　　　　　　　　　　　检验人员：

指标		检测结果
回收木材的尺寸 （估计的尺寸范围,单位:mm)		
外观情况	木材的含水率范围(%), 有无明显的或流动的水	
	有无油污	
	有无腐朽	
	有无防腐木材	
混杂物情况估计/%	有机材料	
	无机非金属材料	
	铁	
	非铁金属	
	其他	

合格情况：　　　　　　　　合格□　　　　　　　不合格□

附录
我国木材保护行业现行标准

序号	标准编号	标准名称	标准类别
		一、木材防腐、防霉、防虫类	
1	GB/T 13942.1—2009	木材耐久性能 第1部分:天然耐腐性实验室试验方法	方法标准
2	GB/T 13942.2—2009	木材耐久性能 第2部分:天然耐久性野外试验方法	方法标准
3	GB/T 14019—2009	木材防腐术语	基础标准
4	GB/T 18260—2015	木材防腐剂对白蚁毒效实验室试验方法	方法标准
5	GB/T 18261—2013	防霉剂对木材霉菌及变色菌防治效力的试验方法	方法标准
6	GB/T 22102—2008	防腐木材	产品标准
7	GB 22280—2008	防腐木材生产规范	基础标准
8	GB/T 23229—2009	水载型木材防腐剂分析方法	方法标准
9	GB/T 27651—2011	防腐木材的使用分类和要求	基础标准
10	GB/T 27653—2011	防腐木材中季铵盐的分析方法 两相滴定法	方法标准
11	GB/T 27654—2011	木材防腐剂	产品标准
12	GB/T 27655—2011	木材防腐剂性能评估的野外埋地试验方法	方法标准
13	GB/T 27656—2011	农作物支护用防腐小径木	产品标准
14	GB/T 29399—2012	木材防虫(蚁)技术规范	基础标准
15	GB/T 29406.1—2012	木材防腐工厂安全规范 第1部分:工厂设计	基础标准
16	GB/T 29406.2—2012	木材防腐工厂安全规范 第2部分:操作	基础标准
17	GB/T 29896—2013	接触土壤防腐木材的防腐剂流失率测定方法	方法标准
18	GB/T 29900—2013	木材防腐剂性能评估的野外近地面试验方法	方法标准
19	GB/T 29901—2013	木材防水剂的防水效率测试方法	方法标准
20	GB/T 29902—2013	木材防腐剂性能评估的土床试验方法	方法标准
21	GB/T 29905—2013	木材防腐剂流失率试验方法	方法标准
22	GB/T 31757—2015	户外用防腐实木地板	产品标准
23	GB/T 31760—2015	铜铬砷(CCA)防腐剂加压处理木材	产品标准
24	GB/T 31761—2015	铜氨(胺)季铵盐(ACQ)防腐剂加压处理木材	产品标准
25	GB/T 31763—2015	铜铬砷(CCA)防腐木材的处理及使用规范	基础标准
26	GB/T 33021—2016	有机型木材防腐剂分析方法 三唑及苯并咪唑类	方法标准
27	GB/T 33041—2016	中国陆地木材腐朽与白蚁危害等级区域划分	基础标准
28	GB/T 32767—2016	木材防腐剂性能评估的野外地上L连接件试验方法	方法标准
29	GB 50828—2012	防腐木材工程应用技术规范	工程标准
30	LY/T 1283—2011	木材防腐剂对腐朽菌毒性实验室试验方法	方法标准

序号	标准编号	标准名称	标准类别
31	LY/T 1284—2012	木材防腐剂对软腐菌毒性实验室试验方法	方法标准
32	LY/T 1925—2010	防腐木材产品标识	基础标准
33	LY/T 1926—2010	抗菌木(竹)质地板 抗菌性能检验方法与抗菌效果	方法标准
34	LY/T 1985—2011	防腐木材和人造板中五氯苯酚含量的测定方法	方法标准
35	LY/T 2062—2012	防虫胶合板	产品标准
36	LY/T 2230—2013	人造板防霉性能评价	基础标准
37	SB/T 10404—2006	水载型防腐剂和阻燃剂主要成分的测定	方法标准
38	SB/T 10405—2006	防腐木材化学分析前的湿灰化方法	方法标准
39	SB/T 10432—2007	木材防腐剂 铜氨(胺)季铵盐(ACQ)	产品标准
40	SB/T 10433—2007	木材防腐剂 铜铬砷(CCA)	产品标准
41	SB/T 10434—2007	木材防腐剂 铜硼唑-A 型(CBA-A)	产品标准
42	SB/T 10435—2007	木材防腐剂 铜唑-B 型(CA-B)	产品标准
43	SB/T 10440—2007	真空和(或)压力浸注(处理)用木材防腐设备机组	产品标准
44	SB/T 10502—2008	铜铬砷(CCA)防腐剂加压处理木材	产品标准
45	SB/T 10503—2008	铜氨(胺)季铵盐(ACQ)防腐剂加压处理木材	产品标准
46	SB/T 10558—2009	防腐木材及木材防腐剂取样方法	方法标准
47	SB/T 10605—2011	木材防腐企业分类与评价指标	基础标准
48	SB/T 10628—2011	建筑用加压处理防腐木材	产品标准
49	TB/T 3172—2007	防腐木枕	产品标准
50	DB44/T 257—2005	防腐木材产品标记	地方标准
		二、木材阻燃类	
51	GB 12955—2008	防火门	基础标准
52	GB/T 17658—1999	阻燃木材燃烧性能试验 火传播试验方法	方法标准
53	GB/T 18101—2013	难燃胶合板	产品标准
54	GB/T 18958—2013	难燃中密度纤维板	产品标准
55	GB/T 24509—2009	阻燃木质复合地板	产品标准
56	GB/T 29407—2012	阻燃木材及阻燃人造板生产技术规范	基础标准
57	GA 87—1994	防火刨花板通用技术条件	基础标准
58	GA 159—2011	水基型阻燃处理剂	基础标准
59	GA 495—2004	阻燃铺地材料性能要求和试验方法	方法标准
60	LY/T 2875—2017	难燃细木工板	产品标准
61	SB/T 10896—2012	结构木材 加压法阻燃处理	产品标准
		三、木材热处理与改性类	
62	GB/T 31747—2015	炭化木	产品标准
63	GB/T 31754—2015	改性木材生产技术规范	基础标准
64	GB/T 33022—2016	改性木材分类与标识	基础标准

序号	标准编号	标准名称	标准类别
65	GB/T 33040—2016	热处理木材鉴别方法	方法标准
66	LY/T 2490—2015	改性木材尺寸稳定性测定方法	方法标准
		四、木材干燥类	
67	GB/T 6491—2012	锯材干燥质量	基础标准
68	GB/T 15035—2009	木材干燥术语	基础标准
69	GB/T 17661—1999	锯材干燥设备性能检测方法	方法标准
70	LY/T 1068—2012	锯材窑干工艺规程	基础标准
71	LY/T 1069—2012	锯材气干工艺规程	基础标准
72	LY/T 1603—2002	木材干燥室(机)型号编制方法	基础标准
73	LY/T 1798—2008	锯材干燥设备通用技术条件	基础标准
74	LY/T 2491—2015	蒸汽热源木材干燥设备节能监测方法	方法标准
75	LY/T 5118—1998	木材干燥工程设计规范	基础标准
		五、木材复合与集成类	
76	GB/T 20241—2006	单板层积材	产品标准
77	GB/T 21128—2007	结构用竹木复合板	产品标准
78	GB/T 21140—2017	非结构用指接材	产品标准
79	GB/T 22349—2008	木结构覆板用胶合板	产品标准
80	GB/T 24137—2009	木塑装饰板	产品标准
81	GB/T 24508—2009	木塑地板	产品标准
82	GB/T 26899—2011	结构用集成材	产品标准
83	GB/T 28985—2012	建筑结构用木工字梁	产品标准
84	GB/T 28986—2012	结构用木质复合材产品力学性能评定	基础标准
85	GB/T 28998—2012	重组装饰材	产品标准
86	GB/T 28999—2012	重组装饰单板	产品标准
87	GB/T 29365—2012	塑木复合材料 人工气候老化试验方法	基础标准
88	GB/T 29418—2012	塑木复合材料产品物理力学性能测试	基础标准
89	GB/T 29419—2012	塑木复合材料铺板性能等级和护栏体系性能	基础标准
90	GB/T 30364—2013	重组竹地板	产品标准
91	LY/T 1580—2010	定向刨花板	产品标准
92	LY/T 1613—2017	挤出成型木塑复合板材	产品标准
93	LY/T 1697—2017	饰面木质墙板	产品标准
94	LY/T 1718—2017	低密度和超低密度纤维板	产品标准
95	LY/T 1787—2016	非结构用集成材	产品标准
96	LY/T 1815—2009	非结构用竹集成材	产品标准
97	LY/T 1927—2010	集成材理化性能试验方法	基础标准
98	LY/T 1975—2011	木材和工程复合木材的持续负载和蠕变影响评定	基础标准

序号	标准编号	标准名称	标准类别
99	LY/T 1984—2011	重组木地板	产品标准
100	LY/T 2228—2013	轻型木结构 结构用指接规格材	产品标准
101	LY/T 2377—2014	木质结构材料用销类连接件连接性能试验方法	基础标准
102	LY/T 2380—2014	楼面和屋面用结构人造板在集中荷载和冲击荷载作用下承载性能测试方法	基础标准
103	LY/T 2381—2014	结构用木质材料基本要求	基础标准
104	LY/T 2383—2014	结构用木材强度等级	基础标准
105	LY/T 2389—2014	轻型木结构建筑覆面板用定向刨花板	产品标准
106	LY/T 2711—2016	单板用竹集成材	产品标准
107	LY/T 2712—2016	竹单板胶合板	产品标准
108	LY/T 2713—2016	竹材饰面木质地板	产品标准
109	LY/T 2714—2016	木塑门套线	产品标准
110	LY/T 2715—2016	木塑复合外挂墙板	产品标准
111	LY/T 2716—2016	聚氯乙烯片材饰面复合地板	产品标准
112	LY/T 2717—2016	人造板产品包装通用技术要求	基础标准
113	LY/T 2718—2016	人造板剖面密度测定方法	方法标准
114	LY/T 2719—2016	人造板制造企业清洁生产审核指南	基础标准
115	LY/T 2720—2016	胶合面木破率的测定方法	方法标准
116	LY/T 2721—2016	结构用定向刨花板力学性能指标特征值的确定方法	方法标准
117	LY/T 2722—2016	指接材用结构胶黏剂胶合性能测试方法	方法标准
118	LY/T 2870—2017	绿色人造板及其制品技术要求	基础标准
119	LY/T 2876—2017	人造板定制衣柜技术规范	基础标准
120	LY/T 2880—2017	浸渍纸层压定向刨花板地板	产品标准
121	LY/T 2881—2017	木塑复合材料氧化诱导时间和氧化诱导温度的测定方法	方法标准
122	LY/T 2882—2017	饰面模压纤维板	产品标准
123	QB/T 4161—2011	园林景观用聚乙烯塑木复合型材	产品标准
124	QB/T 4492—2013	建筑装饰用塑木复合墙板	产品标准
125	DB44/T 349—2006	木塑复合材料 技术条件	基础标准
126	DB44/T 411—2007	木塑复合材料 检验与试验方法	基础标准
		六、木器涂料与胶粘剂类	
127	GB/T 2705—2003	涂料产品分类和命名	基础标准
128	GB/T 8264—2008	涂装技术术语	基础标准
129	GB/T 9750—1998	涂料产品包装标志	基础标准
130	GB 12441—2018	饰面型防火涂料	产品标准
131	GB/T 13491—1992	涂料产品包装通则	基础标准
132	GB/T 14074—2017	木材工业用胶粘剂及其树脂检验方法	基础标准
133	GB/T 14732—2017	木材工业胶粘剂用脲醛、酚醛、三聚氰胺甲醛树脂	产品标准

序号	标准编号	标准名称	标准类别
134	GB 18581—2009	室内装饰装修材料　溶剂型木器涂料中有害物质限量	基础标准
135	GB/T 23999—2009	室内装饰装修用水性木器涂料	产品标准
136	GB/T 33333—2016	木材胶粘剂拉伸剪切强度的试验方法	方法标准
137	GB/T 33394—2016	儿童房装饰用水性木器涂料	产品标准
138	JG/T 434—2014	木结构防护木蜡油	工程标准
139	LY/T 1280—2008	木材工业胶粘剂术语	基础标准
140	LY/T 1601—2011	水基聚合物-异氰酸酯木材胶粘剂	产品标准
141	LY/T 1740—2008	木器用不饱和聚酯漆	产品标准
142	LY/T 2709—2016	木蜡油	产品标准
143	LY/T 2710—2016	木地板用紫外光固化涂料	产品标准
144	YB/T 5168—2016	木材防腐油	产品标准
145	YB/T 5171—2016	木材防腐油试验方法　40 ℃结晶物测定方法	方法标准
146	YB/T 5172—2016	木材防腐油试验方法　闪点测定方法	方法标准
147	YB/T 5173—2016	木材防腐油试验方法　流动性测定方法	方法标准
七、木质废弃物回收利用类			
148	GB/T 22529—2008	废弃木质材料回收利用管理规范	基础标准
149	GB/T 29408—2012	废弃木质材料分类	基础标准
150	GB/T 33039—2016	人造板生产用回收木材质量要求	基础标准
151	LY/T 1822—2009	废弃木材循环利用规范	基础标准
八、基础通用与综合产品类			
152	GB 142—2013	坑木	产品标准
153	GB 154—2013	木枕	产品标准
154	GB/T 18959—2003	木材保管规程	基础标准
155	GB/T 29409—2012	木材储存保管技术规范	基础标准
156	GB/T 29563—2013	木材保护管理规范	基础标准
157	GB/T 31783—2015	商用木材与木制品标识	基础标准
158	LY/T 1184—2011	橡胶木锯材	产品标准
159	LY/T 1680—2006	木材综合利用规范	基础标准
160	LY/T 1697—2017	饰面木质墙板	产品标准
161	LY/T 1861—2009	户外用木地板	产品标准
162	LY/T 2059—2012	木结构用钢钉	产品标准
163	LY/T 2388—2014	轻型木结构连接件　通用技术条件	基础标准
164	LY/T 2871—2017	木（竹）质容器通用技术要求	基础标准
165	LY/T 2872—2017	木制珠串	产品标准
166	LY/T 2873—2017	铅笔板	产品标准
167	LY/T 2874—2017	陈列用木质挂板	产品标准

序号	标准编号	标准名称	标准类别
168	LY/T 2879—2017	装饰微薄木	产品标准
169	LY/T 2884—2017	木栅栏	产品标准
170	LY/T 2885—2017	竹百叶窗帘	产品标准
171	SB/T 10544—2009	木材节约代用品分类	基础标准
172	SB/T 10606—2011	木材保护实验室操作规范	基础标准
173	SN/T 4691—2016	木材及木制品中氮丙啶的测定　气相色谱法	方法标准
九、相关工程建设类			
174	GB/T 28990—2012	古建筑木构件内部腐朽与弹性模量应力波无损检测规程	工程标准
175	GB 50005—2017	木结构设计标准	工程标准
176	GB 50016—2014	建筑设计防火规范	工程标准
177	GB 50165—1992	古建筑木结构维护与加固技术规范	工程标准
178	GB 50206—2012	木结构工程施工质量验收规范	工程标准
179	GB 50222—2017	建筑内部装修设计防火规范	工程标准
180	GB/T 51226—2017	多高层木结构建筑技术标准	工程标准
181	GB/T 50329—2012	木结构试验方法标准	工程标准
182	GB 50354—2005	建筑内部装修防火施工及验收规范	工程规范
183	GB/T 50772—2012	木结构工程施工规范	工程标准
184	GB/T 51233—2016	装配式木结构建筑技术标准	工程标准
185	JGJ/T 245—2011	房屋白蚁预防技术规程	工程标准
186	JGJ/T 265—2012	轻型木桁架技术规范	工程标准
187	JG/T 489—2015	防腐木结构用金属连接件	工程标准
188	DGJ32/J67—2008	商用建筑设计防火规范	工程标准
十、相关方法标准类			
189	GB/T 1927—2009	木材物理力学试材采集方法	方法标准
190	GB/T 1928—2009	木材物理力学试验方法总则	方法标准
191	GB/T 1929—2009	木材物理力学试材锯解及试样截取方法	方法标准
192	GB/T 1930—2009	木材年轮宽度和晚材率测定方法	方法标准
193	GB/T 1931—2009	木材含水率测定方法	方法标准
194	GB/T 1932—2009	木材干缩性测定方法	方法标准
195	GB/T 1933—2009	木材密度测定方法	方法标准
196	GB/T 1934.1—2009	木材吸水性测定方法	方法标准
197	GB/T 1934.2—2009	木材湿胀性测定方法	方法标准
198	GB/T 1935—2009	木材顺纹抗压强度试验方法	方法标准
199	GB/T 1936.1—2009	木材抗弯强度试验方法	方法标准
200	GB/T 1936.2—2009	木材抗弯弹性模量测定方法	方法标准
201	GB/T 1937—2009	木材顺纹抗剪强度试验方法	方法标准

序号	标准编号	标准名称	标准类别
202	GB/T 1938—2009	木材顺纹抗拉强度试验方法	方法标准
203	GB/T 1939—2009	木材横纹抗压试验方法	方法标准
204	GB/T 1940—2009	木材冲击韧性试验方法	方法标准
205	GB/T 1941—2009	木材硬度试验方法	方法标准
206	GB/T 1942—2009	木材抗劈力试验方法	方法标准
207	GB/T 1943—2009	木材横纹抗压弹性模量测定方法	方法标准
208	GB/T 5464—2010	建筑材料不燃性试验方法	方法标准
209	GB/T 6043—2009	木材 pH 值测定方法	方法标准
210	GB 8624—2012	建筑材料及制品燃烧性能分级	方法标准
211	GB/T 8625—2005	建筑材料难燃性试验方法	方法标准
212	GB/T 8626—2007	建筑材料可燃性试验方法	方法标准
213	GB/T 8627—2007	建筑材料燃烧或分解的烟密度试验方法	方法标准
214	GB/T 14017—2009	木材横纹抗拉强度试验方法	方法标准
215	GB/T 14018—2009	木材握钉力试验方法	方法标准
216	GB/T 15777—2017	木材顺纹抗压弹性模量测定方法	方法标准
217	GB/T 17657—2013	人造板及饰面人造板理化性能试验方法	方法标准
218	GB/T 17659.1—1999	原木锯材批量检查抽样、判定方法 第1部分:原木批量检查抽样、判定方法	方法标准
219	GB/T 17659.2—1999	原木锯材批量检查抽样、判定方法 第2部分:锯材批量检查抽样、判定方法	方法标准
220	GB 18580—2017	室内装饰装修材料 人造板及其制品中甲醛释放限量	方法标准
221	GB/T 23825—2009	人造板及其制品中甲醛释放量测定 气体分析法	方法标准
222	GB/T 28987—2012	结构用规格材特征值的测试方法	方法标准
223	GB/T 28993—2012	结构用锯材力学性能测试方法	方法标准
224	GB/T 29894—2013	木材鉴别方法通则	方法标准
225	GB/T 29897—2013	轻型木结构用规格材目测分级规则	基础标准
226	GB/T 29899—2013	人造板及其制品中挥发性有机化合物释放量试验方法 小型释放舱法	方法标准
227	GB/T 31762—2015	木质材料及其制品中苯酚释放量测定 小型释放舱法	方法标准
228	GB/T 33043—2016	人造板甲醛释放量测定大气候箱法	方法标准
229	LY/T 1612—2004	甲醛释放量检测用 1 m³ 气候箱	方法标准
230	LY/T 1980—2011	挥发性有机化合物及甲醛释放量检测箱	方法标准
231	LY/T 1981—2011	甲醛释放量气体分析法检测箱	方法标准
232	LY/T 1982—2011	人造板及其制品甲醛释放量检测用大气候室	方法标准
233	LY/T 2382—2014	应力波无损测试锯材动态弹性模量方法	方法标准
		十一、其他	
234	GB/T 143—2017	锯切用原木	产品标准
235	GB/T 144—2013	原木检验	产品标准
236	GB/T 153—2009	针叶树锯材	产品标准

序号	标准编号	标准名称	标准类别
237	GB/T 155—2017	原木缺陷	基础标准
238	GB/T 449—2009	锯材材积表	基础标准
239	GB/T 4812—2016	特级原木	产品标准
240	GB/T 4814—2013	原木材积表	基础标准
241	GB/T 4817—2009	阔叶树锯材	产品标准
242	GB/T 4822—2015	锯材检验	基础标准
243	GB/T 4823—2013	锯材缺陷	基础标准
244	GB/T 5849—2016	细木工板	产品标准
245	GB/T 7911—2013	热固性树脂浸渍纸　高压装饰层积板（HPL）	产品标准
246	GB/T 15787—2017	原木检验术语	基础标准
247	GB/T 33023—2016	木材构造术语	基础标准
248	GB/T 33761—2017	绿色产品评价通则	基础标准
249	LY/T 1352—2012	毛边锯材	产品标准
250	LY/T 1598—2011	石膏刨花板	产品标准
251	LY/T 2608—2016	竹产品分类	基础标准